Inspirieren
statt
motivieren!

Titel der Originalausgabe:
INSPIRE! WHAT GREAT LEADERS DO

Published by John Wiley & Sons, Inc., New Jersey

Lance Secretan:
Inspirieren statt motivieren!
Projektleitung: Marianne Nentwig

info@j-kamphausen.de

Übersetzung: Peter Brandenburg
Lektorat: Martin Gregor-Ax
Umschlag-Gestaltung,
Typografie/Satz: KleiDesign
Druck & Verarbeitung:
Westermann Druck Zwickau

www.weltinnenraum.de

2. Auflage 2006

Die Deutsche Bibliothek – CIP-Einheitsaufnahme

Ein Titelsatz für diese Publikation
ist bei der Deutschen Bibliothek erhältlich

ISBN 978-3-89901-072-5

Dieses Buch wurde auf 100 % Altpapier gedruckt und ist alterungsbeständig.
Weitere Informationen hierzu finden Sie unter www.weltinnenraum.de

Lance Secretan

Inspirieren statt motivieren!

Mit Leidenschaft zum Erfolg – so leben und führen Sie besser

Wenn Du arbeitest, bist Du wie eine Flöte,
in deren Herz das Flüstern der Zeit
zu Musik wird.
Wer von euch möchte nur ein Rohr sein, dumpf und still,
während sonst alles singt in Harmonie?

Immer ist euch gesagt worden, dass Arbeit
ein Fluch sei und Beschäftigung ein Unglück.
Aber ich sage euch: Wenn ihr arbeitet, erfüllt ihr
einen Teil aus dem höchsten Traum der Erde,
der euch zugeteilt worden ist,
als dieser Traum geboren wurde;
und wenn ihr mit etwas beschäftigt seid,
liebt ihr in Wahrheit das Leben;
und wenn ihr die Mühen des Lebens liebt,
seid ihr dem tiefsten Geheimnis des Lebens nah.

aus *Der Prophet* von Khalil Gibran

Vorwort zur deutschen Ausgabe

Es geschah beim Besuch einer Wuppertaler Buchhandlung im Jahr 1999. Auf einem Stapel von Büchern zu Wirtschaftsthemen lag ein Buch obenauf, dessen Titel uns sofort ins Auge sprang: „Soul-Management"; und der Untertitel lautete: „Der neue Geist des Erfolges – die Unternehmenskultur der Zukunft". Von dem Autor hatten wir zuvor noch nie etwas gehört. Wir kauften dieses Buch spontan und intuitiv und begannen noch am gleichen Tag darin zu lesen – abwechselnd, und keiner von uns beiden wollte es wieder aus der Hand legen.

Der Name des Autors war Lance Secretan.

So begann eine Entwicklung, die uns bis zum heutigen Tag tief in das Gebiet von Business und Spiritualität führte. Nach der Lektüre war uns klar: Diesen Menschen wollten wir kennenlernen, mit ihm wollten wir all unsere damals noch ziemlich unsortierten Gedanken zu diesem Thema erörtern. Denn eines wurde uns schnell deutlich: Hier gab es jemanden, der die gleiche Wellenlänge hatte wie wir.

Leider ist das Buch heute nicht mehr erhältlich – doch mit dem hier nun vorgelegten Werk „Inspirieren statt motivieren!" geht der Autor noch über seine damaligen Thesen hinaus und gibt konkrete Anleitungen, wie man sein in jahrzehntelanger Praxis erworbenes Wissen in das eigene Leben integrieren kann – sowohl auf beruflicher als auch auf privater Ebene.

Als wir vom Verlag gebeten wurden, ein Vorwort für dieses Buch von Lance Secretan zu schreiben, waren wir hocherfreut und fühlten uns sehr geehrt. Denn er war es, der uns durch seine Bücher und sein engagiertes Auftreten für das Thema „Spirit at Workplace" stark beeinflusst und stets inspiriert hat. Wir wollen deshalb dieses Vorwort nutzen, Sie aus unserer ganz persönlichen Sicht mit dem Autor bekannt zu machen.

Lance Secretan ist ein Mensch, der Fragen aufwirft, die dem fundamentalen Wandel in Wirtschaft und Gesellschaft Rechnung tragen. Er zeigt auf, dass die alten Antworten weitgehend ausgedient haben. Er ist ein Mahner, der zu Recht darauf hinweist, dass wir einen neuen Weg in die Zukunft einschlagen müssen, einen Weg, auf dem wir uns stärker von den richtigen Fragen als von vorschnellen Antworten leiten lassen. Er verweist darauf, dass die kurzfristigen Perspektiven in der Wirtschaft in dem Bedürfnis wurzeln, die Persönlichkeit und das Ego zu füttern – Gier und Macht! Das kommt häufig in der Neigung zum Ausdruck, die Gesellschaft auszubeuten statt ihr zu dienen. Ist dies heute nicht aktueller denn je?

Er sagte einmal: „In unserer heutigen Arbeitswelt ist man sich viel zu wenig der Notwendigkeit bewusst, die Bedürfnisse der Seele zu befriedigen, und die sind alles andere als kurzfristig."

Während wir dieses Vorwort schreiben, lesen wir in einer bekannten deutschen Wirtschaftszeitung das Editorial des Chefredakteurs, der dort schreibt: „Um es in aller Deutlichkeit zu sagen – Unternehmer haben nur eine einzige Aufgabe, nämlich Gewinne zu erwirtschaften. Arbeitsplätze sind dafür nur Mittel zum Zweck." Secretan schrieb dazu bereits 1997 Folgendes: „Das oberste Ziel eines Unternehmens besteht *nicht* darin, Gewinn zu machen, sondern Menschen die Möglichkeit zu geben, zu wachsen, sich kreativ zu betätigen und einen konstruktiven Beitrag zur Verbesserung der Welt zu leisten. Vor allem aber hat es die Aufgabe, Wissen zu verbreiten, die Lebensqualität zu verbessern und die Menschen zufriedener zu machen." Und dann bringt er es sehr prägnant und treffend auf den Punkt: „Profit ist wie Sauerstoff – wir brauchen ihn zum Leben, aber er ist nicht unser Lebenszweck!"

Lance Secretan war und ist für uns nach wie vor ein echter Lehrmeister, der seine jahrzehntelangen Erfahrungen stets bereitwillig mit uns teilt. Wir trafen ihn in den vergangenen Jahren mehrmals bei Meetings und Seminaren in Kanada und bei seinen seltenen Besuchen in Europa.

In dieser Zeit sind wir auch dem Menschen Lance Secretan ein gutes Stück nähergekommen. Wir haben ihn in seinem wunderbaren Haus besucht und dabei seine Frau Tricia und seinen unglaublichen Hund „Spirit" kennengelernt. Wir trafen dort in Alton auch die Mitarbeiterinnen und Mitarbeiter des Secretan Center, die ihn bei seiner Arbeit engagiert unterstützen – Menschen, denen man wirklich ansieht, dass sie ihre Arbeit lieben.

Der Erfolg von Lance Secretan in den USA und Kanada macht Mut, auch hier im deutschsprachigen Raum mit Führungskräften in Unternehmen zusammenzuarbeiten, die neuem Denken in der Wirtschaft gegenüber aufgeschlossen sind. Weitere Vordenker und Initiatoren dieser Entwicklung haben bereits seit einiger Zeit als Autoren bei J. Kamphausen eine Heimat gefunden.

„Inspirieren statt motivieren!" ist ein Buch, das haargenau in die jetzige Zeit passt. Es zeigt auf, dass moderne, zukunftsorientierte Führungskräfte nicht länger einem Mythos namens Motivation nachlaufen, sondern dazu aufgerufen sind, zuerst einmal die notwendige „innere Arbeit" zu tun, um sich zu inspirierenden Führungskräften zu entwickeln. Und dies aus gutem Grund: Es ist an der Zeit, zu erkennen, dass wir uns in unseren Unternehmen nicht länger zu Kundenservice und Qualität bekennen können, während es uns auf der anderen Seite massiv an Respekt, Vertrauen und Zuneigung gegenüber den Mitarbeitern, Kunden und Zulieferern und an Ehrfurcht vor unserem empfindlichen Ökosystem mangelt. Dies jedoch erfordert Mut und die Bereitschaft, auch unbequeme Wege zu gehen.

Dabei helfen uns die praktischen Schritte, die Lance Secretan in diesem Buch schildert. So erarbeiten Sie sich als Leserin oder Leser in sieben Schritten einen Weg heraus aus den Fallen des alten Denkens und machen sich auf eine Reise, die Sie Ihrer Bestimmung, Aufgabe und Berufung zuführt und Ihnen auf diese Weise hilft, ein sinnerfülltes Berufsleben zu führen und dabei sich selbst und andere zu inspirieren. Lassen Sie sich von dem locker geschriebenen amerikanischen Stil nicht abschrecken – das Buch ist alles andere als oberflächlich. Wenn Sie sich von dem Autor auf die Reise mitnehmen lassen, dann werden Sie sehr schnell merken, dass Sie in Ihrer eigenen Mitte landen.

Wir wünschen Ihnen nun viele gute Einsichten bei dieser wunderbaren Lektüre.

Barbara und Michael Fromm
Wuppertal, im Januar 2006

Einleitung

Inspiration und Angst

Es ist ein Grundbedürfnis des menschlichen Geistes, inspiriert zu sein und andere zu inspirieren. Inspiration ist Sauerstoff für die Seele. Inspiration entsteht aus Liebe, nicht aus Angst: Wir können nicht inspiriert sein, wenn wir nicht lieben und nicht geliebt werden.

Trotzdem – und das ist ein Paradoxon unserer Zeit – haben wir heute mehr Angst und sind weniger inspiriert als je zuvor.

Vor Kurzem verbrachte ich den Tag in einem Wolkenkratzer. Am Abend rief ich meine Frau an. „Ich hatte gerade einen phantastischen Tag“, sagte ich: „Wir hatten eine wunderbare Konferenz im 56. Stockwerk eines Hochhauses in Chicago. Es war ein traumhafter Tag mit blauem Himmel, und ich konnte meilenweit sehen – die Navy Pier, den Zoo im Lincoln Parc, Segelboote auf dem Michigan See. Es war wunderschön.“ Meine Frau schwieg einen Moment und sagte dann: „Ich bin froh, dass Du mir das erst jetzt erzählst. Das US-Ministerium für Innere Sicherheit hat heute eine Terrorwarnung der Sicherheitsstufe Orange ausgerufen. Hätte ich gewusst, wo Du bist, hätte ich mir noch mehr Sorgen um Dich gemacht.“

Vor ein paar Jahren hätte sie wahrscheinlich gesagt: „Oh! Wie schön! Wie weit konntest Du sehen? Wie hast Du Dich gefühlt so hoch oben?“ Ja, es hat eine grundlegende Verschiebung gegeben in der Art, wie wir das Leben sehen: Die Menschen filtern ihre Erfahrungen durch eine neue Brille der Angst.

Dieses wachsende Maß an Angst, das unser Leben seit einigen Jahren prägt, hat zu einem Verlust an persönlicher Inspiration und zu einem weit verbreiteten Gefühl persönlicher Traurigkeit geführt – denn Angst ist der Schatten der Liebe und der Feind der Inspiration. Ob wir es zugeben oder nicht: Wir leben in einer Zeit, in der Angst umgeht und nach uns greift und unsere Aufmerksamkeit von den Aufgaben und den Menschen unserer Umgebung ablenkt und uns in unserer menschlichen Handlungsfähigkeit einschränkt. Wir haben Angst vor Gesundheitsrisiken, Angst um unsere persönliche Sicherheit, Angst vor Armut im Alter, vor Jobverlust, vor der Regierung und anderen Institutionen, vor Radikalismus, vor dem Sterben, vor Rassismus, Isolation und Gewalt – die Liste der Ängste ist endlos.

> ! Behalte Deine Ängste für Dich, aber teile Deine Inspiration mit anderen.
>
> *Robert Louis Stevenson*

Inspiriert und optimistisch zu sein, ist eine Sache. Von einer Position der Angst aus daranzugehen, andere zu inspirieren oder selbst inspiriert zu sein, ist etwas vollkommen anderes.

Von da draußen nach hier drinnen

Wir leben in paradoxen Zeiten. Wir haben Angst vor der Welt und vor den Gefahren, die in ihr lauern. Aber wir sind zuversichtlich, dass wir die inneren Ressourcen besitzen, um diese Stürme zu überstehen. Wir haben Vertrauen verloren in unsere Institutionen, in unsere Regierung, in selbstbezogenen Kapitalismus, in schnelle Lösungen und leichte Antworten. Aber unsere Hoffnung nimmt zu, dass es mehr als diese Dinge gibt. Wir sind geerdeter und spirituell reifer, aber weniger zuversichtlich, was die schöne neue Welt um uns herum angeht.

Das Pew Research Center for the People and the Press gab 2002 die Ergebnisse einer weltweiten Untersuchung mit 38.000 Befragten heraus und kam dabei zu dem Schluss: „In den meisten untersuchten Ländern schätzen die Menschen ihre eigene Lebensqualität viel höher ein als den Zustand ihres Landes, und die Bedingungen in ihrem Land schätzen sie positiver ein als den Zustand der Welt.“ (1) Rushworth Kidder, Direktor des Instituts for Global Ethics, interpretiert die Studie so: „Die Leute sagen: Es läuft nicht so gut zurzeit, aber mir geht es besser als meinem Land, dem es besser geht als der Welt. Das heißt: Es gibt immer weniger da draußen, dem ich trauen kann, und immer mehr das Bedürfnis, auf meine eigenen Ressourcen zurückzugreifen.“ (2)

Wir fangen an zu begreifen, dass „da draußen“ vielleicht nicht so sicher ist, wie wir dachten, und dass es dort nicht alle Antworten gibt, wie wir erwartet hatten. „Hier bei mir“, so scheint es, kann für Menschen auf der ganzen Welt mehr Weisheit und Sinn vermitteln als irgendetwas „da draußen“. Führungskräfte alten Typs suchen weiter nach Antworten „da draußen“ und klammern sich mit Nachdruck an Modelle und Theorien, die in der Vergangenheit so gut funktionierten. Führungskräfte neuen Typs dagegen sehen ein, dass jene vergangene Zeit nicht mehr existiert, in der das herrschende Paradigma von Führung funktionierte, und suchen deshalb nach Weisheit „hier bei mir“. Das frühere Paradigma beruht auf Angst, das neue ist von Liebe inspiriert.

Daraus können wir schließen, dass wir als Führungskräfte zwei Möglichkeiten haben: Wir können spielen, um nicht zu verlieren; das ist eine Lebensweise, die auf Angst beruht. Oder wir spielen, um zu wachsen; das ist die Haltung, die Angst mit Liebe überwindet.

Führung auf neuem Niveau

Eine Führungskraft, die nicht inspiriert, ist wie ein Fluss ohne Wasser.

Jeder Mitarbeiter, jeder Mensch sehnt sich danach, von seinem Vorgesetzten oder von einem Vorbild inspiriert zu werden. Im Grunde sehnt jeder Mensch sich danach, von jedem anderen Menschen inspiriert zu werden. Wenn wir das nicht tun, engen wir einander in unserer persönlichen Entfaltung ein und säen Traurigkeit in unsere Seelen. Daher besteht unser aller Rolle darin zu inspirieren. Inspiration ist ein Thema, das uns in allen Aspekten unseres Lebens angeht – nicht nur in einigen Bereichen.

Vor diesem Hintergrund habe ich mich zu einer Entdeckungsreise aufgemacht. Ich fragte mich:

- Warum gibt es heute so wenige große Beispiele an Menschen, die uns inspirieren?
- Warum sind wir unfähig, eine haltbare Theorie von Inspiration zu formulieren und zu praktizieren?

Wenn wir zurückschauen, können wir sehen, dass das nicht immer so war: Die Geschichte jeder Kultur ist reich an Beispielen inspirierender Menschen. Als ich begonnen hatte, über die großen Inspiratoren der Geschichte zu recherchieren, um etwas über ihre Charakterzüge zu erfahren und nach Hinweisen auf ihre besonderen Gaben zu suchen, fand ich ein gemeinsames Thema. Die Menschen, die im Laufe der Geschichte am inspirierendsten waren, besaßen ein inneres Wissen über ihre

- Bestimmung (*Warum* ich hier auf der Erde bin).
- Aufgabe (Wie ich *sein* werde, während ich hier bin – wofür ich stehe).
- Berufung (Was ich *tun* werde und wie ich meine Talente und Gaben nutzen werde, um zu dienen).

Ich nenne diese Kombination das „Warum – Sein – Tun" (Tafel 1.1).

Die inspirierendsten Menschen der Geschichte wussten das alles, auch wenn sie wahrscheinlich nicht meine Terminologie benutzt hätten. In mehr als zehn Jahren Forschung gewann ich eine Reihe tiefer Einsichten, die sich zu einem Modell entwickelten, das auf der Weisheit dieser großen Menschen beruht. Die Essenz ihrer Größe als Inspiratoren und Führungspersönlichkeiten hatte mit *Sein* ebenso wie mit Handeln zu tun – damit, wie sie ein inspirierendes Leben *lebten* und auf diese Weise andere und sich selbst inspirierten, statt eine „Methode" des Inspirierens zu lernen.

Tafel 1.1

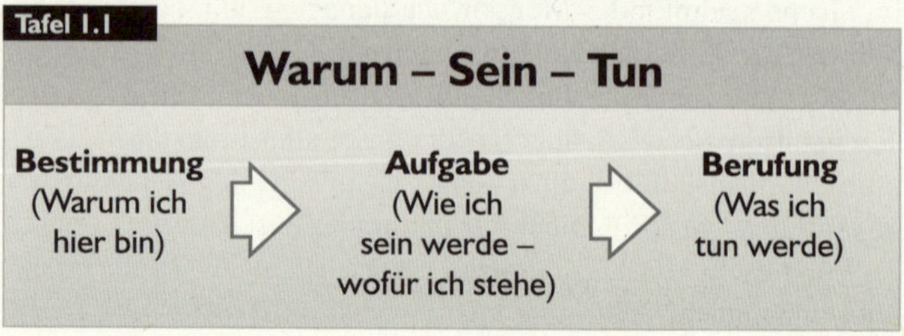

Diese Einsichten inspirierten mich, ein Konzept zu entwerfen, das ich „Higher Ground Leadership" – Führung auf höherer Ebene – nenne und das seitdem von Hunderten von Lehrern Tausenden von Menschen rund um die Welt vermittelt wurde. Es bildet das Herz dieses Buches.

Higher Ground Leadership ist der Begriff, den wir benutzen, um die bahnbrechende Praxis eines Führungsstils zu beschreiben, der auf dem Vorbild jener großen Führungspersönlichkeiten beruht. Sie konfrontiert und bereichert unser konventionelles Denken über Führung (was ich den „alten Typus" nenne) mit einem inneren Wissen, das auf alten Lehren beruht und an unsere moderne Zeit angepasst wurde (was ich „Führung neuen Typs" nenne).

Vor ein paar Jahren sollte ich eine Rede vor einem großen Kreis von Spitzenmanagern halten. Vorher, während des Abendessens, fragte mich einer der Teilnehmer, worüber ich sprechen würde. Ich sagte: „Ich werde sagen, dass wir alle einander lieben und dass wir die Wahrheit sagen sollten, aber ich werde eineinhalb Stunden brauchen, um das zu sagen! Es ist dieselbe Botschaft, die in allen meinen Büchern steht, denn es gibt nicht mehr zu sagen. Das alles ist auch schon von anderen vor mir gesagt worden – aber ich werde es in moderner Sprache sagen."

> ! Leben ist Veränderung. Für Wachstum musst Du Dich entscheiden. Wähle klug.
>
> *Karen Kaiser Clark*

Ja, Higher Ground Leadership – der neue Typ von Führung – ist eine Weise zu sein und zu führen, die auf diesen zwei fundamentalen, wenn auch nicht neuen Ideen beruht: Wir sollten einander lieben, und wir sollten die Wahrheit sagen.

Inspiration und Führung

Wenn wir die äußeren Theorien und Modelle beiseite legen, die von so vielen Theoretikern und Autoren auf dem Gebiet der Menschenführung erdacht wurden, dann bleibt eine Eigenschaft, die den Kern großer Führungsqualitäten bildet: *Inspiration*. Was machen große Führungspersönlichkeiten? Sie inspirieren. Was tun

Eltern, um in ihren Kindern Brillanz, Wachstum und ein Gefühl für Werte zu fördern? Man könnte sagen, sie führen sie. Aber wenn wir näher hinschauen, inspirieren sie sie: Das ist es, was sie in Wirklichkeit tun. Vielleicht hat unser Studium von Führungsstilen uns dazu gebracht, dass wir zu viel Energie auf die weniger wichtigen Aspekte des Führens verwenden – auf die Mechanik statt auf die Essenz oder, bildlich gesprochen, auf die Daten des Sonnenuntergangs statt auf die Freude, die Schönheit und das Erleben des Sonnenuntergangs. Schließlich ist Führen etwas, was wir *selbst leben*, und nicht etwas, was wir *mit anderen machen*.

Die Ideen von Higher Ground Leadership, die in diesem Buch vorgestellt werden, gehen über die populären Theorien von Führung hinaus, die in modernen Organisationen und in der Gesellschaft weit verbreitet sind. Dieses Konzept beruht auf einem klareren Verständnis von Inspiration und davon, wie sie wirkt und wie wir lernen können, andere und uns selbst zu inspirieren.

Bevor wir uns diesen radikal anderen Ansatz anschauen, werden wir das konventionelle Denken über die Psychologie von Beziehungen Revue passieren lassen: Wir werden die Gründe erörtern, warum wir so viel Unbehagen mit den heute gängigen Modellen empfinden und warum es uns so schwerfällt, vom Alten zu etwas Neuem überzugehen – obwohl es viele unbestreitbare Argumente dafür gibt und obwohl viele machtvolle Entwicklungen uns heute drängen, die Konzepte alten Typs zu überdenken.

Auf meiner Suche nach etwas Tieferem als den gewöhnlichen Vorstellungen von Inspiration und Führungsverhalten – bei meinen Studien über Dutzende der inspirierendsten Menschen der Geschichte und unserer heutigen Zeit – stieß ich auf klare Hinweise darauf, dass alle diese großen Menschen

- eine außerordentliche Klarheit in Bezug auf ihre Bestimmung, Aufgabe und Berufung besaßen;
- diese voll in ihr Leben integrierten;
- wussten, wie sie anderen dienen und das Beste in ihnen hervorbringen konnten, und
- eine Gabe dafür besaßen, selbst inspiriert zu sein.

Das sind die gemeinsamen Wesenszüge all jener, deren Wirken ich erforscht habe. Diese Wesenszüge werde ich in diesem Buch beschreiben – zusammen mit sieben praktischen Schritten, in denen Sie lernen können, inspirierter zu werden und andere mehr zu inspirieren. (Auch diese sieben Schritte sind das Ergebnis meiner Studien über große Führungspersönlichkeiten.)

Dies ist ein Buch, das Ihnen helfen wird, Ihr Leben zu erneuern, Ihre Träume neu zu formulieren und Ihren Alltag mit neuer Leidenschaft zu beleben. Unsere Fähigkeit, andere zu inspirieren, hängt von unserem eigenen Gespür für Bedeutung, Sinn und Erfüllung ab. Wenn wir unser Leben wahrhaft *auf ein Ziel hin* leben, wird unsere Energie zu einer inspirierenden Erfahrung für uns selbst und damit auch für andere werden.

Ich hoffe, diese Seiten werden Ihr Gespür dafür neu beleben, was es heißt, inspirierend zu sein – im Beruf wie im Privatleben –, und Sie werden ein frisches Verständnis für das *Warum, Sein* und *Tun* Ihres Lebens finden, wenn Sie diese Entdeckungsreise mit mir machen. Gemeinsam werden wir Konzepte erproben, uns der Reflektion zuwenden und meditieren. Ziel unserer gemeinsamen Reise ist es, den Weg kennenzulernen und zu erforschen, den all jene gegangen sind, die Größe in anderen erweckt haben – in der Vergangenheit und in der Gegenwart. Sie werden den Prozess kennenlernen, in dem sich Ihnen der reale Sinn Ihres Lebens enthüllen wird: *warum* Sie hier sind; was Sie tun sollen, während Sie hier sind; wie Sie es tun können; wie Sie dienen werden; wie Sie andere dazu einladen, voll an Ihrer Seite zu stehen, und wie Sie sie und dadurch wiederum sich selbst inspirieren können.

Inspiration im Beruf

Wir finden viele Gelegenheiten, inspirierter zu werden, aber der Arbeitsplatz bietet dafür wohl den fruchtbarsten Boden. Als der verstorbene Countrysänger Johnny Paycheck nach der Beliebtheit seiner Arbeiter-Hymne *Take this Job and shove it* (sinngemäß: Ich kündige – diesen Job kannst Du dir in die Haare schmieren) gefragt wurde, sagte er: „Ich glaube, das ist das, was jeder seinem Chef gern sagen würde, aber nicht sagen kann. Die Leute können den Song aus Spaß spielen, aber ganz unten, tief drinnen, meinen sie ihn ernst.“ (3)

Es herrscht in der Tat kein Mangel an Daten, die belegen, dass es an Inspiration im Arbeitsleben fehlt. Eine Studie von Towers Perrin / Gang und Gang von 2003 ergab, dass drei Viertel der Befragten negative Gefühle gegenüber ihrer Arbeit hatten. 28 Prozent von ihnen suchten aktiv nach einer anderen Anstellung. Weitere 28 Prozent der „am intensivsten negativ Eingestellten“ hatten umgekehrt vor – und das ist vielleicht noch besorgniserregender –, genau da weiter unglücklich zu sein, wo sie waren! (4)

Das Marktforschungsinstitut Gallup hat einen U.S. Employee Engagement Index entwickelt, für den mehr als 87.000 Abteilungen oder Teams mit etwa 1,5 Millionen Angestellten untersucht wurden. Das Ergebnis zeigt, dass 28 Prozent der Angestellten engagiert (das heißt inspiriert) sind und sich emotional der Organisation verbunden fühlen, dass 55 Prozent nicht engagiert und 17 Prozent sogar *aktiv nicht engagiert* sind. Das bedeutet, dass 72 Prozent der Angestellten in den USA sich mit ihrer Arbeit entweder emotional nicht verbunden fühlen oder, noch schlimmer, aktiv daran arbeiten, die Unternehmen zu untergraben, für die sie arbeiten. (5)

Was können wir tun, um uns selbst und andere von einer Position der Angst zu einer Position der Liebe zu bewegen, vom Mangel zur Fülle, von Motivation zu Inspiration, um auf diese Weise inspirierende Unternehmen zu erschaffen, die Hoffnung geben und hohe Leistung fördern? In diesem Buch werden wir die Umstände untersuchen, die zu unserem gegenwärtigen intensiven Hunger nach Inspiration geführt haben, und wir werden bessere Wege entdecken, um andere so zu führen und zu inspirieren, dass sie lernen, ihre Seelen zu erheben und die Heiligkeit in sich und in allem zu respektieren.

! Wenn Du Musik nicht lebst, wird sie auch nicht aus Deinem Instrument herauskommen.

Charlie Parker

Die Seele berühren

Motivation, die auf Angst beruht, stammt aus der Persönlichkeit. Inspiration, die auf Liebe beruht, stammt aus der Seele.

Ich werde oft aufgefordert, die Seele zu definieren. Das kann ich nicht. Alain schrieb: „Die Seele ist das, was den Körper ablehnt. Zum Beispiel das, was sich weigert zu laufen, wenn der Körper zittert, zu schlagen, wenn der Körper wütend ist, zu trinken, wenn der Körper Durst hat." George Santayana dagegen sagte: „Die Seele ist die Stimme der Interessen des Körpers." Aber das alles sind schwer fassbare Begriffe. Vielleicht definiert man die Seele am besten über ihre unfehlbare Wirkung. Thomas Carlyle schrieb: „Die Seele vermittelt dem, was sie mit Liebe betrachtet, Einheit." Und Ralph Waldo Emerson glaubte, dass „die Seele mit ihrer Hinwendung immer richtig liegt".

Sie teilen wahrscheinlich mit mir die Schwierigkeit, „Seele" zu definieren, den umfassendsten und bedeutendsten aller Begriffe. Aber das Eine weiß ich: Die Seele ist größer als jedes einzelne Unternehmen, als jede Regierung, Gemeinde oder Familie, als jede Institution des Gesundheitswesens, des Strafvollzugs, des religiösen Lebens oder des Bildungssystems. Keine einzelne Organisation ist für die Seele groß genug. Eins ist sicher: Unsere Seele ist unendlich und Ausdruck des größten Universums, das wir uns vorstellen können – oder das wir uns nicht mehr vorstellen können.

Wie können wir „Seele" definieren? Die meisten Theorien von Führung drehen sich um das Ego und die Persönlichkeit. Die zentrale Idee zeitgenössischer Theorien der Unternehmensführung ist die, dass das erfolgreiche Manipulieren, Ausbeuten und Kontrollieren anderer Menschen mit einer Reihe lehrbarer Konzepte zu bewerkstelligen sei. Viele der zigtausend Bücher über Führung, die bei Amazon gelistet sind, belegen diese Denkweise. Aber das Geheimnis von Führungskräften, die *inspirieren*, besteht darin, dass sie sich zu Menschen entwickelt haben, die sowohl die Persönlichkeit als auch das Ego mühelos in etwas Höheres integrieren können.

Wie wäre es, wenn wir andere inspirieren könnten, indem wir in ihnen etwas ansprechen, das weit größer ist als die Persönlichkeit oder das Ego? Wenn wir etwas Emotionales oder Intuitives anregen könnten, das zum Kern unseres Menschseins gehört? Wie würden wir es nennen, wenn wir es finden, damit arbeiten und es nutzen könnten? Ich glaube, wir würden dieses unbeschreibliche Ding die Seele nennen – die Heiligkeit in uns, die größer als alles ist, was wir uns in der engen Definition von Persönlichkeit oder Ego vorstellen können, etwas, das die mystische, magische und außerordentliche Essenz unserer Lebenskraft ist.

Unsere Persönlichkeit mag angeregt, stimuliert, motiviert oder eingeschüchtert sein – aber das kann niemals genug sein. Wir alle brauchen und wollen mehr, und dieses Mehr ist nur an einem sehr tiefen Platz zu finden. Die meisten von uns sind mit dieser Ebene niemals in Kontakt. Aber wie wäre es, wenn wir es wären? Wie wäre es, wenn unsere Führungsqualitäten und unser Einfühlungsvermögen derart wären, dass jede unserer Beziehungen diesen besonderen Platz – die Seele – berührte, sie mit einbezöge, sie anregte und nährte?

Wir alle haben ein Gespür für das, was hier wirklich gemeint ist, jeder von uns auf seine Weise. Es ist etwas Größeres, etwas, das Sinn und Erfüllung umfasst, etwas, das wir in unserem Leben viel zu selten erleben. Wir alle können solche heiligen Momente beschreiben – für viele von uns sind es zu wenige in zu großen Abständen –, Momente, in denen wir so engagiert, so inspiriert und so mit Geist erfüllt sind, dass wir sicher sind, mit der Seele in Kontakt zu stehen. Diese außergewöhnlichen Momente gehen fast immer zu schnell vorbei. Aber wie wäre es, wenn wir sie verlängern könnten? Was, wenn wir sie wieder aufsuchen könnten? Was, wenn wir wüssten, wie wir diese Stellen in uns erreichen können, wann immer wir wollen?

Dann hätten wir die Kraft, die Seele zu inspirieren.

Inspiration statt Motivation

Inspiration kommt im ganzen Leben vor, aber sie wird anders gemessen als Motivation. Inspiration ist für Menschen so natürlich wie Motivation, und beide sind ein Teil des Ganzen. Motivation ist das Yang, Inspiration ist das Yin. Die Quelle von Motivation liegt in der Persönlichkeit, die Quelle von Inspiration in der Seele.

Unsere Sprache drückt diesen Zusammenhang meisterhaft aus. Inspirierte Menschen werden „be-geistert", sagen wir: Sie werden also vom Geist, vom Göttlichen, erfasst. Im englischen Sprachraum benutzen wir das Wort „Enthusiasmus" („enthused" = begeistert), das den Ursprung noch deutlicher macht. „Enthused" stammt von den griechischen Wörtern „en" und „theos" ab und bedeutet: „eins mit der Energie Gottes sein". Auch „Inspiration" drückt das Gleiche aus. Das Wort kommt vom lateinischen „spirare", das Geist, atmen, „Leben geben" bedeutet. Webster's Dictionary definiert „Inspiration" als „Einatmen (...); Beleben; Stimulation durch eine Gottheit, ein Genie, eine Idee oder eine Leidenschaft; ein göttlicher Einfluss auf Menschen".

Inspiration und Be-Geisterung sind Zustände, die wir uns alle wünschen. Menschen und Teams, die inspiriert und begeistert sind, bewegen sich auf einer anderen Ebene als der Rest von uns, und sie wissen das und schätzen es. Menschen verlassen oft gut bezahlte Jobs, in denen sie „hoch motiviert" waren, für geringer bezahlte Positionen, in denen sie aber inspiriert sind. Es ist die Realität unserer Zeit, dass Menschen in inspirierenden Unternehmen, für inspirierende Führungskräfte, in inspirierenden Industrien und Berufen arbeiten wollen und Dinge machen möchten, die Kunden und Lieferanten und sie selbst inspirieren. Alles darunter ist nur ein Job. Und im Grunde gilt das für unser ganzes Leben: Wir wollen mit einem inspirierenden Menschen verheiratet sein, inspirierende Freunde und Kinder haben und ein inspiriertes Leben führen.

Was hat Menschen dazu gedrängt, sich mit Leidenschaft den Visionen von Jesus, Buddha, Mahatma Gandhi, Konfuzius, Martin Luther King, Mutter Theresa, George Washington oder Nelson Mandela zu widmen? Sie waren mehr inspiriert als motiviert. Wir wissen, dass Martin Luther King nicht gesagt hat: „Ich habe eine Strategie." Er rief: „Ich habe einen Traum!" Und Mutter Theresa hatte kein Qualitätssicherungsprogramm – sie brauchte keins. Wenn wir diese subtilen, aber bedeutsamen Nuancen im Führungs- und Beziehungsstil entschlüsseln, sehen wir, dass der Philosophie aller großen Führungspersönlichkeiten Inspiration zugrunde lag.

Wir neigen zu der Annahme, es sei unsere Rolle, andere zu motivieren, um etwas zu erreichen. Doch die größten Führungspersönlichkeiten der Geschichte dachten selten so. Keiner dieser Führer konzentrierte sich darauf, andere Menschen dazu zu bringen, dass sie bestimmte Dinge tun. Sie versuchten, selbst auf eine bestimmte Weise zu *sein* und so Menschen zu inspirieren – nicht zu motivieren –, dass sie sich und die Welt verändern und verbessern.

Wir können Prämien-Programme entwerfen, die motivieren. Wir können auch mit Angst motivieren. Das ist unter Führungskräften alten Typs eine weit verbreitete Praxis, weil Motivation auf Machtunterschieden beruht, auf der Macht eines Menschen, andere zu bestrafen oder zu belohnen. Motivation ist daher ein wertvolles Mittel, das die Führungskräfte alten Typs ungern aus ihrem Werkzeugkasten streichen. Für den Motivator ist es eine „Technik", ein Instrument, um das Verhalten anderer zu verändern, um sie zu benutzen, zu kontrollieren und zu manipulieren.

Motivation ist zudem eine selbstbezogene Praxis. Wenn wir versuchen, andere zu motivieren, wollen wir ein Verhalten in ihnen auslösen, das etwas bewirkt, an dem *wir* interessiert sind. Wenn wir andere zu motivieren suchen, wollen wir damit gewöhnlich nicht ihrem Interesse dienen. Bestenfalls ist Motivation ein Versuch, anderen in unserem eigenen Interesse zu dienen. Diese offensichtlich selbstbezogene Absicht bewirkt Zynismus statt Inspiration.

Viele Menschen erlangen große Meisterschaft in der Technologie der Persönlichkeit. Mit sorgfältigem Studium und viel praktischer Erfahrung in Techniken der Verhaltensmodifikation werden sie Experten für persönliche Beziehungen. Sie sind in der Lage, Beziehungen brillant zu „managen" und „auszubeuten". Sie besitzen großen Charme und sichtbare Leichtigkeit und machen sich bei denen beliebt, mit denen sie Kontakt haben. Aber diese Praxis hat ihre Grenzen. Je mehr wir sie anwenden, umso bessere Experten werden wir in „Persönlichkeit" – aber das ist auch alles. Wenn wir allein die Persönlichkeit benutzen, kommen wir nur ein Stück weit, denn die Technologie der Persönlichkeit führt schließlich in die Sackgasse. Was wir dann brauchen, um weiterzukommen, ist ein anderer Weg. Wir müssen unsere Aufmerksamkeit auf die Seele richten, wir müssen andere auf der Ebene der Seele ansprechen, mit ihnen eine Beziehung von Seele zu Seele aufbauen, ohne zu managen oder zu manipulieren und ohne bewusst auf irgendeine Verhaltensmodifikation hinzuarbeiten. Für viele Menschen ist das eine ganz neue Art zu *sein*.

Wir haben Inspiration mit Motivation verwechselt. Das Wörterbuch sagt uns, dass motivieren bedeutet: „ein Motiv liefern, hervorrufen, anregen, antreiben". Wir beschäftigen auf Konferenzen „Motivationsredner", um „die Mannschaft auf Touren zu bringen". Wir kaufen Poster, Becher, Anstecknadeln, T-Shirts und Grußkarten, die motivieren sollen. Leider hat unser Grad an Zynismus dramatische Ausmaße erreicht, weil wir die Technologie der Motivation perfekt beherrschen – und manchmal empfinden wir diese Methoden als bloße Heuchelei.

> Lebe, als müsstest Du morgen sterben. Aber lerne, als könntest Du ewig leben.
>
> *Mahatma Gandhi*

Motivation ist etwas, das wir mit jemandem „machen"; Inspiration ist das Ergebnis einer seelenvollen Beziehung. Jeder, der in seinem Leben das Privileg hatte, mit einem großen Mentor zu arbeiten, kennt und schätzt den Unterschied. Der Mentor tut es nicht für sich selbst; er macht Ihnen ein Geschenk, als einen Akt der Liebe und einen Dienst. Die Großzügigkeit seines Geistes und sein Geschenk an Wissen und Lernen sind das, was inspiriert – ihn und Sie. Motivation kommt aus einem Eigeninteresse heraus: „Ich möchte mit einer Belohnung oder einem Anreiz Ihr Verhalten verändern, damit ich, wenn Sie die Ziele erreichen, die ich Ihnen setze, meine eigenen Ziele erreiche." Inspiration dagegen entsteht aus einer Haltung der Liebe und des Dienstes, ohne Hintergedanken: „Ich liebe Sie und möchte Ihnen dienen und Sie lehren und Ihnen helfen, zu wachsen." Wenn wir motivieren, dienen wir zuerst uns selbst; wenn wir inspirieren, dienen wir vor allem anderen.

Wenn wir motiviert sind, werden unsere Emotionen und unser Verhalten von äußeren Kräften bestimmt. Wenn wir inspiriert sind, werden unsere Emotionen und unser Verhalten von innen bestimmt. Viele Menschen haben sehr gut gelernt, die Persönlichkeit zu manipulieren – andere zu motivieren; aber wir müssen noch viel darüber lernen, wie man die Seelen anderer Menschen inspirieren kann. Die meisten Menschen schrecken schon davor zurück, die Sprache der Seele öffentlich zu sprechen – aus Angst, dass sie zu „warm und wolkig“ erscheinen. Wenn wir aber von unserem Bedürfnis ausgehen, zu lieben und geliebt zu sein, muss Inspiration die oberste Priorität für Individuen und Organisationen sein. Wo Menschen zu Leistung *motiviert* sind, sind Habgier, Angst oder Genusssucht die Energien, die sie antreiben. Die Energie, die zur *Inspiration* führt, ist Liebe. Motivation ist selbstbezogen, Inspiration ist auf den anderen bezogen. Motivation dient mir, Inspiration dient Ihnen. Der Unterschied für Unternehmen, Teams und Familien ist greifbar: Inspirierte Menschen bewegen die Herzen anderer und inspirieren daher die Welt.

Es ist nicht schwer, den Unterschied zu spüren zwischen motiviert zu sein und der glücklichen Erfahrung, inspiriert zu sein. Motivation ist eine Beziehung zwischen Persönlichkeiten; Inspiration ist eine Beziehung zwischen Seelen. Inspiration hängt nicht von Machtverhältnissen ab. Im Gegenteil: Wenn wir inspiriert sind, sind wir im wahren Sinne mächtig. Um andere Menschen inspirieren zu können, müssen wir eine Umgebung schaffen, in der sie eine Kraft spüren, die über Menschen hinausgeht – eine höhere Macht, einen göttlichen Einfluss, der von tief innen emporströmt und sie mit dem Atem Gottes erfüllt. Mit anderen Worten: Wir müssen so effektiv darin werden, die Energie der Seele einzubeziehen (Inspiration), wie wir es darin sind, die Energie der Persönlichkeit zu nutzen (Motivation).

Inspiration ist jener Moment, in dem wir Zugang zu der unbeschreiblichen Erfahrung des Geistes in uns haben. Er ist unsere Muse, unsere kreative Lust, er ist die Liebe und Leidenschaft und Freude, die aus unserem Herzen hervorbricht. Inspiration ist ein inneres Wissen, das jede äußere Motivation transzendiert. Inspiration ist eine andere Klasse von Erfahrung als Motivation.

Das Ziel dieses Buches ist es, Ihr Leben zu verändern und zu inspirieren und die Persönlichkeit so weit zur Ruhe kommen zu lassen, dass die Seele gehört werden kann. Das Buch will Ihnen helfen, Fragen zu stellen, die wichtig sind, damit Ihre Seele eine ebenbürtige Partnerin Ihrer Persönlichkeit werden kann. Ich hoffe, dass ich Ihnen in diesem Buch helfen kann, sich selbst die richtigen Fragen zu stellen, und dass ich Ihnen einige Beispiele aufzeigen kann von Menschen, die ihre Bestimmung, Aufgabe und

Berufung gefunden haben und sie leben, und die so gelernt haben, auf eine erweiterte Weise inspirierend und inspiriert zu sein. Ich möchte Ihnen einen Prozess der Reflektion anbieten und einige Werkzeuge, die Ihnen helfen werden, Ihr Bewusstsein dafür aufzufrischen, wie Sie in dieser Welt *sein* wollen.

Der letzte und bei weitem schwierigste Schritt besteht dann darin zu entscheiden, wie Sie auf die Entdeckungen hin, die Sie machen werden, handeln wollen. Wenn Sie aufrichtig und tief nachdenken, um die Schätze Ihrer kostbarsten inneren Ressourcen zu entdecken, dann werden Sie vielleicht Ihr Leben ändern.

Und dann wird Ihr Leben, wenn Sie es in seinem vollen Potenzial leben, zu einem neuen Wunder werden.

Kapitel

1

Wie altes Denken uns blockiert

Wer kann wirklich inspirieren?

Wir *alle* brauchen Inspiration. Und wir sind in fast jedem Bereich, in jeder Phase unseres Lebens aufgerufen, andere zu inspirieren. Das ist auf allen Ebenen ein zentraler Bestandteil der menschlichen Erfahrung. Inspiration lässt Beziehungen entstehen, schafft Freundschaften, verändert Denken und Philosophien, erzeugt neue Ideen, formt Leben und Herzen. Als Kinder inspirieren wir – in der Schule, beim Sport, in unserer Freizeit und in unseren Freundschaften. Wenn wir heranwachsen und selbst eine Familie gründen, sind wir eingeladen, neue Verantwortung zu übernehmen und auf vielen Feldern zu inspirieren – zu Hause, in unseren Kirchen, in unseren Firmen, in unseren Städten, Ländern und Gemeinden. Inspiration verändert die Welt.

Beginnen wir mit meiner Definition von Führung, die uns in diesem Buch leiten wird:

> ***Führung ist eine dienende Beziehung zu anderen Menschen, die ihr Wachstum inspiriert und die Welt zu einem besseren Ort macht.***

Diese Definition schließt Führerfiguren wie Hitler, Stalin, Attila den Hunnen, Mussolini, Machiavelli oder Dschinghis Khan aus: Sie haben die Welt nicht zu einem besseren Ort gemacht – aber das ist ein wesentliches Merkmal eines „Higher Ground Leader“, einer Führungspersönlichkeit auf höherer Ebene.

Allzu oft wird Führungsverhalten nur eingeübt. Wir lesen Bücher von ehemaligen Unternehmensführern. Wir lernen „Techniken“ und äußere Tricks: wie man sich kleidet, wie man eine Rede hält, wie man die Aufmerksamkeit der Zuhörer lenkt. Bei alldem wartet die Seele geduldig, während die Persönlichkeit Purzelbäume schlägt. Das ist der Grund, warum Führungsverhalten oft so einen schlechten Ruf hat: Es wird als ein Mechanismus praktiziert und ist nicht das Ergebnis hoher, mächtiger und leidenschaftlich vertretener Werte.

> ! Dein Blick wird klar, wenn Du in Dein Herz schauen kannst. Wer nach außen schaut, träumt. Wer nach innen schaut, erwacht.
>
> *Carl Gustav Jung*

Die Wahrheit ist, dass ohne Inspiration nichts geschieht. Aber weil die Seele geduldig wartet, bleibt sie oft ungehört. Sie ist außer Kraft gesetzt, während die Persönlichkeit mit „Machen“ beschäftigt ist. Irgendwann wird die Persönlichkeit sich schließlich der Seele bewusst und beschließt – oder ist manchmal dazu gezwungen –, ihr zuzuhören. Das ist der Moment, wenn wir vom „Handeln“ zum „Sein“ übergehen – vielleicht die wichtigste Veränderung in unserem Leben.

Das ist auch der Unterschied zwischen einem Führungsstil alten und neuen Typs – der Unterschied zwischen einem Arbeiten allein von der Persönlichkeit aus und dem Bestreben, Persönlichkeit *und* Seele in Einklang zu bringen; der Unterschied *zwischen Tun und Sein*; der Unterschied zwischen unbewusst sein und *bewusst* werden. Es ist der Unterschied, ob wir nur über Higher Ground Leadership *reden* – oder ob wir Führungskräfte neuen Typs *sind*.

In Tabelle 1.1 auf Seite 31 sind wesentliche Merkmale des Denkens alter Art und des neuen Denkens einander gegenübergestellt.

Um die Seele mit einzubeziehen, müssen wir Fragen stellen, die über die Persönlichkeit oder das Ego hinausgehen. Zum Beispiel die Frage: „Was teilen wir anderen mit, wenn wir keine Worte benutzen?“ Und wir müssen Konsequenzen ziehen, auch wenn wir uns fragen, ob die Antworten uns gefallen. Wenn wir subtile, in die Tiefe gerichtete Fragen wie diese stellen, ist das ein Zeichen dafür, dass unsere Seele berührt ist und dass wir bewusst und

Tabelle I.1

Altes und neues Denken im Vergleich

	Führungskräfte alten Typs glauben	Führungskräfte neuen Typs glauben
Führungsstil	Krieger sind die besten Führer. Unsere Werte werden von unseren religiösen und politischen Führern definiert. Rationales Denken und strikte Logik sind die Kennzeichen großer Führerschaft.	Zu dienen, um zu führen, muss das Grundprinzip jeder Führung sein. Unternehmen sind heute der wichtigste Motor für positiven sozialen Wandel auf der Erde. Einfühlungsvermögen und die innere Verbindung zu unseren eigenen Gefühlen und zu den Gefühlen anderer sind der Schlüssel, um Menschen zu inspirieren.
Werte	Unsere Werte richten sich danach, mit welchem Verhalten wir gerade noch davonkommen.	Wertesysteme müssen immer das Wohlergehen aller Menschen und des Planeten zum Ziel haben.
Das Ende des Wettbewerbs	Wir konkurrieren miteinander in einer von Angst geprägten Welt des Fressens und Gefressenwerdens, in der nur die Stärksten überleben.	Das Ende der Konkurrenzgesellschaft ist in Sicht. Die Menschheit ist ein interdependentes Ganzes.
Die Aufgabe	Menschen und Organisationen wachsen, wenn sie von einer „Mission“, einer Vision oder einem Wertekanon gelenkt werden.	Eine große Aufgabe weckt Leidenschaft und zieht Menschen an wie ein Magnet.
Der neue Kunde	Der Zweck eines Unternehmens ist es, Gewinn zu erwirtschaften, indem es Kunden findet und deren Bedürfnisse befriedigt.	Der Zweck eines Unternehmens ist es, Gewinn zu erwirtschaften, indem es Menschen inspiriert, die andere Menschen inspirieren und auf diese Weise eine Gemeinschaft aufbauen.
Die Marke	Eine Marke entsteht durch Investitionen in Marketing und Werbung.	Eine Marke wächst von innen nach außen: Die Art, wie wir zu Menschen und zur Natur in Beziehung treten, ist die „Stimme“, die unsere Marke prägt.
Harmonie	Arbeit und Privatleben sind getrennte Dinge. Das Privatleben muss einen Ausgleich zum Berufsleben schaffen.	Die Grenze zwischen Arbeit und Privatleben wird verschwinden. Unser Leben wird ganzheitlich, nahtlos und integriert sein.

Fortsetzung nächste Seite

Fortsetzung vorherige Seite

	Führungskräfte alten Typs glauben	Führungskräfte neuen Typs glauben
Berufung	Die beste Karriere ist die, die den größten finanziellen Gewinn verspricht.	Indem wir unserer wahren Berufung folgen statt einer Karriereleiter – und indem wir andere dazu bringen, dasselbe zu tun –, sorgen wir dafür, dass wir nicht sterben werden, ohne die Melodie unseres Lebens wirklich zum Klingen gebracht zu haben.
Raum für die Seele	Das Arbeitsumfeld sollte weltlich und effizient sein.	Die Arbeitswelt muss auch der Seele Raum geben. Denn unser Wohlergehen hängt von der Qualität des Umfelds ab, in dem wir arbeiten.
Technologie	Der Zweck der Technik ist es, die materielle Welt zu beherrschen.	Der Zweck der Technik muss es sein, die Seelen der Welt miteinander zu verbinden.
Lernen	Die wichtigsten sozialen Errungenschaften sind Krankenversicherung und Altersvorsorge.	Die wichtigsten sozialen Errungenschaften sind lebenslanges Lernen und Weisheit, denn sie sind die beste Alters- und Gesundheitsvorsorge.
Inspiration	Motivation erzeugt Leistung.	Motivation beruht auf Angst, Inspiration entsteht aus Liebe. Die Herzen der Menschen sehnen sich deshalb nach Inspiration.

bereit werden, andere aus einer inneren Weisheit, Authentizität und Integrität heraus zu inspirieren – statt aus einem einstudierten oder kopierten Konzept von Führungsverhalten heraus, dem Substanz und Wurzeln fehlen.

Inspiration ist nicht eine Formel oder ein Modell – sie muss von einer natürlichen, tieferen Stelle her kommen. Der NBC-Nachrichtenmoderator Tom Brokaw beschreibt, wie der ehemalige US-Präsident Richard Nixon erfolglos versuchte, einen Motorradfahrer aus seiner Eskorte zu inspirieren. Der Mann war gestürzt und hatte sich ein Bein gebrochen. Der Verletzte lag nur ein paar Meter von Nixon entfernt, und jemand sagte zum Präsidenten: „Der Mann arbeitet seit drei Jahren für Sie – trösten Sie ihn.“

Also ging Nixon hin, sah den Verletzten an und fragte: „Macht Ihnen die Arbeit Spaß?" (1)

Inspiration kommt von innen, von einer tiefen Stelle, die wir *Authentizität* nennen. Sie ist eine Weise zu *sein*.

Wie könnten wir die Welt berühren, wenn wir mit dieser Authentizität führten? Wenn wir die Seele mit einbezögen, wenn wir *voll bewusste Führungskräfte* würden, total wach und unserer Bestimmung, Aufgabe und Berufung bewusst – bewusst des heiligen Grundes, warum wir zu *diesem* Zeitpunkt in *diesem* Universum sind?

Bevor wir uns der Frage zuwenden, wie wir inspiriert werden und andere inspirieren können, wollen wir in diesem Kapitel die wichtigsten Rahmenbedingungen betrachten, die unsere gegenwärtigen Ansichten über Führung und Inspiration geprägt haben und die heute ein neues Denken von uns fordern – sowie die fundamentalen Verschiebungen in unserem Denken, die nötig sind, wenn wir uns und andere wirklich transformieren wollen.

Die Kräfte der Veränderung

Erdbebenartige Umwälzungen verändern gegenwärtig die soziale Landschaft und machen die Aufgabe des Führens und Inspirierens komplexer als je zuvor.

Die erste Veränderung ist das wachsende öffentliche Bewusstsein, das wachsende Gefühl von Selbstverantwortung und Eigenständigkeit in der Bevölkerung. Patienten wissen heute mehr über ihre Gesundheit als Mediziner vor zwei Jahrzehnten wussten; sie wissen manchmal mehr als ihre behandelnden Spezialisten. Als das Magazin *Fortune* eine Titelgeschichte über Prostatakrebs brachte, war kein Krebsforscher auf dem Titelbild abgebildet, sondern Andy Grove, damals Präsident von Intel. Auf elf Seiten schilderte das Blatt Groves Erkrankung und beschrieb, wie er eigene Recherchen anstellte, sich über die neuesten Erkenntnisse der Medizin informierte und eigene Entscheidungen für seine Behandlung traf.

Wir leben in einer Zeit, in der jeder ein Mini-Experte für alle populären Themen ist, und manche Menschen sind Experten auch für Unpopuläres. Menschen nehmen die Fehlbarkeit der

Spezialisten und ihrer Systeme wahr und schließen daraus, dass es in ihrem besten Interesse sein könnte, durch selbständiges Lernen und selbstbewusstes Eintreten für ihre Belange die Verantwortung für ihr Leben zurückzufordern. Sie finden eine Fülle von Daten in Fachzeitschriften und populärwissenschaftlicher Literatur, bei Verbänden und Vereinen, in Film, Funk und Fernsehen, in alternativen Ratgebern und im Internet. Unser Zugang zu Bildung und Information war nie besser, und die zunehmende Suche nach persönlicher Eigenverantwortung findet sich in allen Bereichen des Lebens. Im Ergebnis sind wir jetzt alle kleine Spezialisten in einem weiten Spektrum von Wissensgebieten, darunter Gesundheitswesen, Erziehung, Politik, Religion, Umwelt und Arbeit. Das bedeutet, dass jede Art von Führung, ob in der Familie als Eltern oder im Beruf als leitende Angestellte, durch die Tatsache kompliziert wird, dass wir Menschen führen müssen, die mehr wissen als je zuvor – und meistens mehr als wir selbst. Einen Experten zu führen und zu inspirieren, ist etwas anderes, als einen Lernenden zu führen. Die Führungspersönlichkeit neuen Typs versteht diese Herausforderung und versteht sie zu meistern.

Die zweite wichtige Veränderung ist eine zunehmende „Führungsmüdigkeit“: Wir sind des Stereotyps des Führers als Motivator überdrüssig geworden. Am Arbeitsplatz hat sich das Wissen über Führungsdynamik und Führungspraxis dramatisch ausgeweitet. Immer breiterer Zugang zu Führungspositionen und Entscheidungsprozessen in Unternehmen und Organisationen führt dazu, dass Führungsverhalten in einfacher Sprache für Menschen beschrieben wird, die keine Führungskräfte sind. Unsere Unterhaltungsmedien demonstrieren Führungsstile (gute und schlechte) und entmystifizieren Führungsverhalten jeden Tag für ein Publikum jeden Alters.

> ! Die Frage ist nicht, wann wir sterben werden, sondern wie wir leben.
>
> *Joan Borysenko*

In der Vergangenheit hat fast jeder, von schäbigen Diktatoren und Schulhoftyrannen über Vorstandsvorsitzende alten Typs bis hin zu religiösen und politischen Führern, die Technologie des auf Macht beruhenden Führungsverhaltens gelernt – einen auf Angst gegründeten Führungsstil, der die Anhängerschaft zu manipulieren, zu kontrollieren und zu dominieren sucht.

Eine Umfrage unter 1.161 Spitzenmanagern aus 33 Ländern, die PricewaterhouseCoopers in Verbindung mit dem Weltwirtschaftsforum durchgeführt hat, stellt jedoch fest: Alle befragten CEOs teilen heute die Sorge darüber, wie die Öffentlichkeit Unternehmen wahrnimmt. (2) Ja, der goldene Schein von Unternehmensführung ist getrübt. Die machtgetriebene Führungskraft alten Typs muss sich heute mit skeptischen und manchmal unwilligen Mitarbeitern auseinandersetzen, die des Jargons und der Techniken der Führerschaft müde sind. Sie kennen sie alle in- und auswendig – die emotionalen Beschwörungen, die Slogans und die T-Shirts, den Rummel der Konferenzen und die internen Werbeprogramme. Das alles hat sie zu einem abgestumpften Publikum für Führungskräfte alten Typs gemacht, denen es nicht gelingt, sie zu inspirieren.

Die dritte signifikante Veränderung ist die dramatische Suche nach mehr Sinn in unserem Leben, die um die Welt geht. Rushworth Kidder kommentierte die Pew-Research-Studie, die wir schon in der Einleitung zitiert haben, und schrieb, es gebe

> „… eine wachsende Spirale von Misstrauen in professionelles Spezialistentum. Während Gurus aller Art vor ernsten Gefahren und moralischem Chaos warnen – in Medizin und Wissenschaften, in Wirtschaft und Kirche, im Leistungssport und in der Investmentberatung –, hat die Öffentlichkeit umso mehr Grund, sich nach innen zu wenden und sich weniger auf andere zu verlassen. Aber wenn wir auf uns selbst zurückgeworfen sind, was ist da der Kern, auf den wir uns verlassen können? Wir Amerikaner haben keine lange Tradition des metaphysischen Diskurses. Der pragmatische Individualismus, der geholfen hat, die unerschlossenen Gebiete im Westen zu besiedeln, ließ wenig Raum für intensive französische Innenschau oder grübelndes russisches Philosophieren. Es ist schwer genug, mit dem Durchschnitts-Yankee über den Sinn von Dingen zu sprechen, geschweige denn über den Sinn von Sinn." (3)

Und doch, so schwierig und schmerzhaft sie es vielleicht finden: Sogar die Amerikaner werden heute introspektiver und philosophischer. Auch in Nordamerika gelangen immer mehr Menschen zu der Auffassung, dass wir alle spirituelle Wesen mit spirituellen Bedürfnissen sind, nicht nur Persönlichkeiten mit Ego-Bedürfnissen.

Ein Wort zur Terminologie. *Religion* ist ein System von Glaubenssätzen und Praktiken, die von einer Gemeinde von Menschen geteilt wird – eine Doktrin. Der Glaube und die Rituale nähren und fördern eine Beziehung zu einem bestimmten göttlichen Wesen, sie vermitteln moralische Orientierung und einen Sinn des Lebens. *Spiritualität* auf der anderen Seite ist die Art und Weise, wie wir unsere tiefsten Glaubensvorstellungen, Werte und Überzeugungen in unserem täglichen Leben ausdrücken. Sie ist die Art, wie wir unsere Suche nach Frieden und Sinn leben. Manche Menschen nennen das „gelebte Religion". Religion ist *eine* Art, wie Spiritualität sich ausdrücken kann. Aber Spiritualität ist nicht gleichzusetzen mit Religion, denn es gibt viele andere Möglichkeiten, wie Spiritualität sich ausdrücken und entwickeln kann. So wie es religiöse Menschen gibt, die nicht spirituell sind, gibt es auch spirituelle Menschen, die nicht religiös sind.

Unsere Alltagsentscheidungen geben Einblick in unsere Spiritualität, indem sie auf das hinweisen, was wir am meisten im Leben wertschätzen und welchen ethischen Prinzipien wir folgen. Der Führungsstil alten Typs, der auf Macht beruhte, sprach die Persönlichkeit an. Aber Menschen hungern nach Nahrung für ihre Herzen und Seelen. Sie sehnen sich danach, in Beziehungen mit Menschen inspiriert zu werden, die sich ihrer spirituellen Bedürfnisse bewusst sind und sich um sie kümmern. Sie wollen Kontakt mit dem Herzen.

> ! Ob ein Mensch klug ist, kannst Du an seinen Antworten erkennen. Ob ein Mensch weise ist, erkennst Du an seinen Fragen.
>
> *Nagib Machfus*

Das Aufregende an unserer Zeit ist die wachsende Zahl von Menschen, die wie aus tiefem Schlaf zu der Erkenntnis erwachen, dass sie einen spirituellen Hunger empfinden – ein inneres Gefühl von Ruhelosigkeit und einen tiefen Wunsch nach einem klaren Gefühl von Sinn in ihrem Leben. Wenn es um gesellschaftliche Veränderungen geht, ist keine Kraft im Universum stärker als die Seele, die danach strebt, ihren spirituellen Hunger zu stillen. Die wichtigste Idee, die unsere Gemeinschaften und unsere menschlichen Beziehungen in Zukunft prägen wird, ist das Bewusstsein, dass Führungskräfte sich in die Weisheit und den Geist ihrer Anhängerschaft einfühlen müssen.

Die richtigen Fragen stellen

Da sich so viele Menschen die Frage stellen, ob es mehr im Leben gibt, müssen wir uns selbst fragen, ob wir bereit sind, mehr anzubieten: Sind wir inspiriert, und inspirieren wir andere? Um zum Kern dessen zu gelangen, wie wir uns selbst und andere inspirieren, müssen wir uns zuerst darüber klar werden, wer wir sind, warum wir hier sind und was wir in unserer kurzen Zeit auf der Erde tun wollen. Aus diesem Schmelztiegel der Selbsterkenntnis gewinnen wir das Gold inspirierender Beziehungen.

Vielleicht haben Sie sich schon einmal gefragt, worum es in Ihrem Leben eigentlich geht. Für viele Menschen besteht der Sinn des Lebens nur darin, geboren zu werden, aufzuwachsen und zur Schule zu gehen, glücklich zu sein, einen Job zu haben, zu heiraten, ein Haus zu kaufen, Kinder zu haben, sich zur Ruhe zu setzen und dann zu sterben. Millionen Menschen tun dies alles jeden Tag – mehr oder weniger erfolgreich. Aber *warum* tun wir das? Und was unterscheidet Sie und mich von dem Rest der vielen Millionen, die an das unbarmherzige Fließband des Lebens gekettet sind? Könnten wir mehr als das *sein*?

Vielleicht haben Sie sich schon einmal gefragt:

- Habe ich aus meinem Leben bisher das Beste gemacht, das möglich war? (Und bleibt noch Zeit, das nachzuholen, was ich nicht gelebt habe?)
- Gibt es mehr in meinem Leben als die Steigerung des Marktanteils und das Überholen der Konkurrenz, als das Einhalten von Fristen und Budgets, die Beherrschung des Marktes, die Steigerung des Shareholder Value oder den Ehrgeiz, der Produzent mit den niedrigsten Kosten zu sein?
- Wie bin ich dahin gekommen, die Arbeit zu machen, die ich mache, für die Firma zu arbeiten, für die ich arbeite, mit dem Partner zu leben, mit dem ich lebe – in dieser Stadt, in der ich lebe –, der Mensch zu sein, der ich bin, und mich so zu verhalten, wie ich es tue?
- Warum habe ich gerade diese berufliche Laufbahn gewählt?
- Könnte mein Leben noch reicher werden, wenn ich mehr Erfüllung und einen tieferen Sinn fände?

- Habe ich mein Leben *zu klein* gelebt?
- Was ist mein Ziel auf dieser Erde?
- Was werde ich hinterlassen?

Denken Sie einen Moment über diese Fragen nach. Wenn Sie ein Tagebuch führen, dann benutzen Sie es bitte und machen Sie sich Aufzeichnungen, wenn Sie das Gefühl haben, dass das hilfreich für Sie ist.

Wenn wir anfangen, die wirklich wichtigen Fragen zu stellen, die in unserem persönlichen Universum zählen, dann kommen wir – vielleicht zum ersten Mal in unserem Leben – mit unserem wahren Potenzial in Kontakt. Bis dahin bieten die oberflächlichen Fragen des Lebens nicht mehr als leeres Geplapper für den Verstand, dem ein tieferes Bewusstsein noch fehlt. Im Leben geht es nicht nur darum, Dinge zu erwerben oder Leistungsziele zu erreichen. Im Grunde geht es überhaupt nicht um Ziele – es geht um das *Sein im Moment*. Es geht darum, unser volles spirituelles Potenzial zu entwickeln – zu werden, was wir schon immer sein sollten.

> ! Gesunder Menschenverstand ist die Sammlung von Vorurteilen, die man bis zum 18. Geburtstag erworben hat.
>
> *Albert Einstein*

Aber bevor wir die Antworten auf jene Fragen wissen können, auf die ewigen Fragen nach dem Sinn des Lebens, müssen wir erst gewichtige innere Arbeit tun – Seelenarbeit. Wir müssen in die Tiefe gehen. Wir müssen nachdenkliche, manchmal auch beunruhigende Fragen stellen und dann entscheiden, ob wir auf die Antworten hören wollen oder nicht. 1903 schrieb Rainer Maria Rilke in seinen *Briefen an einen jungen Dichter*:

> „… und ich möchte Sie, so gut ich es kann, bitten, lieber Herr, dass Sie Geduld haben gegen alles Ungelöste in Ihrem Herzen und versuchen, die Fragen selbst lieb zu haben wie verschlossene Stuben und wie Bücher, die in einer sehr fremden Sprache geschrieben sind. Forschen Sie jetzt nicht nach den Antworten, die Ihnen nicht gegeben werden können, weil Sie sie nicht leben können. Und es geht darum, alles zu leben. Leben Sie jetzt die Fragen. Vielleicht leben Sie dann allmählich, ohne es zu merken, eines fernen Tages in die Antwort hinein." (4)

Während eines Seminars an der Universität, das Albert Einstein hielt, wies ein Student den großen Lehrer darauf hin, dass die Fragen dieselben seien wie im vergangenen Semester. Einstein antwortete freundlich: „Das kann sein. Aber die *Antworten* sind diesmal anders.“

Warum es so schwer ist, sich zu ändern

Wir leben in verwirrenden Zeiten. In aufregenden und verwirrenden Zeiten. Die Führergestalt alten Typs – der „kühne und mutige Krieger“, der „keine Gefangenen“ macht – ist ideologisch am Ende. Aber wir sind an jenem heiklen Punkt, an dem wir das Alte verlassen und uns zum Neuen erst hinbewegen. Wir sind im Übergang zur Führungskraft des neuen Typs, die andere liebt und die die Wahrheit sagt. Wir wissen, wir müssen uns ändern. Wir hören die Mahnungen – aber wir haben extreme Mühe damit, das auch zu tun. Auch wenn wir mit einer scheinbar endlosen Liste logischer Fakten und Argumente konfrontiert sind, die uns eigentlich überzeugen sollten, tun wir es immer noch nicht. Dafür gibt es vier Gründe:

1. **Paradigmen**: Seit der Veröffentlichung von Thomas Kuhns *The Structure of Scientific Revolutions* im Jahr 1962 ist der Begriff des Paradigmas ein populäres Konzept. (5) Akademiker lernen und arbeiten in dem Rahmenwerk ihrer spezifischen Disziplin, zu dem Regeln, Annahmen, Überzeugungen und streng vorgeschriebene Methoden gehören, um Entscheidungen zu treffen. Dies wird ihr gültiges Paradigma – ein fester Bezugsrahmen –, und wenn sie diesen Rahmen verlassen, werden sie kein Examen bestehen. Genauso geht es uns allen. Wenn einmal das, was unsere Lehrer als *das* gültige Paradigma einschätzen, in unser Denken internalisiert ist, erscheinen alle anderen Paradigmen als fehlerhaft oder dumm. Unser Paradigma wird zu unserer tragenden intellektuellen Software, und wir sind davon überzeugt, dass unsere Art die *einzig* richtige, sinnvolle und objektive Art ist, Dinge zu tun. Unser Paradigma ist das Wasser, in dem wir schwimmen, und diese warme und ange-

nehme Umgebung zu verlassen, ist undenkbar und vielleicht sogar gefährlich. Wir stellen den Rahmen nicht in Frage – der Rahmen *ist* die Antwort. Wer nicht zu unserem Paradigma gehört, also der Rest der Welt, hat Unrecht. So werden unsere Gewohnheiten zu etwas Eingefleischtem, und unsere Fähigkeit, originell oder inspirierend zu sein, stirbt ab.

2. **Ego und intellektuelle Arroganz**: Gestützt auf die Sicherheit unseres Paradigmas neigen wir dazu, dass wir die Gewissheit, Recht zu haben, rigoros verteidigen. Wenn wir zum Beispiel in dem Paradigma leben, dass Führungskräfte „harte Krieger" sein müssen, dann fühlen wir uns von Begriffen wie Seele oder Liebe oder Wahrheit bedroht. Das ist insofern konsequent, als *„Krieger-Führer"* sich als die darwinistischen Überlebenden des evolutionären Kampfes in Unternehmen fühlen: Wenn wir an der Spitze der beruflichen Nahrungskette stehen, so lautet ihr Argument, wie soll uns dann irgendjemand (erst recht ein Schwächerer) in Frage stellen? Eine gewisse intellektuelle Selbstgefälligkeit ist das Ergebnis, und Gleichgesinnte schließen die Reihen, um einander zu unterstützen. Wer in dieser Lage die Weisheit des Krieger-Führer-Paradigmas in Frage stellt, riskiert folglich, dass er „seltsam" wirkt und nicht im Einklang mit dem Denken des Mainstreams steht, und das zu tun, birgt politische Risiken, die das Ego bedrohen.

> ! Mit einem einfachen Test kannst Du herausfinden, ob Dein Auftrag auf Erden schon erfüllt ist: Wenn Du noch lebst, ist er es nicht.
>
> *Richard Bach*

3. **Der Affenfrosch-Effekt**: Wir bleiben Teil der schweigenden und daher unsichtbaren Mehrheit und wissen tief in uns selbst, dass wir eine Lüge leben, aber wir haben Angst, vorzutreten und das zu sagen. Eine alte Legende hilft zu illustrieren, was uns passieren kann, wenn wir nicht den Mut aufbringen, den Status quo oder die herrschenden Haltungen und Meinungen in Frage zu stellen. Nach dieser Legende wird ein Frosch, wenn man ihn in einen Topf mit heißem Wasser fallen lässt, sofort herausspringen. Wenn man ihn aber in einen Topf mit kaltem Wasser setzt und die Temperatur langsam erhöht, wird er nicht reagieren und sich schließlich zu Tode kochen lassen.

Der Frosch ist entweder zu unentschlossen, um zu handeln, oder er merkt nicht, dass die Umwelt sich verändert, bis es zu spät ist. Wie der Frosch sind wir oft zu beschäftigt und zu abgelenkt, um Situationen objektiv und gründlich zu analysieren oder um mit wachem Kopf auf die sich verändernden Ideen und Bedingungen um uns herum zu achten. Wenn wir aber versäumen, das zu tun, können wir bestenfalls im Kielwasser des Lebens mitschwimmen, statt an der Front von Innovation, Effizienz, Leistung und Beziehungen zu sein. Ein anderes metaphorisches Tier ist der Nachäffer: jemand, der die Worte oder das Verhalten anderer kopiert. Man füge die Eigenschaften dieser zwei Kreaturen zusammen, und man bekommt den *Affenfrosch* – jemanden, der sich scheut, seine Meinung zu sagen, und zwar aus Angst davor, sich lächerlich zu machen oder zum Außenseiter zu werden, oder weil er dem „Teamgeist" folgen will, obwohl viele andere vielleicht genauso empfinden und auch nur Angst haben, gegen den Strom zu schwimmen. Das Ergebnis ist, dass wir die wahrgenommenen (aber nicht die realen) Überzeugungen von anderen kopieren – wir kopieren andere, die uns kopieren. Dieser *Affenfrosch-Effekt* lässt uns das existierende Paradigma endlos fortführen und ungewollt bestätigen; denn obwohl es stillschweigend von vielen in Frage gestellt wird, kommt es uns so vor, als wären wir die Einzigen, die skeptisch sind – was Leslie Perlow die „bösartige Spirale des Schweigens" genannt hat. (6) Dieses Missverständnis führt zu einem paradoxen Verhalten: Wir marschieren im Gleichschritt und unterstützen ein überholtes und unpopuläres Paradigma, das wir nicht billigen. So beginnen unpopuläre Kriege.

4. **Die widerstreitenden Werte der Gesellschaft**: Wir behaupten alle, einander zu lieben und die Wahrheit zu sagen sei die richtige Art, unser Leben zu leben – und viele von uns behaupten sogar, so lebten wir unser Leben tatsächlich. Alle großen Religionen und auf Glauben beruhenden Philosophien halten uns dazu an, und die Mehrheit der Bevölkerung sagt von sich, dass sie einer Religion oder einer alten Weisheitslehre mit den dazugehörenden Überzeugungen anhänge. Aber in der „realen Welt" unseres politischen, sozialen und ökonomischen

Alltags finden diese spirituellen Werte kaum eine Resonanz. Während unsere spirituellen Werte uns dazu anhalten, großzügig, wahrhaftig, liebevoll, mitfühlend und anteilnehmend zu sein, ist unser Leben oft mehr vom Streben nach „persönlichem Erfolg", nach Reichtum, Ansehen oder Macht geleitet. Auf diese Weise stehen unsere persönlichen Werte in direkter Konkurrenz mit den Werten der Gesellschaft. Während wir zu glauben vorgeben, dass wir zu unseren Konkurrenten freundlich und zu unseren persönlichen Gegnern großzügig sein sollten, machen allein die Begriffe „*Konkurrent*" und „*Gegner*" das zu leeren Wünschen. Daher sind wir dazu verurteilt, ein unauthentisches Leben zu führen – im Beruf wie im Privatleben. Wir wissen, was wir tun sollten, aber wir haben unsere Stimme und unseren Mut verloren.

! Ich habe in meinem Leben viele Probleme gehabt. Die meisten sind nie eingetreten.

Mark Twain

Projektion

In den Mauern eines Paradigmas gefangen zu sein, ist einer der Gründe, warum es uns so schwerfällt, uns zu verändern. Unsere Tendenz, zu „projizieren", ist ein weiterer Grund. Wir brauchen Mut, um unsere Reise zu beginnen und um den irrigen Glauben hinter uns zu lassen, dass andere Menschen, wenn wir unsere Schwerter und Panzer ablegen und auf Gewalt und Aggression in unserem Führungsstil verzichten, dies nicht „kapieren" könnten oder „nicht bereit wären, die Sprache der neuen Zeit zu hören". Der *Affenfrosch-Effekt* ist sehr oft das Resultat unserer Projektion.

Wir alle sind Rollenmodelle für andere, und aus diesem Grund haben wir eine Verantwortung, andere zu inspirieren, indem wir unsere Wahrheit aussprechen und auf diese Weise Mut beweisen und Vorbild für das Verhalten sind, das wir bei anderen sehen wollen. Wir benutzen unsere Worte oft als Verkleidung, weil wir glauben, dass Menschen noch nicht dafür bereit sind, die Sprache des Geistes zu hören. Aber Führungskräfte neuen Typs sind ein Vorbild für Mut, wenn sie die Sprache benutzen, die von Herzen kommt, unabhängig davon, wie sie anfangs vielleicht von anderen beurteilt wird. Mit der Zeit werden die Menschen der Vision folgen, die in einer großen Bestimmung oder Aufgabe ausgedrückt ist, aber das wird nicht geschehen ohne das mutige Herz einer Führungskraft. Die größten Führungspersönlichkeiten der Geschichte waren unzweideutig. Buddha verkleidete seine Sprache nicht und griff nicht zu beschönigenden Worten aus Angst, seine Zuhörer zu verletzen. Dies ist ein Test für unseren persönlichen Mut: Wenn wir uns nicht einmal dazu bringen können, die Worte zu verwenden, wie können wir dann die Ideen vermitteln? Wenn wir die Sprache verfälschen, sind wir wahrscheinlich weniger erleuchtet, weniger authentisch als die, die wir inspirieren und lehren wollen. Wir sind es, bei denen andere Führung und Orientierung und neue Aufgaben suchen. Es liegt an uns, sie zu formulieren.

Wenn wir bei anderen Menschen Verhaltensweisen sehen, die uns nicht inspirieren, dann ist das oft das Ergebnis unserer eigenen Projektion. Der Begriff *Projektion* beschreibt unsere Gefühle und Gedanken, wenn wir bestimmte verborgene, verleugnete oder „Schatten"-Handlungen oder Merkmale unserer eigenen Persönlichkeit auf andere Menschen übertragen. Wenn wir projizieren, schreiben wir einem anderen Menschen bestimmte Züge oder Gefühle zu, um unser eigenes Ego vor der Erkenntnis zu schützen, dass wir selbst genau dieselben Züge oder Gefühle besitzen – dass sie in unserem eigenen Schatten sitzen und gedeihen. Das tun wir meist unbewusst, vor allem dann, wenn uns die Einsicht in unsere eigenen Impulse und unseren eigenen Charakter fehlt.

Wenn wir zum Beispiel in einer bestimmten Weise das Gefühl haben, wir seien nicht gut genug, dann kann es sein, dass wir dieses Gefühl unbemerkt auf andere projizieren und ihnen auch das Gefühl vermitteln, sie seien unfähig. All das steigt aus unserem Schatten auf und wird von anderen meist als unser weniger inspirierendes Selbst gesehen. Wir sind uns dessen vielleicht nicht bewusst, aber vielleicht sehen uns andere so, und dann erkennen sie uns als das, was wir sind. Das Verhalten, das wir nicht mögen und bei anderen uninspirierend finden, ist sehr oft das Verhalten, das in unserem Schatten existiert und das wir auf andere projizieren, und das wird zu ihrer Erfahrung von uns. Wenn wir Probleme haben, mit anderen auszukommen, dann projizieren wir dieses Verhalten vielleicht auf sie, und das kann dazu führen, dass andere Schwierigkeiten haben, mit uns klarzukommen.

Wir projizieren auch, wenn wir aufgrund unserer eigenen Lebenserfahrung anderen bestimmte Verhaltensweisen zuschreiben, weil sie genau das tun, was wir unter denselben Umständen tun würden, und wir gehen von der Annahme aus, dass sie genauso sind und genauso handeln wie wir. Wie sonst könnten wir die Welt sehen, außer durch die Optik unserer eigenen gelebten Erfahrung? Aber weil dieses Verhalten von unserem Schatten erzeugt wird, ist es uns sehr oft unbewusst. Wenn unser Schatten unsere Gefühle hervorruft und unsere Gespräche bestimmt, kommt unser Ego ins Spiel, und das kann uns dazu bringen, die Emotionen anderer mit Füßen zu treten. Wenn wir das geschehen lassen, können wir Menschen, die wir lieben – Menschen, die unsere besten Freunde oder die wichtigsten Quellen von Inspiration in unserem Leben sind –, emotionalen Schaden zufügen. Projektion ist dann eine der Hauptursachen für unsere Unfähigkeit zur Veränderung – und ein Hauptgrund dafür, dass uns in unserem Leben Inspiration fehlt.

> ! Ein liebevoller Mensch lebt in einer liebevollen Welt. Ein feindseliger Mensch lebt in einer feindseligen Welt. Jeder, den ihr trefft, ist euer Spiegel.
>
> *Ken Keyes, Jr.*

Und doch: Wenn wir das wissen, dann ahnen wir auch, dass das Gegenteil ebenso eintreten kann. Wenn wir uns all dessen bewusst werden, was in unserem Schatten sitzt, kann das zu einem enormen Lerngewinn und zu persönlichem Wachstum führen.

Psychologen stellen Projektion oft negativ dar. Zum Beispiel wird gesagt, dass Menschen, die eine latente Tendenz zu Illoyalität haben, sich dies aber nicht eingestehen, besonders leicht bereit sind, andere der potenziellen Illoyalität zu verdächtigen. Wenn wir außerordentlich geizig, gierig oder egoistisch sind, projizieren wir vielleicht unseren eigenen Mangel an Großzügigkeit auf andere und nehmen an, dass sie so sind wie wir. Oder wir glauben, dass wir nicht gut genug sind, und projizieren dann auf andere einen ähnlichen Mangel an Selbstvertrauen.

Was für ein Zauber könnte sich aber entfalten, wenn wir den Begriff der Projektion als Verbündeten nutzten – wenn unsere Projektionen positiv wären? Wenn uninspirierendes Verhalten bei anderen oft das Ergebnis einer Projektion unseres eigenen uninspirierenden Verhaltens auf sie ist – welche Größe könnten wir erreichen, wenn wir inspirierendes Verhalten in anderen entfachten, indem wir unser eigenes *inspirierendes* Verhalten auf sie projizieren? Projektion muss nicht immer negativ sein – im Gegenteil. Wir haben die Macht, im Licht statt im Schatten zu leben, wenn wir unser Verhalten identifizieren, es benennen, es durch bewusste Entscheidungen verändern – und damit auch das Verhalten anderer verändern.

An den Stellen in unserem Leben, an denen wir wachsen – an unserer Wachstumslinie –, sind wir dauernd damit beschäftigt, unseren Schatten kennenzulernen und ihn ins Licht zu rücken. Wenn er einmal im Licht ist, kann er benannt werden, und wenn wir ihn einmal benennen können, können wir das Verhalten ändern, das aus ihm entsteht. Uns unseres eigenen Schattens bewusst zu werden und unser Verhalten entsprechend zu ändern – so schmerzhaft das auch sein kann –, ist der erste Schritt, den wir tun müssen, um jemand zu werden, der offen für Veränderungen ist und andere Menschen stets inspiriert. Projektion ist der Grund dafür, dass wir andere beurteilen und kritisieren. Wenn wir die dysfunktionale Natur dieses Verhaltens erkennen und es ändern, verringern wir unsere Neigung, zu urteilen oder zu kritisieren, und das wird uns zu inspirierenderen Menschen machen. Alle Menschen sehnen sich danach, auf diese Weise geliebt zu werden, ohne Wertung und ohne Kritik.

Je mehr wir unsere Neigung kennenlernen, unser Verhalten auf andere zu projizieren, desto mehr werden wir uns der Notwendigkeit bewusst, diese Neigung zu zähmen und zu integrieren – umso mehr werden wir wachsen. Und das tun wir, wenn wir mindestens genauso oft Kontakt von Seele zu Seele haben wie von Ego zu Ego.

Seit vielen Jahren leben wir ein Paradigma alter Art, das uns dazu verführt hat, zu glauben, der Arbeitsplatz sei nicht die richtige Umgebung für eine emotionale, spirituelle Sprache oder für Überzeugungen, die tiefen Respekt und Anteilnahme für Menschen zeigen – die Marktwirtschaft sei ein Haifischbecken, in dem jeder jeden fressen will. Oft ist dies ein klassischer Fall von Projektion: Die Dinge, von denen wir behaupten, dass andere noch nicht bereit dafür seien, sind die Dinge, zu denen *wir* noch nicht bereit sind. Wenn wir sagen, dass andere noch nicht bereit seien für eine Führungskraft, die andere Menschen liebt und die Wahrheit sagt, sagen wir damit vielleicht, dass eigentlich *wir selbst noch nicht bereit sind*, andere zu lieben und die Wahrheit zu sagen. Wenn wir sagen, dass wir auf dem von Konkurrenz bestimmten Markt fressen müssen oder selbst gefressen werden, dann kann es sein, dass wir im Grunde glauben, die Welt werde uns verschlingen, wenn wir andere nicht zuerst verschlingen. Wenn wir so projizieren, erzeugen wir vielleicht genau die Ergebnisse, die wir fürchten, und wenn wir das tun, machen wir uns vielleicht vor, dass wir unser Ego schützen, während wir in Wirklichkeit unsere Seelen einkerkern.

> ! Was wir sehen, hängt vor allem davon ab, was wir suchen.
>
> *Sir John Lubbock*

Wenn wir unsere innere Arbeit machen, entdecken wir vielleicht, dass *wir* es sind, die noch nicht bereit sind – nicht die anderen. Das, was wir suchen, müssen wir zuerst bei uns selbst finden. Die Wahrheit ist, dass die meisten von uns von einer zynischen und säkularen Gesellschaft und einem Übermaß an politischer Korrektheit eingeschüchtert sind, die uns gezwungen hat, unsere wahren Gefühle und Bedürfnisse zu verbergen. Für den Geist in uns ist es der natürlichste Drang im Universum, dass er sich danach sehnt, die verlorenen spirituellen Dimensionen unserer Arbeit und unseres Lebens zurückzugewinnen und sie wieder zu beanspruchen. Das ist tatsächlich die stärkste Kraft in unserem Leben, und sie zu verleugnen, geht gegen unsere Natur. Was uns plagt, sind die Folgen dieser Verleugnung. Zum Beispiel entfremdet uns das Fließen lebensfeindlicher Energien am Arbeitsplatz noch mehr voneinander und von unserer Arbeit – es macht die Seele traurig und festigt das Führungsverhalten alten Typs.

Die Herausforderung heute lautet: Wir alle sind so vielen Jahren von Einschüchterung erlegen, dass wir Angst davor haben, als Erste den Schritt zu tun – das ist der *Affenfrosch-Effekt*. Aber tief in unseren Herzen schauen wir uns alle einander an und fragen uns: „Wer macht den ersten Schritt? Wer ist der Mutige? Wer wird führen? Wer wird die Worte sagen, die ich sagen möchte?“ Sobald wir aber sehen, dass ein anderer Mitgefühl, Liebe, Wahrheitsliebe und Güte zeigt, öffnen sich die Schleusen, alle strömen durch die Bresche und umarmen die Führungspersönlichkeit für ihren Mut und ihre Authentizität. Dies ist die Rolle eines „Higher Ground Leader“.

Kapitel

2

Auf dem Weg zum neuen Denken

Warum die alten Konzepte überholt sind

Wenn es um Führung geht, stehen wir heute vor einer paradoxen Situation von erstaunlichen Ausmaßen. Führungskräfte kämpfen darum, in einer Zeit voll schmerzhafter Veränderungen die Effizienz ihrer Unternehmen und Organisationen zu steigern, während die Mitarbeiter, die sie zu führen haben, sich in wachsender Zahl von ihnen entfernen. Eltern und Lehrer kämpfen darum, die Haltungen und Verhaltensweisen, die ihnen bei jungen Menschen begegnen, in sinnvolle Bahnen zu lenken. Während Führungskräfte auf allen Ebenen sich immer mehr darum bemühen, ihre Mitarbeiter zu motivieren und zu beeinflussen, nimmt deren Unzufriedenheit zu.

2001 verfügte Richard Brown, Chief Executive Officer des US-Unternehmens Electric Data Systems (EDS), dass Tausende von Mitarbeitern, die unter seiner Aufsicht entlassen werden sollten, nicht mehr bis zu 26 Wochenlöhne als Abfindung bekommen sollten, sondern nur noch vier. Aber trotz aller Einschnitte, die die Entlassenen hinnehmen mussten, sank der Marktwert des Unternehmens 2002 um gewaltige 24 Milliarden Dollar, was den Vorstand bewog, Brown zu entlassen. Browns 20 Seiten langer Arbeitsvertrag legte jedoch fest, dass nur eindeutige Unehrlichkeit oder „absichtliche, wiederholte Pflichtverletzungen“ als Grund für eine Kündigung hätten gelten können. Also war ihm rechtswidrig gekündigt worden, was es ihm am Ende erlaubte, eine Abfindung von 37 Millionen Dollar zu kassieren. Michael Jordan, Browns Nachfolger, kommentierte das später mit dem eher verharmlosenden Satz: „Die Menschlichkeit hat gelitten.“ (1)

Der Verlust an Talent und Know-how, der eintritt, wenn die Menschlichkeit leidet und Beziehungen sich verschlechtern, kann für Unternehmen, Teams und Organisationen katastrophal sein. Einer unserer Klienten untersucht regelmäßig die Gründe dafür, dass Angestellte kündigen: Grund Nummer eins, der von 40 Prozent der kündigenden Mitarbeiter genannt wird – und das ist sehr typisch –, sind Konflikte mit dem unmittelbaren Vorgesetzten.

Kennen Sie diesen alten Witz? Frage: Was ist der Unterschied zwischen Zwangsarbeit und einem Unternehmen? Antwort: Zwangsarbeiter sind immerhin an der frischen Luft.

Warum empfinden so viele Menschen so?

Vielleicht liegt der Grund darin, dass wir heute mehr an Ergebnissen interessiert sind als an Menschen. Einer der weltweit angesehensten Managementtheoretiker schrieb im Harvard Business Review: „Unternehmen dürfen nicht vergessen, dass ihr eigentliches Ziel Leistung ist und nicht Zufriedenheit oder Arbeitsmoral der Angestellten.“ (2) Wenn wir weiter diese Art von Denken lehren, werden wir die Tatsache bald ganz aus den Augen verlieren, dass die wichtigste Idee hinter jeder Organisation genau das Gegenteil ist: Organisationen sind dazu da, Menschen zu dienen, nicht umgekehrt.

Was sind die Konsequenzen, wenn wir Ergebnisse auf Kosten von Menschen anstreben? Eine besorgniserregende Folge ist, dass kluge, erfahrene Mitarbeiter rücksichtslos durch jüngere ersetzt werden, denen weniger bezahlt wird und die eher bereit sind, 90 Stunden in der Woche zu arbeiten, weil sie noch keine Familien haben. Angehörige der geburtenstarken Jahrgänge – sie sind jetzt meist über 50 – werden sich kaum von Führungskräften inspiriert fühlen, die in dieser Weise die Lebenserfahrung mit Füßen treten und damit ihre Seelen kränken. Im Januar 2003 musste Kaliforniens staatliches Altersversorgungssystem, CalPERS, 250 Millionen Dollar – die größte Summe der Geschichte – an 1.700 Feuerwehrmänner, Polizisten und andere Justizbeamte auszahlen, deren Invalidenrenten rechtswidrig gekürzt worden waren. (3) Und Bethlehem Steel ist nur eines der vielen US-Stahlunternehmen, die ihren Pensionsverpflichtungen nicht nachkamen, weil es die Zahlungen an 95.000 ehemalige Mitarbeiter aufgrund eines Insolvenz-Antrags aussetzen durfte. Wie sollen ältere Mitarbeiter inspiriert sein, wenn sie von solchen Vorgängen wissen?

Der Graben zwischen Alt und Neu

Angestellte verstehen Management-Ziele sehr wohl, und sie wissen, wie man sie erreichen kann. Sie wissen, was nötig ist, um Produktivität, Produktqualität und Kundenzufriedenheit zu verbessern. Was sie aber wissen wollen, ist:

- Nehmen Führungskräfte Anteil an mir?
- Haben unsere Führungskräfte Mitgefühl?
- Sind Menschen wichtiger als Zahlen?
- Ist mein Arbeitsplatz sicher?
- Wie kann ich in meiner Arbeit mehr Sinn und Erfüllung finden?
- Sagt man mir die Wahrheit?
- Ist diese Organisation integer?
- Respektieren mich unsere Führungskräfte? Behandeln sie mich als ein spirituelles Wesen und nicht nur als Produktionsmittel?
- Ist mein Beitrag wichtig?
- Werden meine Fähigkeiten wahrgenommen?

Wenn Mitarbeiter davon überzeugt sind, dass ihre Führungskräfte diese Bedürfnisse wertschätzen und dass sie wirklich an ihrem menschlichen, spirituellen Wohlergehen interessiert sind, werden sie alles tun, um ihnen auf dem Weg zum Erfolg zu helfen. Sie werden das tun, weil sie wissen, dass ihre Führungskräfte ihnen dienen wollen – nicht ihnen als Funktionsträgern, sondern ihnen als spirituellen Wesen.

Modelle des Führungsstils alten Typs entstammen noch dem Kult von Persönlichkeit und Ruhm und prägen damit noch immer einen großen Teil der Unternehmenskultur unserer Zeit.

Wenn es auch viele Varianten gibt, besteht doch das Muster, dem Führungskräfte alten Typs folgen, im Wesentlichen aus vier Schritten:

1. *Auf breiter Basis eine Vision entwickeln.* Führungskräfte alten Typs erarbeiten mit ihrem Führungsteam eine gemeinsame Vision – als eine Art Bonding-Übung. Das führt zu dem weit verbreiteten Ritual, dass eine Kommission die Ziele der Organisation formulieren soll. Als Winston Churchill bemerkte: „Ein Kamel ist ein Pferd, das von einer Kommission entworfen wurde", muss er an Kommissionen gedacht haben, die lahme Zielbeschreibungen entwerfen.
2. *Andere auf die Vision einschwören.* Wenn einmal die Aussagen zu Vision und Auftrag formuliert und von den wichtigsten Interessengruppen gebilligt sind, ziehen die Führungskräfte alten Typs los, um Unterstützung dafür zusammenzutrommeln. Dieser Zirkus, der allen alten Hasen in Unternehmen vertraut ist, soll Anhänger sammeln, soll Angestellte, Betriebsräte, Kunden, Zulieferer und Aktionäre dazu bringen, dass sie die neue Vision übernehmen. Wenn Anhänger entdecken, dass die Botschaft bloß alter Wein in neuen Schläuchen ist, vertieft sich ihr Gefühl von Desillusionierung, und sie werden der Führungsebene weiter entfremdet.
3. *Eine Strategie entwickeln, wie die Vision verwirklicht werden soll.* Als Nächstes gehen Führungskräfte alten Typs daran, eine Strategie entwerfen zu lassen, die die Organisation in Richtung der neuen (jetzt „gemeinsamen") Vision bewegen wird. Dazu gehört eine breit angelegte Zusammenarbeit zwischen Abteilungen und Funktionen. Ziel der Strategieentwicklung ist es, dafür zu sorgen, dass jeder sich durch seinen Beitrag mit einem gewissen Einfluss ausgestattet fühlt. Die zugrunde liegende Theorie besagt, dass Menschen, die helfen, eine neue Vision auszugestalten, sie in Besitz nehmen, und wenn dieser Prozess gelingt, wird er zu einer mächtigen Übernahme der Vision durch die Mitarbeiter führen.

! Das meiste von dem, was wir Management nennen, macht es nur den Leuten schwer, ihre Arbeit zu tun.

Peter Drucker

4. *Angestellte motivieren und die Strategie umsetzen.* Schließlich stellen die Führungskräfte alter Art das Team zusammen, das die Strategie verwirklichen soll. Ihr Job ist es jetzt, die Angestellten zu motivieren, damit sie die Strategie ausführen, die zur Umsetzung der neuen Vision führen soll.

Dies ist ein mechanistisches Modell – es beruht auf einem alten Konzept von Führungsverhalten, das die Persönlichkeit manipulieren, kontrollieren und ausbeuten will. Damit ignoriert es das eine, das Menschen sehnlichst nähren möchten – ihren Geist.

Der Abgrund zwischen Straße und Elite

In der Welt der Führungskräfte alten Typs gibt es eine wachsende Kluft zwischen der Art, wie die Chefetage die Arbeitswelt wahrnimmt und wie die Mitarbeiter sie sehen. Einen Beleg dafür bietet die Statistik der Arbeitszeit in den USA. Nach einer Umfrage des Ministeriums für Arbeit bei Unternehmen ist die wöchentlich geleistete Arbeitszeit von 39 Stunden in den fünfziger und sechziger Jahren auf 35 Stunden im Jahr 1990 zurückgegangen. (4) Hätte man das einem beliebigen Angestellten erzählt, er hätte gedacht, man käme vom Mond. Die Erfahrungen, die seinem Staunen zugrunde liegen, werden von Untersuchungen durch Lou Harris & Co. bestätigt. Von 1973 bis 1980 stieg die Zahl der tatsächlich geleisteten Arbeitsstunden von 41 auf 47. Sie wuchs dann langsam auf 51 Stunden im Jahr 1994 an, fiel 1998 auf 50 zurück und blieb zunächst konstant. Erst 2002 sank sie wieder auf 47, den Stand von 1980. (5) Die Wahrheit ist, dass viele Führungskräfte alten Typs gar keine Vorstellung davon haben, wie viele Stunden ihrer Freizeit Angestellte für ihr Unternehmen investieren, einschließlich der Zeit zu Hause am Computer.

Dass viele Manager meilenweit von den Realitäten des Angestelltenlebens entfernt sind, ist aber nur die eine Seite. Dazu kommt, dass viele Angestellte – wie schon erwähnt – von ihrer Arbeitserfahrung nicht begeistert sind. Kepner-Tregoe Inc. aus Princeton (New Jersey) fragte in einer Untersuchung, wie Angestellte fänden, dass ihr Unternehmen gemanagt werde – wie ein

Symphonieorchester, wie ein absolutistisches Königreich oder wie ein Zirkus. Das Königreich oder der Zirkus wurde von 59 Prozent der Abteilungsleiter und 72 Prozent der Angestellten gewählt. (6)

Bei einem von der Zeitschrift Forbes organisierten Frauen-Gipfel fragte ich Teilnehmerinnen (alle höchst erfolgreiche Managerinnen und Unternehmerinnen): „Haben Sie in den letzten sechs Monaten einmal darüber nachgedacht, Ihren Job aufzugeben?“ Sie konnten ihre Antworten über eine drahtlose Tastatur anonym eingeben, und 82 Prozent gaben an, sie hätten darüber nachgedacht. Das waren einige der erfolgreichsten Frauen in Nordamerika. Wie würden Ihre Angestellten die Frage beantworten? Wie würden Sie selbst antworten? Führungskräfte alten Typs setzen das spirituelle und emotionale Wohlergehen der Menschen in ihren Organisationen ebenso aufs Spiel wie ihr intellektuelles Kapital, wenn sie solche Alarmsignale ignorieren.

In sehr vielen Bereichen der Kommunikation mit anderen konzentrieren wir uns auf unsere eigene Wahrnehmung der Realität und auf das, was unseren eigenen materiellen Zielen dient, und wir bedenken selten die Bedürfnisse der Seelen, deren Partner wir sind – unserer Angestellten, Kunden, Zulieferer, Kollegen, Freunde, Familien und Gemeinden. Wenn wir Führungskräfte auffordern, Führungsverhalten zu definieren, und dann Angestellten dieselbe Frage stellen, ist der Unterschied in den Antworten erstaunlich. Es ist der Unterschied zwischen der Elite und der Straße. Führungskräfte sagen, dass zu den Merkmalen großen Führungsstils gehöre, eine klare Vision zu haben, strategische Ziele zu definieren, entschlossen zu sein, sich auf dem Markt durchzusetzen, den Wettbewerb zu beherrschen, brillante Menschen anzustellen und sie zu motivieren. Stellt man ihren Mitarbeitern dieselbe Frage, werden solche Kriterien kaum genannt. Vielmehr sagen die Mitarbeiter, sie wollten, dass ihre Führungskräfte gute Mentoren und Lehrer sind, fair und respektvoll mit Menschen und unserem Planeten

> ! Die erste Verantwortung einer Führungskraft ist, Wirklichkeit zu beschreiben. Die letzte ist, danke zu sagen. Dazwischen ist der Führer ein Diener.
>
> *Max De Pree*

umgehen, integer handeln und hohe Wertmaßstäbe anwenden, dass sie gute Zuhörer sind, Mitgefühl zeigen und gut kommunizieren.

Wie kann es zu einer so großen Diskrepanz zwischen der Haltung der Führungskräfte und der der Mitarbeiter kommen? Wenn Mitarbeiter die Kunden sind, denen die Führungskräfte etwas anbieten, wie kann dann die Kluft zwischen Angebot und Bedürfnis so groß sein? Würden wir die Bedürfnisse der Kunden im selben Maß verkennen, hätten wir eine Marketingkatastrophe. Steht uns eine Führungskatastrophe bevor?

Die Führungskraft neuen Typs: Der Dienende

Das wahre Ziel einer Führungspersönlichkeit neuen Typs besteht darin, den Bedürfnissen anderer zu dienen – besonders denen der Mitarbeiter. Daher ist es die wichtigste Aufgabe der Führungskraft, als Quelle von Inspiration, persönlicher Entwicklung, Unterstützung und Orientierung ihrer wichtigsten Kunden zu handeln – und diese Kunden sind die Mitarbeiter. Sonst wäre die Führungskraft überflüssig; denn über die Arbeit selbst, über Ziele, Technologien, erwünschte Ergebnisse und professionelles Können wissen die meisten Mitarbeiter mehr als ihre Vorgesetzten. Ihre Mitarbeiter oder Team-Mitglieder sind die Kunden der Führungskräfte neuen Typs, und die Führungskräfte neuen Typs streben danach, dass sie den äußeren und inneren Bedürfnissen ihrer Mitarbeiter entsprechen oder sie noch übertreffen.

Die Führungspersönlichkeit neuen Typs betrachtet Führung als dienende Rolle. Sie sagt: „Ich bin Ihr Vorgesetzter. Was kann ich für Sie tun?"

Vor Kurzem sprach ich vor einer Gruppe von Managern. Meine Rede war eingebettet in „motivierende" Mitteilungen und Videoclips von der Präsidentin des Unternehmens; sie beschrieb neue Verkaufsziele, Anreiz-Programme und Bonus-Strategien, die Produktion und Gewinn steigern sollten. Als die Konferenz zu Ende ging, signierte ich Bücher für die Zuhörer. Nachdem alle gegangen waren, wandte die Präsidentin sich an mich und fragte: „Warum kommen so viele Leute zu Ihnen, stellen Fragen und möchten, dass Sie ihre Bücher signieren?“ Ich sagte, das sei immer so. „Warum?“, fragte sie.

Ich fragte sie, ob ich offen reden könne, und sie forderte mich dazu auf. „Die meiste Zeit Ihrer Ansprachen haben Sie darauf verwendet, über Ihre Bedürfnisse zu sprechen“, sagte ich. „Den größten Teil meiner Zeit ging es um die Bedürfnisse der Zuhörer. Sie sehnen sich danach zu hören, dass andere sich genauso aufrichtig um ihre Bedürfnisse kümmern wie sie selbst. Wenn wir zeigen, dass wir uns um sie kümmern, dass wir unsere Rolle als die einer dienenden Führungskraft verstehen, dann werden sie unsere Verkaufsziele übertreffen.“

Die perfekte Beziehung zwischen Führungskräften neuen Typs und ihren Mitarbeitern existiert, wenn das, was der Einzelne braucht, genau das ist, was die Führungskraft neuen Typs am liebsten gibt.

Die Führungskraft alten Typs: Der Krieger

Als ich kürzlich vor Führungskräften eines Unternehmens sprach, war ich überrascht, zu sehen, dass das gesamte Management-Team der asiatischen Region in schwarzem Armeedrillich, Kampfstiefeln und Baretten auftrat, „bewacht“ von Angestellten in Uniform mit schwarzen Helmen. Die Musik aus „Mission Impossible“ tönte aus den Lautsprechern und begleitete die Forderung, das Vorjahreswachstum von 70 Prozent zu wiederholen. Ich blätterte im Programm. Die Einladung zum Lunch lautete: „12 Uhr: Essen Sie Lunch, oder Sie werden gefressen.“

Ich suchte meinen Gastgeber und warnte ihn, dass meine Botschaft mit seiner vielleicht kollidieren könnte, dass sie vielleicht die Strategie des Unternehmens untergraben oder den Plan für die Versammlung über den Haufen werfen könnte. Er sagte mir, ich solle mir keine Sorgen machen. Ich ging zum Podium und begann mutig mit meiner Rede, indem ich auf „friedliche Krieger“ anspielte, ein populärer Ausdruck, aber einer, den ich als verdächtig ansehe, weil er ein Widerspruch in sich ist. War Buddha ein „friedlicher Krieger“?

Als ich weiterredete, wurde mir bewusst, dass ich keinen Diskurs über Wahrheit präsentieren konnte, ohne selbst aufrichtig zu sein. Ich improvisierte ein wenig und erklärte, ich sei das Yin, um das Yang ihrer Vorhaben auszugleichen. Ich fragte das Auditorium, ob sie glaubten, wir sollten bei der Arbeit Menschen vernichten, und ob ihre Kampfgesänge, wonach sie den Markt beherrschen wollten, wirklich den Bedürfnissen der Kunden dienten – oder nur ihrem Ego. Ich wagte die Bemerkung: Auch wenn ihnen das Beherrschen des Marktes wichtig wäre, sei es wahrscheinlich für die Kunden irrelevant.

> ! Die größte Stärke ist Sanftheit.
> *Sprichwort der Irokesen*

Hier stand ich also, auf der anderen Seite der Weltkugel, vor einem seltsamen Paradoxon: Ich war in Singapur – ein Mann aus dem Westen, der im Osten mit Menschen aus dem Osten sprach, die für die schlimmsten Aspekte westlicher Kultur warben: für Aggression und Gewalt, und ich forderte sie auf, ihre natürlichen östlichen Werte wieder gelten zu lassen und anzunehmen. Man hätte eine Stecknadel fallen hören können.

Als meine Rede beendet war, war ich darauf gefasst, dass man mich sofort in den Zug setzen und aus Singapur wegschaffen würde. Doch dann sagten erst einige, später die Mehrheit des Auditoriums, wie unwohl sie sich mit den Kriegsmetaphern und dem militärischen Bombast fühlten, dass sie nur zähneknirschend zugestimmt hätten und wie genau meine Botschaft ihre wahren Überzeugungen träfe. Eine Botschaft war ihnen willkommen, die auf ihre kulturelle Weisheit zurückging und ihr entsprach, nämlich den Lehren von Buddha, Konfuzius und dem Tao. Sie kritisierten ihre Vorgesetzten nicht: Sie glaubten, diese wären einfach gedankenlos und benutzten nur die abgedroschenen Metaphern von Gewalt und Krieg, die überall von den alten Führungskräften globaler Organisationen benutzt würden.

Die dunkle Seite des Wettbewerbs – und die Alternative

Ein Vorgesetzter alten Typs verwendet die Metaphern von Krieg oder Sport. Ohne den Wortschatz des Wettbewerbs ist er verloren. Aber der Schlüssel dafür, Menschen zu Größe zu inspirieren, liegt in der Liebe, nicht im Krieg. Ein Ruf zu den Waffen ist kein effektives

Mittel, um die Herzen und Seelen anderer Menschen zu gewinnen. Stellen Sie sich vor, der Dirigent des Bostoner Symphonieorchesters würde morgens aufstehen und sich aufputschen mit dem Satz: „Nieder mit dem Los Angeles Symphonieorchester!" Da spricht das Ego – das wäre Testosteron-Führungsstil.

Wenn wir starke Beziehungen aufbauen wollen, müssen wir unser Ego zähmen. Wir alle haben Egos – diese kleinen Stimmen in uns, die unsere Persönlichkeit mit der Außenwelt in Beziehung setzen und fragen: Bin ich schön? Werde ich geliebt? Werde ich Erfolg haben? Kann ich noch mehr bekommen? Werde ich gewinnen?

Jeder von uns ist ein einzigartiges Ego, und oft konkurrieren wir mit den Egos der anderen. Aber in Wahrheit sind unsere Egos wie Wellen im Meer. Wir rollen auf der Oberfläche dahin und tun viele wichtige und sinnvolle Dinge, bis wir schließlich am Strand erlöschen. Wir verschwinden nicht – wir kehren in den Ozean zurück, zu der Universellen Seele, die die Summe aller Seelen aller lebenden Wesen im Universum ist. Schließlich kommt eine neue Welle, ein anderes Ego. Aber unsere Egos kehren immer in den Ozean zurück, zu der Universellen Seele, in das Einssein des Göttlichen – wie die Wellen in den Ozean. Wir müssen uns selbst in der angemessenen Perspektive sehen – eine kleine, aber kraftvolle Welle, die ein wichtiger Teil eines größeren Ganzen ist. Wir verschwinden nicht und lösen uns nicht auf, wir kehren einfach zu dem Ganzen zurück, aus dem wir einmal kamen. Wir haben einen Körper – nicht zwei –, der unser Ego und unsere Seele umfasst. Wir können beides nicht trennen; wir können nur so tun, als ob. In Beziehungen mit anderen Menschen sind wir mit unserem Ego *und* unserer Seele miteinander in Kontakt – so geben wir einander Sinn. Auch in Unternehmen und Organisationen ist die Beziehung zwischen unseren Seelen das, was jedem von uns Sinn gibt.

> ! Jeder intelligente Narr kann Dinge größer, komplizierter und gewalttätiger machen. Das Gegenteil zu tun, erfordert eine Spur Genie – und eine Menge Mut.
>
> *E. F. Schumacher*

Wir müssen niemanden töten, um Erfolg zu haben, und wir brauchen keine Gefangenen zu machen oder die Erde zu verbrennen. Es gibt Platz für uns alle. Innovation, Kreativität, Synergie, Zusammenarbeit, Teamarbeit und vor allem Liebe werden uns zu Meisterschaft und so zum Erfolg führen.

Im Juli 1996 tobte ein Feuer durch die Weinberge des Weinguts Carmenet in Napa (Kalifornien) und zerstörte wertvolle Trauben der Sorten Cabernet Sauvignon, Cabernet Franc und Merlot. Der Geschäftsführer Michael Richmond, der Winzer Jeffrey Baker und drei weitere Angestellte kühlten das Dach der Weinkellerei mit Wasser, um zu verhindern, dass es in Brand geriet. Obwohl das Weingut überlebte, wurden 75 Prozent der erwarteten Ernte zerstört. Nach zwei schlechten Ernten in vergangenen Jahren schien das Feuer in die endgültige Katastrophe zu führen.

Aber am Tag nach dem Brand rief Joel Peterson vom konkurrierenden Weingut Ravenswood an und bot an, Carmenet die zerstörten Pflanzen zu ersetzen. Der Winzerverband des Sonoma Valley forderte seine 135 Mitglieder auf, zu helfen, und weitere Angebote strömten herein. „Sogar die kleinsten Betriebe riefen an", sagt Verbandsgeschäftsführerin Christine Finlay: „Alle dachten daran, dass es auch sie hätte treffen können." Benachbarte Weingüter verkauften Trauben an Carmenet, obwohl das ihre eigene Produktion an Spitzenweinen schmälerte. Joel Peterson von Ravenswood begründete das Verhalten so: „Es ist von Vorteil für mich, Carmenet in der Nähe zu haben. Es sind gute Leute, sie machen guten Wein, und sie bringen am Markt die Sache voran, an die ich glaube. Wenn ich ihren Wein verkaufe, verkaufe ich im Grunde meinen eigenen." (7)

So können Gemeinschaften starke Beziehungen aufbauen, blühen und wachsen. Es ist dieses auf Gemeinschaft ausgerichtete kooperative Verhalten, das inspiriert, nicht eine Haltung verbrannter Erde, die wir so oft am Markt erleben. Michael Richmond sagte mir später: „Es ist dieser Gemeinschaftssinn, der mich vor 30 Jahren dazu gebracht hat, mich im Weinbau zu engagieren, und der mich hier festhält. In unserer Branche gibt es noch heute eine Kultur von Unterstützung und Informationsaustausch. Man erlebt selten Besitzstandsdenken oder ein Beharren auf ‚Betriebsgeheimnissen'. Diese gemeinschaftsorientierte Haltung herrscht jedenfalls unter Herstellern und Verwaltern vor; im Weinhandel scheint sie schon viel seltener zu sein."

Wir sind menschliche, geistbegabte Wesen, die Raum und Zeit miteinander teilen, und wir sind hier, um einander zu dienen, nicht um einander im Wettbewerb um mehr und immer mehr zu erdrücken. Joe Calvaruso, Geschäftsführer des Mount Carmel Health System in Columbus (Ohio) drückt es so aus: „Wir nennen andere Gesundheitsversorger nicht ‚Konkurrenz', wir nennen sie ‚Nachbarn'. Wenn wir Bewerbungen von Angestellten eines Nachbarn bekommen, sage ich unserer Personalabteilung: ‚Stehlt kein Talent bei Nachbarn'. Auch wenn wir nicht von uns aus Kontakt aufnehmen – wir schalten nur allgemeine Stellenangebote –, bewerben sich Angestellte unserer Nachbarn, und ich möchte nicht anderen Organisationen – und damit der Qualität der Gesundheitspflege allgemein – dadurch schaden, dass ich ihnen ein paar ihrer besten Leute wegnehme."

> ! Um ein System effektiv zu managen, muss man sich auf die Interaktionen zwischen den Teilen konzentrieren statt auf ihr Verhalten als Einzelne.
>
> *Russell L. Ackoff*

Und Jeff Bezos, Gründer von Amazon, sagt: „Sei hinter den Kunden her, nicht hinter der Konkurrenz."

Eine Führungspersönlichkeit neuen Typs hört auf die Weisheit unserer Vorfahren, wendet sich ihren Werten und Überzeugungen zu und übernimmt jene Werte, die auf lebensfördernden, nicht lebensbedrohenden Modellen beruhen. Fragen Sie einfach die, die Sie inspirieren möchten – sie sind die Kunden Ihres Geistes: Was er ihnen bieten kann und wonach sie sich sehnen, ist ein Gemeinschaftsgefühl, kein Krieg.

Gemeinschaft und Beziehungen aufbauen

Die Moleküle und Atome, aus denen dieses Buch besteht, verleihen ihm das Aussehen eines Gegenstands, aber es lebt nicht und kann daher nichts tun. Die Beziehungen zwischen mir, dem Autor, und Scharen anderer Menschen in meinem Leben – und all die Erfahrungen, die aus diesen Beziehungen hervorgegangen sind – haben die Energie erzeugt, aus der die Ideen auf diesen Seiten entstanden. Diese Ideen wurden Tastenanschläge an einem Computer und schließlich ein elektronischer Code. Dann wurden sie – nachdem sie durch die Weisheit und Erfahrung vieler weiterer Menschen hindurchgegangen sind – von Technikern zu einer Maschine geschickt, die Farbe auf Papier aufbrachte, das schließlich – dank des Könnens von Recyclingexperten, Papierherstellern und Spediteuren, nicht zu vergessen von Mutter Natur – in die Buchbinderei gelangte. Lektoren, Verleger, Anwälte, Agenten, Journalisten, Rezensenten und viele andere erzeugten noch mehr Beziehungen. So wurde „ein Buch" daraus, aber ein Produkt ist noch kein Anliegen, für das sich jemand einsetzen kann. Obwohl dieses Buch physisch durch so viele Hände gegangen ist, kann es immer noch nicht wirken, bevor es in den Herzen anderer Menschen lebt, denen es so gut gefällt, dass sie Sie dazu ermuntern, es zu kaufen, es zu lesen und – was am wichtigsten ist – etwas daraus zu machen. Schließlich sitzen Sie in einem Flugzeug oder an einem Strand oder in einem Sessel und beschließen, eine Beziehung mit all den erwähnten Menschen einzugehen, indem sie es lesen. Und doch: Auch wenn Sie jede Seite von Anfang bis Ende lesen (ich wünschte, das wäre so), existiert das Buch nicht, bevor sie handeln, das heißt, bevor Sie eine Beziehung mit jemandem eingehen. So lange hat es weiterhin keine Bedeutung.

Nichts existiert, bevor es mit etwas anderem in Beziehung ist.

Genauso können auch Teams und Organisationen nichts tun; denn sie existieren auch nicht. Es sind die Beziehungen zwischen Menschen, die ein Handeln auslösen. Die Japaner haben nicht einmal ein Wort, um ein Individuum zu bezeichnen, weil der Begriff der Gemeinschaft und der Familie eine so große Bedeutung in ihrer Kultur hat. Nur wenn wir unsere Organisationen, im Privat- wie im Berufsleben, als das sehen, was sie sind – Gemeinschaften von Beziehungen –, können wir Realität erzeugen. Diese Realität ist von zweierlei Art: materielle Realität, die, wie wir in der Quantenphysik lernen, aus Beziehungen zwischen winzigen subatomaren Teilchen besteht, und spirituelle Realität, die aus Beziehungen zwischen den Seelen besteht, mit denen wir in unseren Gemeinschaften interagieren. *Auch wenn wir unsere innere*

Arbeit getan haben, müssen wir Beziehungen im Außen aufnehmen und leben.

Wenn wir weiter eine allein materialistische Weltsicht beibehalten, wird unser Bild vom Leben nur aus einzelnen Dingen bestehen, und wir werden dazu neigen, dass wir Menschen genauso sehen. Die *Ding-Perspektive* führt zu Handlungen, bei denen wir uns wie getrennte, unverbundene Teile fühlen. Sie führt zu Handlungen, die gut für mich sind, aber schlecht für Sie – zu Situationen, in denen es nur um Gewinn oder Verlust geht. Manchmal zeigt sich das in rücksichtslosen Haltungen gegenüber der Umwelt oder gegenüber Menschen. Die endlosen Reorganisierungen, Restrukturierungen, Gesundschrumpfungen, die typische Reflexe der alten, ding-zentrierten Führungskräfte in modernen Organisationen sind, haben der Qualität von Beziehungen schwer geschadet. Als Konsequenz fühlen sich viele Menschen verraten – als bloße Sache entwertet und nicht als die „wichtigste Ressource" geachtet, als die sie von ihren Vorgesetzten einmal bezeichnet wurden.

Starke Beziehungen sind integrativ, das heißt, sie haben die Tendenz, einzubeziehen statt abzustoßen, zu konkurrieren oder auszugrenzen. Organisationen gleich welcher Art können nicht relevant sein, wenn sie ausgrenzen wollen, indem sie Hierarchien erzeugen, die Menschen nach ihrem Status oder ihrer Macht trennen. Führungskräfte alten Typs hängen zum Beispiel immer noch an archaischen Begriffen wie *Vorgesetzter* und *Untergebener*. Die Sprache von Trennen und Ausschließen charakterisiert das Denken alten Typs, in dem es üblich ist, Menschen als „im Rahmen" oder „außerhalb des Rahmens stehend" zu beschreiben oder sie mit Etiketten wie „Angestellter" und „freier Mitarbeiter" in Kastensysteme einzuordnen. Oder man benutzt Persönlichkeitsprofile, um Menschen zu klassifizieren, von denen einige bevorzugt werden und andere nicht.

Die Seele aber möchte dazugehören, Beziehungen herstellen und Teil einer Gemeinschaft sein. Wenn wir in Organisationen und Familien Größe inspirieren wollen, müssen wir sie mit der Kraft der Seele erfüllen. Wir müssen Gemeinschaften schaffen, zu denen wir alle beitragen und von denen wir alle genährt werden – ein Netz von ganzheitlichen, symbiotischen Beziehungen, das auf

Akzeptanz und Gewährenlassen unter den Beteiligten beruht und das zu mehr als nur zum Überleben führt, nämlich zu Wachstum und Evolution. Vor allem müssen diese Beziehungen zu spirituellem Nähren und Regenerieren führen, einem tiefen wechselseitigen Sorgen für die Seelen aller Mitglieder. Dies ist die Essenz von Beziehungen in einer Gemeinschaft.

Von der Heiligkeit des Lebens

Kalpan Chawla war eine in Indien geborene Amerikanerin. Sie starb auf tragische Weise zusammen mit einem Israeli, einem Afroamerikaner und vier anderen Amerikanern, als die Raumfähre Columbia am 1. Februar 2003 verglühte. Sie hatte auf dem Gebiet der Raumfahrt gelernt, wie irrelevant Unterscheidungen sind, die auf Nationalität oder ethnischer Herkunft beruhen. Kurz vor dem Antritt jener tödlichen Reise schob sie das Medieninteresse, das sich auf die Astronauten als Repräsentanten unterschiedlicher Volksgruppen und Geschlechter richtete, beiseite und sagte: „Wenn Du im Weltraum bist und die Sterne und die Milchstraße betrachtest, dann fühlst Du, dass Du nicht nur von einem bestimmten Stück Land kommst, sondern aus dem Sonnensystem." (8)

Vor 30 Jahren waren die Apollo-Astronauten, die zum Mond flogen, von einer einzigartigen Erfahrung erschüttert, als sie zum ersten Mal unseren kleinen Planeten aus dem Raum sahen. Keine politischen Grenzen oder Teilungen, nur Schönheit, Kleinheit und Zerbrechlichkeit – die Verletzlichkeit der Erde, vor der harschen Leere des Weltraums nur durch eine Atmosphäre geschützt, die so dünn und zart aussah wie die Haut einer Zwiebel. Astronauten nennen diese Erfahrung seitdem den ‚Overview Effect' (Übersichtseffekt). In dem Buch „The Overview Effect" von Frank White beschreibt Rusty Schweickart, der zur Besatzung von Apollo 9 gehörte, die Erde als

> „... so klein und so fragil, als einen so kostbaren kleinen Fleck in diesem Universum, dass man ihn mit dem Daumen verdecken kann – und doch begreift man, dass auf diesem kleinen Fleck, diesem kleinen blauen und weißen Ding, alles ist, was einem etwas

bedeutet, die gesamte Geschichte und Musik, Dichtung und Kunst, Tod und Geburt und Liebe, Tränen, Freude, Spiele, all das auf diesem kleinen Fleck, den man mit seinem Daumen verdecken kann. Und man merkt aus dieser Perspektive, dass man sich verändert hat, dass es da etwas Neues gibt, dass die Beziehung zu dieser Erde nicht mehr die ist, die sie war." (9)

Es ist an der Zeit, dass wir unsere Perspektive auffrischen, dass wir von einer *„Ding-Sicht"* der Welt zu einer Betrachtungsweise kommen, die die Heiligkeit in Beziehungen und Gemeinschaften ebenso sieht wie die materiellen Dinge. Das ist es, was die Führungskräfte neuen Typs entdeckt haben, was sie in die Lage versetzt, so deutlich die Verbindungen zwischen Menschen zu verbessern, die es einfach ablehnen, unter der Regie des alten Denkens wie Sachen behandelt zu werden. Sie haben Recht, weil sie tatsächlich mehr als Dinge sind – sie sind heilige Wesen. Wir sind nicht frei im Raum schwebende Einheiten: Auf uns allein gestellt bedeuten wir nichts und bewirken nichts – nicht mehr als dieses Buch. Wir bedeuten nur etwas, wenn wir in Beziehung mit anderen sind.

! Unsere wissenschaftliche Macht hat unsere spirituelle Kraft abgehängt. Wir können Raketen lenken, aber leiten Menschen in die Irre.

Martin Luther King Jr.

Mark Twain schrieb, dass „Prinzipien keine reale Kraft haben, außer wenn man gut genährt ist". Aber wir alle suchen nach mehr als einem vollen Magen. Wir sehnen uns nach Gemeinschaft und Zusammengehörigkeit, danach, unsere Verwandtschaft in Beziehungen miteinander zu erfahren – nach mehr als einem Trog, an dem wir alle gefüttert werden. Wir wollen uns emotional und spirituell sicher fühlen, unsere gewohnten Schutzmechanismen aufgeben, uns heilig fühlen. An anderer Stelle habe ich solche Gemeinschaften von Menschen mit gemeinsamen Werten und Geisteshaltungen als einen Tempel, ein Heiligtum beschrieben. (10) Was ich damit meine, ist kein Heiligtum als Gebäude, es ist eine innere Haltung, ein Geisteszustand, eine Gruppe von Werten, die Menschen teilen. Ein Heiligtum ist eine sichere Umwelt. Wir sind vielleicht nicht in der Lage, die Welt um uns herum zu verändern, aber wir können uns selbst ändern. In dem

Sinn sind wir im Tempel unserer heiligen Beziehungen sicher, auch wenn die Welt um uns herum vielleicht verrückt oder gefährlich ist. Ein Heiligtum ist wie ein Schild und weist negative Energien ab, die uns umgeben. Solche „Heiligtümer" werden oft von Gruppen gleich gesinnter Menschen gebildet, die sich selten treffen, aber Werte gemeinsam haben und einander lieben und vertrauen und einander in Sicherheit die Wahrheit sagen können. Sie vertrauen und respektieren einander und genießen eine gemeinsame Sprache. Ein Heiligtum ist eine heilige Beziehung, eine Gemeinschaft, in der wir allen Menschen und Dingen, die dazugehören, Verehrung erweisen. Es ist eine Gruppe von Menschen, die durch ihre Seelen miteinander verbunden sind, in der ein heiliger Code praktiziert wird, und deren Mitglieder in einem Zustand der Gnade leben und einander dienen und achten.

Teams, Abteilungen oder Unternehmen, Familien, Stämme oder Clans können solche Gemeinschaften oder „Heiligtümer" sein. Solche Gemeinschaften können jede beliebige Größe haben, von sehr klein bis sehr groß: ein Häuserblock in der Stadt, ein Krankenhaus, eine Regierung – sogar ein ganzes Land. Um eine solche Gemeinschaft aufzubauen, müssen wir den gleichen Regeln folgen, die wir in der ersten Gemeinschaft gelernt haben, zu der wir gehörten – in der Familie:

Tu, was immer Du tust,

- so gut, wie Du kannst (Meisterschaft),
- auf eine Weise, die gut für Menschen ist (Verbindung),
- und im Dienst der anderen (Hingabe). (11)

Wenn wir uns bewusst werden, dass wir Gemeinschaften sind, nicht Organisationen, verändern wir das Wesen unserer Beziehungen; wir machen sie weniger materiell und dafür spiritueller, weniger mechanisch und dafür göttlicher, weniger flüchtig und dafür unendlich, weniger beiläufig und stattdessen vitaler. Dann werden unsere Gemeinschaften lebendig. Unsere natürliche Sehnsucht danach, bleibende Beziehungen zu bilden, wird unsere Lebensweise – und unseren Planeten – verändern. Dies ist es, was die Führungskraft neuen Typs gelernt hat.

Anders gesagt: Organisationen und Gemeinschaften können nicht inspirieren, nur Menschen können das. Aber es ist möglich, eine inspirierende Umwelt zu erschaffen. Es gibt nur eine Möglichkeit, wie wir das tun können: dadurch, dass wir Menschen inspirieren – eine Seele nach der anderen. Es gibt keine andere Möglichkeit.

Das Paradoxon der Teamarbeit

Ein besonders hartnäckiges Paradoxon unserer Zeit liegt darin, dass wir vom Wert der Teamarbeit überzeugt sind – und gleichzeitig auf die Rechte des Individuums schwören. Wie so viele andere habe ich oft mit der Frage gerungen, wie man diese scheinbar gegensätzlichen Vorstellungen zusammenbringen kann.

> ! Zum Teufel, hier gibt es keine Regeln. Wir versuchen, etwas zu erreichen!
>
> *Thomas A. Edison*

Der kürzlich verstorbene Peter Drucker sagte: „Kein Team (…) hat jemals etwas Bedeutendes zustande gebracht. Die großen Musiker arbeiteten nicht in Teams. Dasselbe gilt für Maler, Bildhauer, Dichter und weitgehend auch für Wirtschaftsführer." Nun können Sie das als eine Übertreibung empfinden, und als harsches Urteil über Leute wie John Lennon und Paul McCartney – aber die Geschichte gibt Drucker Recht. Was wir brauchen, ist etwas, das funktioniert – und das können Teams sein oder auch nicht. Ob sie Sinn machen, hängt von der Aufgabe einer Organisation und von den Rahmenbedingungen ab. Aber wenn wir glauben, dass Teamarbeit für bestimmte Situationen passend ist, dann werden wir die betreffende Gemeinschaft so anpassen müssen, dass sie wirklich eine Teamkultur erlaubt. Das betrifft Entscheidungsfindung und Belohnungssysteme, Lernstile, Struktur, Kommunikation, Führungsstile und Arbeitsstile: Das alles ist in Teams anders als in Hierarchien, die das Individuum feiern. Typischerweise preisen wir das Konzept von Teamarbeit, belohnen aber individuelle Fähigkeiten, im Privat- wie im Berufsleben – ein klassisches Ergebnis des *Affenfrosch-Effekts*. Wir tun das von Beginn an: Bei der Erziehung unserer Kinder feiern wir individuelle schulische und sportliche Leistungen, nicht die großzügige Fähigkeit, sich für Leistungen des Teams als Ganzes einzusetzen. Wir sind mehr darum besorgt, dass unsere kleine Charlotte eine Prüfung mit Auszeichnung besteht, als dass sie einen Beitrag als Teamspielerin leistet und dafür vielleicht ein Jahr länger bis zum Examen braucht. Im Großen und Ganzen kreieren wir Formen von Belohnung, die individuelle Leistung auszeichnen, nicht die von Teams. Quer durch die Gesellschaft belohnen wir Individualismus, während wir die Tugenden der Zusammenarbeit in den Himmel heben.

Wir leben in einer Kultur, die Persönlichkeit, Reichtum und Berühmtheit idealisiert. Häufig messen wir unseren Erfolg an diesen Maßstäben. Das gängige Kriterium ist die Menge an Ruhm, Reichtum, Schönheit und Macht, die wir besitzen – besonders im Vergleich mit anderen. Wir haben eine Vielzahl von Anreizen für individuelle Leistung, feiern sie sogar in unserer Verfassung und in unseren Rechten und Freiheiten. Unternehmensführer erzählen immer wieder die Geschichten von großen Einzelkämpfern, den Helden des Sports, der Wirtschaft und der Unterhaltungsindustrie – und preisen dann die Tugenden von Teamarbeit. Obwohl man auf Teamarbeit drängt, bleiben die Gehaltstarife resistent gegenüber der Idee, Kooperation, Zusammenarbeit, Gemeinschaft, Liebe und Beziehung zu belohnen – alles wesentliche Verhaltensweisen großer Teams.

Teams konkurrieren miteinander in Situationen von Sieg und Niederlage – „mein Team gegen deins". Gemeinschaften erblühen dagegen mit Beziehungen, die zu Gewinn für beide Seiten führen. Wenn wir Teamarbeit wollen, müssen wir wirklich die Strukturen dafür schaffen und sie belohnen.

> **!** Du denkst also, Geld sei die Wurzel allen Übels. Hast Du Dich je gefragt, was die Wurzel allen Geldes ist?
>
> *Ayn Rand*

Am Ende müssen wir uns fragen: „Kann ich durch eine Beziehung besser wachsen als allein? Wird eine inspirierende Beziehung mit anderen Seelen mir helfen, zu wachsen?" Und wir müssen uns vielleicht daran erinnern, dass – trotz des gegenwärtigen Hypes um dieses Thema – Teams vielleicht nicht immer die richtige Antwort sind. Wir sollten mehr in Richtung umfassenderer Beziehungen, Gemeinschaften und „Heiligtümer" denken.

„Die Stimme": Die Quelle großer Marken

Im Laufe der vergangenen 40 Jahre sind wir Experten darin geworden, die Bedürfnisse unserer Kunden zu erkennen. In diesem Prozess haben wir ganz neue Wissens- und Arbeitsfelder wie Marketing, Verkauf, Kundendienst und Qualitätssicherung hervorgebracht. Wir haben gelernt, die Identifikation von Kundenbedürfnissen und die Motivation von Kundenreaktionen wie eine Wissenschaft zu perfektionieren. Was für ein Potenzial könnten wir bei unseren Mitarbeitern entfesseln, wenn wir dieselben ausgeklügelten Marketingtechniken benutzten – Doppelblindstudien, Fokusgruppen, Marktforschung und Ähnliches –, bevor wir Initiativen ergreifen, die sich an sie richten? Was wäre das glückliche Ergebnis, wenn wir in unsere Belegschaft genauso viel Raffinesse, Innovation, Kapital und Empfindsamkeit investieren würden, wie wir es gewöhnlich in unsere Kunden tun? Vielleicht könnten wir so effektiv im Inspirieren anderer Menschen werden, wie wir es im Marketing geworden sind.

Wir müssen uns entscheiden, ob wir etwas tun wollen, was zu wenige von uns heutzutage tun – nämlich Beziehungen durch das Herz und die Augen jener zu betrachten, zu denen wir Beziehungen aufbauen wollen. Wenn wir uns bewusst machen, dass Angestellte auch Kunden sind, und wenn wir ihre Bedürfnisse genau identifizieren und erfüllen, werden sie sich zu unvergleichlicher Leistung steigern. Das ist das Erfolgsgeheimnis von Organisationen wie Wegman's Food Markets, Timberland, Nordstrom, FedEx, Medtronic, Intuit, Cisco Systems, Starbucks, SAS Institute und vielen anderen. Eine neue Wissenschaft ist im Entstehen – das neue Marketing –, die uns lehrt, dass die Marke einer Organisation nicht auf ihrem äußeren Ansehen oder ihrer Werbung beruht, sondern auf den Beziehungen, die die Organisation in ihrem Inneren nährt und lebt. Diese inspirierten Beziehungen sind die Quelle jener Energie, die das Ansehen in der Außenwelt erzeugt – ihre „Stimme".

SAS Institute Inc. zum Beispiel ist weltweit führend in Software und Services für Wirtschaftsinformationen; ihre Software erlaubt es Kunden, Rohdaten zu nutzbarem Wissen zu verarbeiten. SAS ist zugleich die weltweit größte inhabergeführte Softwarefirma. Sie wurde 1976 von Jim Goodnight gegründet und versorgt mehr als 39.000 Websites von Unternehmen, staatlichen Institutionen und Universitäten in 118 Ländern. SAS verwöhnt seine Angestellten mit einer Sporthalle von 5.000 Quadratmeter Fläche, einer Aerobic-Halle mit Hartholzboden, zwei Basketballplätzen, mit Fitness- und Bodybuildingstudio, einem Yogastudio und einem Hallenbad mit olympischen Maßen. Das Unternehmen unterhält Fußball- und Softballfelder und bietet Massagen und Kurse in Golf, afrikanischem Tanz, Tennis, Pilates-Training und Tai Chi an. Eine medizinische Abteilung mit 50 Angestellten bietet freie medizinische Versorgung für Mitarbeiter, die Cafeteria wird mit nahrhaften und gesunden Nahrungsmitteln versorgt, und jeden Mittwoch stellt die Firma kostenlos Süßigkeiten zur Verfügung (wahrscheinlich als Gegengewicht zu dem gesunden Essen). Von 9.000 Mitarbeitern weltweit arbeiten mehr als 4.000 auf dem SAS-Campus in Cary (North Carolina) – mehr als doppelt so viele wie noch vor fünf Jahren. Während andere Technologiefirmen den Konjunktureinbruch zu Beginn des neuen Jahrtausends schmerzhaft zu spüren bekamen, hat SAS seine Belegschaft um 7 bis 8 Prozent pro Jahr aufgestockt.

> ! Menschliche Bedürfnisse zu verstehen, ist schon der halbe Weg zu ihrer Befriedigung.
>
> *Adlai Stevenson*

In den Anfangsjahren verließen einige der am besten ausgebildeten Mitarbeiterinnen das Unternehmen, weil sie keine angemessene Kinderbetreuung finden konnten. Die Firma reagierte damit, dass sie im Keller eine Tagesstätte für fünf Kinder schuf. Heute werden 700 Kinder in der Einrichtung betreut – sie ist die größte Firmenkindertagesstätte in North Carolina. Als ich neben dem See auf dem Campusgelände stand, war ich berührt von der Heiterkeit des Ortes – ungewöhnlich in einer hektischen Welt der Technologie. Azaleen und Rhododendronbüsche erstrecken sich bis hinunter zu dem Holzsteg, der um den See führt. Angestellte werden aufgefordert, spazieren zu gehen und zu picknicken und nicht nach 18 Uhr zu arbeiten, wenn die Tore des Campus schließen. Gruppen von flachen Gebäuden ducken sich zwischen die Wellen der Campus-Hügel, unter hohen Ponderosa-Pinien und Schattenbäumen. Ich machte Halt, um eine Schnappschildkröte zu beobachten, die sich auf einem

Brückenfundament sonnte. „Ich habe in meiner ganzen Laufbahn noch nicht so etwas wie das hier erlebt", sagte Martin Bourque, der seit 15 Jahren bei SAS arbeitet.

Zu den Vorzügen dieser Großzügigkeit zählt die niedrige Fluktuation der Belegschaft. Während die Fluktuation in Technologiebetrieben im Schnitt bei 20 Prozent pro Jahr liegen kann (das wären fast 1.000 Angestellte bei SAS in North Carolina), verlassen SAS nur etwa 130. Das bedeutet, dass pro Jahr fast 900 Arbeitsplätze nicht neu besetzt werden müssen. Die Mitarbeiterfluktuation liegt im Schnitt bei 3,7 und lag nie über 5 Prozent. Die Firma bietet keine Aktienoptionen an, und die Gehälter liegen auf einem mittleren Niveau. Doch die Angestellten sind einsatzfreudig, loyal und der Organisation verbunden. Ein anderer Vorteil, wenn Mitarbeiter wie Kunden behandelt werden, ist Leistung: 90 Prozent der Unternehmen auf der „Fortune 500"-Liste sind SAS-Kunden. (12)

Die „Stimme" des SAS Institute – das, was eine Beziehung in den Herzen und im Denken der Öffentlichkeit etabliert – beruht auf der Art, wie das Unternehmen Menschen behandelt – innerhalb und außerhalb der Organisation. Menschen sagen über SAS: „Für so ein Unternehmen möchte ich arbeiten", oder: „Das ist die Art von Firma, mit der ich Geschäfte machen will." Was sich in unserem Denken verändert hat, ist, dass die sichtbaren materiellen Ressourcen eines Unternehmens nicht mehr so wichtig sind wie die immateriellen. Führungskräfte neuen Typs verstehen, dass der Wert einer Marke mehr auf den Beziehungen zwischen den Menschen beruht, denen sie innerhalb und außerhalb der Organisation dient – auf ihrer „Stimme" –, als auf der Höhe des Marketing-Budgets in Dollar oder Euro.

Als Quint Studer Präsident des Baptist Hospital in Pensacola (Florida) wurde, rangierte diese Einrichtung gemessen an der Kundenzufriedenheit im unteren Bereich einer Skala, die von Press/Gainey aus Indiana ermittelt wird. Zwei Jahre später lagen drei Krankenhäuser des Baptist Health Care System in der Zufriedenheit der Kunden unter 600 Kliniken in den ganzen USA auf den Plätzen eins, zwei und drei. Das Unternehmen hat jetzt wöchentliche Besuchstage für einen Strom von Krankenhausverwaltern aus anderen Regionen eingerichtet, die erfahren wollen, wie diese erstaunliche Wende erreicht wurde. Quint Studer sagt: „Die Menschen hier dachten, man hätte mich angestellt, um die Zufriedenheit der Patienten zu verbessern, aber ich habe die Zufriedenheit der Patienten während der ersten Monate nicht einmal erwähnt." Stattdessen konzentrierte er sich darauf, die Mitarbeiter nach ihren Bedürfnissen zu fragen und diese Bedürfnisse zu erfüllen – zum Beispiel den vollen Zugang zu Informationen, die die Finanzlage und das Management betreffen, mehr Befugnisse im Materialeinkauf, schnellere psychiatrische Begutachtung in der Notaufnahme, Nachtdienst in der Cafeteria, Koordination der Schichten von Sicherheits- und Pflegepersonal (damit Krankenschwestern nachts zu ihren Autos begleitet werden konnen), vierteljährliche Diskussionsrunden der Mitarbeiter und Coaching für die Leitungsebene.

Statistiken über die Zufriedenheit von Angestellten und Kunden demonstrieren, worum es ging: Sobald die Zufriedenheit der Angestellten sich verbesserte, verbesserte sich auch die der Kunden – der Anstieg der Kurven ist fast identisch. Das Programm für die Verbesserung der Dienstleistungen für die Patienten wirkte, aber es wirkte, *weil das Programm zur Verbesserung der Dienstleistungen für die Angestellten funktionierte*. So wurde Baptist Health Care das führende Modellkrankenhaus für die Zufriedenheit von Patienten in den USA und schuf auf diese Weise für sich selbst ein nationales Markenbewusstsein – eine „Stimme", die deutlich zu Angestellten, Patienten, Zulieferern, Aufsichtsbehörden und anderen sprach.

! Unternimm nie etwas, für das Du nicht den Mut aufbrächtest, den Segen des Himmels zu erbitten.

G. C. Lichtenberg

Wir sehen: Den Unterschied zwischen Organisationen alten und neuen Typs erkennen wir vor allem an der Qualität des Führungsstils. Das wird jeder bestätigen, der die Ergebnisse eines Führungsstils höherer Ebene erlebt hat. Dies aber ist der Wert der Marke. Er ist nicht das Ergebnis der Marketing-Dollar, die auf dem Markt ausgegeben werden; er folgt daraus, wie Menschen – nicht nur die Konsumenten – die Seele der Organisation wahrnehmen und erleben und wie sie die Werte wahrnehmen, für die die Führer der Firma stehen. Das ist die „Stimme", die zur Marke wird.

Die kritische Masse und das Ende der Angst als Machtinstrument

Der Beginn des neuen Jahrtausends hat uns unerwartet gute Rahmenbedingungen für eine neue Art von Führung beschert.

Auf der ganzen Welt beginnen Menschen, viel tiefere Fragen zu stellen über die Richtung, die ihr Leben nimmt. In einer Zeit, in der wir der Außenwelt nicht mehr vertrauen, nimmt die innere Welt einen neuen Stellenwert für uns alle an. Aber wenn „hier drinnen“ gar nichts ist – was dann?

In seiner Studie über die Amerikaner kam der Soziologe Paul H. Ray zu dem Ergebnis, dass 50 Millionen Nordamerikaner sich intensiv Gedanken über Ökologie und die Rettung des Planeten, über Beziehungen, Frieden, soziale Gerechtigkeit, Selbstverwirklichung und Spiritualität machen. Überraschenderweise sind diese Menschen sowohl nach innen gerichtet als auch sozial engagiert; sie engagieren sich mehr als andere Amerikaner für gemeinnützige Ziele, sei es als Aktivisten, Förderer oder freiwillige Helfer. Ray nennt diese Gruppe die „kulturell Kreativen“. (13) Wenn seine Zahl stimmt, dann sind wir auf einem guten Weg in ein neues Kapitel der Geschichte. Die kritische Masse in einer Bevölkerung – die kleinste Menge, die notwendig ist, damit eine permanente Veränderung beibehalten wird – wird allgemein auf etwa ein Prozent geschätzt: Die Zahl der Menschen, die an nichtmaterieller Realität interessiert sind, übersteigt diese Schwelle bei Weitem.

Diese kritische Masse hat uns in eine einzigartige Lage versetzt. Wir erleben eine vollständige Verschiebung im Denken, und es sind nicht nur wenige Trendsetter, die das erleben – das Phänomen ist universell. Es gibt ein Erwachen bei einem breiten Spektrum von Menschen, die zu der Erkenntnis gekommen sind, dass Angst und Macht in Beziehungen zwischen Menschen nicht nur ineffektiv, sondern auch unzivilisiert sind. In den Gemeinschaften, die wir Unternehmen, Organisationen oder Familien nennen, ist Angst obendrein ein ineffektives Mittel, um andere zu hoher Leistung anzuregen. Immer mehr sehnen wir uns nach spirituellen Erfahrungen, und wir werden uns zunehmend bewusst, dass wir sie nur in Gemeinschaft mit anderen Menschen finden können.

Spirituelle Erfahrungen werden in Gemeinschaft mit anderen Seelen gemacht.

Viele Führungskräfte alten Typs konzentrieren ihre Energie auf defensive Strategien und versuchen, permanenten Schutz vor den Risiken und Gefahren aufzubauen, die in allen Beziehungen, Organisationen und Gemeinschaften unvermeidlich sind. Für diese Führungskräfte alten Typs sind Menschen etwas, das reduziert und kontrolliert, nicht inspiriert werden sollte. Entsprechend konzentrieren sie sich darauf, Kosten zu überwachen, Überkapazitäten abzubauen, die Produktivität zu steigern, Risiken einzugrenzen und Ressourcen zu sichern – und sie treffen Entscheidungen erst dann, wenn sie mit einem Vertrag abgesichert sind und juristischen Rat eingeholt haben. Dies ist kein Führungsstil auf höherer Ebene, sondern ein Führungsstil alten Typs: Er ist in Haltungen verwurzelt, die auf Angst und Mangel beruhen und nicht auf Liebe und Fülle. In einem früheren Buch habe ich Management als „Dinge richtig machen" und Führung als „Das Richtige tun" definiert. (14)

> ! Solange man sich selbst nicht wertschätzt, wird man auch seine Zeit nicht wertschätzen. Solange man seine Zeit nicht wertschätzt, wird man nichts mit ihr anfangen.
>
> *M. Scott Peck*

Die Führungskraft neuen Typs ist sich der Macht genauso bewusst wie der Führer alten Typs, und sie benutzt auch ihr Können als Manager – aber während der Führer alten Typs Macht einsetzt, um andere zu kontrollieren und ihnen die Macht zu stehlen, will der Führer neuen Typs anderen Menschen Macht geben. (Das ist die wörtliche Bedeutung des Begriffs „Empowerment", der zurzeit im englischen Sprachraum sehr populär ist.) Die resultierende Macht ist weit größer, weil sie von Leidenschaft vervielfacht und genährt wird. Wir verlieren nichts, wenn wir Macht abgeben – auch wenn unser übliches Denken das Gegenteil befürchtet. Im Grunde ist Macht, wie Wissen, ein Geschenk, das man ohne Verlust weiterschenken kann. Aber der Führer neuen Typs gibt in Wirklichkeit nichts weg, sondern sorgt nur dafür, dass andere sich der Macht bewusst werden, die sie schon haben – dass sie sich an etwas erinnern, das sie vergessen haben. Bei diesem Denken neuen Typs werden wir nicht zu immer größeren persönlichen Leistungen gedrängt. Vielmehr werden wir ermutigt, andere zu fragen: „Wie kann ich Ihnen von Nutzen sein?" Die Ergebnisse können erstaunlich sein: Sie formen oft eine neue Kultur in Familien, Organisationen, Gemeinden und Nationen.

Wir treten in eine neue Ära ein, in der Macht weiter so wichtig sein wird wie eh und je – aber die Art und Weise, wie wir sie benutzen, wird sich ändern. Wir werden Macht nicht mehr in erster Linie benutzen, um andere im Sinne unserer eigenen Ziele zu kontrollieren und zu dominieren. Vielmehr werden wir lernen, Macht als etwas zu verstehen, das wir anderen geben, wenn wir ihnen dienen: Das ist spirituelle Macht – das ist das, was ich in Kapitel 13 als den Spirituellen Quotienten (SQ) beschreiben werde. Noch nie zuvor hat es eine größere Sehnsucht von Menschen danach gegeben, dass man ihnen so dient.

Ein Higher Ground Leader versteht den Unterschied zwischen Macht alten und neuen Typs – den Unterschied zwischen Macht als Angst und jener Macht, die aus einer Position der Liebe erwächst. Von einer Position der Angst aus können wir nicht inspirieren. Ein Higher Ground Leader praktiziert die Großzügigkeit, die in der Macht neuen Typs impliziert ist, und er nimmt seine wahre Rolle als liebevoller Lehrer, Coach und spiritueller Führer ein. Sein Ziel ist nicht, andere zu kontrollieren, sondern ihre natürliche Größe sich entfalten zu lassen.

Kapitel

3

Schritt eins: Erkennen Sie Ihre Bestimmung – das Einzigartige in Ihnen, das gelebt werden will

Tell me not, in mournful numbers,
Life is but an empty dream!
For the soul is dead that slumbers,
And things are not what they seem.
Life is real! Life is earnest!
And the grave is not its goal.
Dust thou art; to dust returnest,
Was not spoken of the soul.

Henry Wadsworth Longfellow

Bestimmung ist Authentizität

Bevor wir andere inspirieren können, müssen wir selbst inspiriert sein. Die höchste Inspiration kommt aus dem klaren Wissen, was unsere Bestimmung ist – warum wir auf diesem Planeten sind und wie wir auf unserer Reise miteinander und mit dem Universum verbunden sind. Wenige Menschen haben eine Vorstellung davon, warum wir in diese Welt geboren wurden – von unserer Bestimmung, von der inneren Einzigartigkeit, die danach verlangt, gelebt zu werden. Wir können keine Größe erlangen, und wir haben nicht das Recht zu führen, bis wir unsere Bestimmung verstehen, den höheren Zweck unseres Daseins. Der erste Schritt, um ein Higher Ground Leader zu werden, besteht folglich darin, dass Sie Ihre Bestimmung identifizieren.

Führungskräfte neuen Typs haben eine intime Beziehung zu dem höheren Zweck ihres Daseins und dem Weg, der sie inspiriert. Bevor wir unsere eigene Bestimmung nicht klar identifiziert haben und ihr folgen, können wir keine authentischen Führungskräfte sein, und wir können anderen nicht dabei helfen, ihre eigene wahre Bestimmung zu finden und ihr zu folgen. Wie Max De Pree, ehemaliger Aufsichtsratsvorsitzender der Firma Hermann Miller, bemerkte, ist es wichtiger, unser Potenzial zu verwirklichen, als unsere Ziele zu erreichen. Wir können andere nicht inspirieren, bevor wir den Sinn unseres Lebens und damit unser Potenzial definiert haben. Eine Bestimmung beschreibt, warum wir hier auf Erden sind, sie beschreibt unseren göttlichen Zweck.

Bill George, Professor für Unternehmensführung am IMD und Gastprofessor für Management an der École Polytechnique Fédérale in Lausanne, war früher Vorstandsvorsitzender bei Medtronic, dem weltweit führenden Hersteller von Herzschrittmachern und anderen implantierbaren medizinischen Geräten. Als er noch bei Medtronic war, sagte er zu mir: „Seit ich ein Teenager war, fühle ich, dass ich eine Berufung habe – die Berufung, in einer führenden Position in der Wirtschaft zu arbeiten, in der ich andere dazu anregen kann, nach einem hohen ethischen Standard zu arbeiten. Es brauchte eine Weile, bis ich einen Platz gefunden hatte, an dem ich eine fast perfekte Übereinstimmung zwischen meinen Werten und denen des Unternehmens fand. Hier bei Medtronic fühle ich, dass ich wirklich etwas bewirken kann."

Wenige von uns haben darüber nachgedacht, warum wir hier auf der Erde sind – und wenn wir uns diese Frage gestellt haben, kann es sein, dass wir nicht viel darüber sprechen. Aber wie können wir andere Menschen inspirieren und führen, wenn wir nicht einmal den Grund unserer eigenen Existenz für uns selbst geklärt haben? Auf höherer Ebene zu führen, heißt, eine lebendige Inspiration für andere zu sein, und zwar auf der Grundlage unseres eigenen, inneren, authentischen Bewusstseins von unserer Bestimmung. Es ist nicht etwas, das wir lernen – es ist etwas, das wir *leben*. Man kann Inspiration nicht *machen*. Wir *werden* zu Führungskräften neuen Typs und drücken das aus durch die Art, wie wir *sind*.

Wenn wir keine Vorstellung davon haben, was wir tun sollten, während wir hier auf diesem Planeten sind, können wir den praktischen Sinn und die heilige Absicht unseres Lebens nicht erkennen. Daher wird keine Form von Beziehung, die wir mit anderen eingehen, einen spirituellen Glanz verbreiten, der sie voranbringen oder rechtfertigen könnte.

Ohne ein Gefühl von Verbindung mit einem göttlichen Sinn oder einer höheren Macht neigen wir dazu, im Blindflug zu leben und eine Art des Motivierens oder der Beziehung zu anderen Menschen zu praktizieren, die wir vielleicht aus Büchern oder Filmen oder von Fernsehhelden gelernt haben. Wir brauchen ein tieferes Gefühl davon, wer wir sind, um als bewusste Wesen ganz präsent zu sein – erst dann können wir darangehen, andere zu inspirieren.

> **!** Es steht nicht in den Sternen, was unsere Bestimmung ist, sondern in uns selbst.
>
> *Shakespeare*

Wie können wir erkennen, ob unser Leben sich im Einklang mit den vornehmsten Gründen des Lebendigseins befindet? Mit Sicherheit sollte das, was wir täglich tun, zu etwas Sinnvollem führen, es sollte anderen mehr dienen als uns selbst und von dem authentischsten Teil unseres Wesens her kommen. Jede Handlung, ja unser ganzes Leben, sollte einen inneren Wert haben. Es sollte zu etwas führen, etwas verändern, etwas verbessern – es sollte helfen, uns alle und die Welt besser zu machen. Dies ist das Erbe, das wir hinterlassen sollten.

Was also ist unser Sinn auf dieser irdischen Reise? Was ist dieses Einzigartige in uns, das laut danach ruft, gelebt zu werden? Dies ist der wichtige Anfangspunkt für uns alle. Obwohl uns bei der Geburt eigentlich Klarheit geschenkt wurde, werden die meisten von uns sterben, ohne die Melodie ihres Lebens wirklich zum

Klingen gebracht zu haben, weil die Gesellschaft unsere innere Bewusstheit mit ihren Regeln und Zwängen verstopft. Und so pressen wir uns selbst in die engen Formen, von denen die Gesellschaft behauptet, sie seien die besten für uns. Wann immer wir uns bemühen, einer Norm gerecht zu werden oder die Anerkennung anderer zu erringen – seien das unsere Eltern, unsere Partner, unsere Kinder, ferne Bürokratien und Institutionen oder einfach nur „sie" und „die Regeln" –, geben wir im Tausch etwas von uns selbst auf, bis wir uns schließlich selbst aushöhlen und allein von den äußeren Kräften des Lebens geführt werden. So werden wir unauthentisch und verlieren unsere Ganzheit. Wir sind nicht mehr wir selbst – wir werden so, wie andere uns gern hätten. Wir leben in einem Muster, das von anderen gemacht wurde – wir werden zu *Affenfröschen*. Solange wir für unsere Intuition taub sind und unsere innere Stimme vergeblich versucht, Gehör zu finden, bleibt unsere wahre Bestimmung ungelebt, und die Melodie in uns wird ungespielt bleiben.

Unser ständiges Bedürfnis nach Anerkennung loszulassen – jene Projektion, die uns suggeriert, die anderen wollten uns so und so haben –, wäre ein kraftvoller Anfang auf diesem Weg. Denn damit können wir eine neue Freiheit gewinnen, können mit neuen Augen sehen und Entscheidungen treffen, die aus unserem Herzen kommen. Caroline Myss schrieb einmal: „Wenn Du keine äußere Anerkennung suchst oder brauchst, bist Du am mächtigsten. Niemand kann Dich emotional oder psychologisch entmachten. (...) Man kann nicht für längere Zeit in der Polarität leben, sich selbst treu zu sein und die Anerkennung anderer zu brauchen." (1)

Wie Bill George sind wir alle dazu ausersehen, einer persönlichen Bestimmung zu folgen, und solange wir diesen Ruf ignorieren oder entwerten, sind wir nicht authentisch. Solange wir nicht auf unsere innere Stimme hören, sind wir uns selbst nicht treu, denn wir alle haben etwas Einzigartiges in uns, das danach ruft, gehört und gelebt zu werden: unsere Bestimmung.

Das Erwachen

Viele von uns folgen blind einem Weg ohne Leidenschaft – wir gleiten einfach auf ein Rollband, wie in den Flughäfen, das uns zusammen mit der eiligen, gehetzten Menge weiterschiebt. Wir stellen keine Fragen – wir sind *Affenfrösche*, die das Rollband betreten, weil sie sehen, dass andere es tun. Wir haben keine Vorstellung davon, warum es wichtig ist, dass es uns gibt, dass wir Glück bewirken (für uns und für andere) oder dass wir vielleicht etwas Wertvolles hinterlassen. Aber wir spüren doch einen Mangel an Verbindung mit dem Universum, ein Mangel an Zauber und Glück in unserem Leben, und wir ahnen, dass es noch mehr als das geben muss.

Jeder von uns muss aus seinem Zustand von Unbewusstheit aufgeweckt werden. Zu diesem Moment des Erwachens kommen Menschen auf unterschiedlichsten Wegen. Manche sind sich immer ihrer Einzigartigkeit bewusst gewesen, und haben sie ihr ganzes Leben lang gelebt und erfüllen so ihre Bestimmung. Andere werden niemals so erleuchtet sein. Und viele werden an einem bestimmten Punkt ihres Lebens vor die Herausforderung gestellt, ihre Bestimmung zu identifizieren.

Für manche von uns ist es ein hartes Erwachen: Eines Tages kommt plötzlich ein Sturm – Krankheit oder der Verlust des Arbeitsplatzes, eines nahen Menschen oder einer Beziehung, ein Krieg oder ein Akt von Gewalt oder Misshandlung –, und wir sind schockiert, wenn unsere bequemen Strukturen weggerissen werden. Diese ungewohnte Härte des Lebens macht uns bewusst, dass wir uns jahrelang haben treiben lassen. Wir merken, dass wir nach all dieser Zeit wirklich keine Vorstellung davon haben, wo wir sind, wie wir dahin gekommen sind, wohin wir gehen oder was der Zweck unserer Reise ist. Dante beschrieb die Situation so: „In der Mitte der Reise dieses Lebens passierte es mir, dass ich mich auf einmal in einem dunklen Wald sah, wo ich den geraden Weg verloren hatte."

Es ist nie zu spät

Bei meinen Recherchen über die größten Führerpersönlichkeiten, die je gelebt haben – Buddha, Jesus, Mohammed, Martin Luther King, der heilige Franziskus, Mutter Theresa – fiel mir auf, dass viele von ihnen ihre Bestimmung erst in späteren Lebensjahren entdeckt haben. Jesus war die ersten dreißig Jahre seines Lebens ein Schreiner – seine historische Größe entfaltete sich erst in den letzten drei Jahren seines Erdenlebens. Der heilige Franziskus, der Sohn eines wohlhabenden Kaufmanns, nahm als Söldner an mehreren Feldzügen teil, bevor er sich im Alter von 27 Jahren zum Prediger und Mystiker berufen fühlte. Im letzten Drittel seines Lebens gründete er zwei Orden, bevor er mit 45 Jahren starb. Buddha war ein reicher Prinz, der seine spirituelle Reise erst begann, als er 29 war, und sechs weitere Jahre vergingen, bis er zur Erleuchtung kam.

Bill Wilson war 40 Jahre, als er die Organisation gründete, die das Leben von Millionen Menschen verändern sollte – die Anonymen Alkoholiker. Rosa Parks war 42, als sie das Ende der Rassentrennung in den USA einläutete, indem sie sich weigerte, einem weißen Fahrgast in einem Bus ihren Platz zu überlassen.

Jim McCann – ein typischer Manager neuen Stils – verbrachte 14 Jahre als Sozialarbeiter im St. John's Home für Jungen in Rockaway (New York), bevor er ein Unternehmen namens 1-800-Flowers, das am Rand des Bankrotts taumelte, übernahm und in eine 600 Millionen Dollar schwere Erfolgsgeschichte verwandelte. Tom Bloch machte es umgekehrt. Er war CEO bei H & H Block Inc., der weltweit größten Steuerberaterfirma – und nahm eine 98-prozentige Kürzung seines Jahresgehaltes in Kauf, um Mathematik an einer katholischen Schule in Kansas City zu unterrichten, deren Schüler zum größten Teil Angehörige von Minderheiten waren.

Jeder von uns findet seinen Weg auf unterschiedliche Art und aus unterschiedlichen Gründen, und wie diese Beispiele zeigen, gibt es keinen „richtigen“ Zeitpunkt im Leben, um die Einzigartigkeit zu entdecken, die uns ruft, gelebt zu werden. Das Timing ist unwichtig. Wichtig ist nur zu wissen: Wir müssen unsere wahre Bestimmung entdecken und authentisch werden, bevor wir zu Führungskräften neuen Typs heranwachsen können. Die Erfahrungen, die viele große Führerpersönlichkeiten spät in ihrem Leben gemacht haben, können uns allen als Orientierung dienen, wenn wir versuchen, unseren eigenen Weg zu definieren. Es ist nie zu spät.

Zum Beispiel: Joe Calvaruso

Joe Calvaruso ist der Präsident, Direktor und wichtigste *Inspirator* bei Mount Carmel Health Care System, einem Unternehmen, das der katholischen Kirche gehört. Es wurde 1886 gegründet und ist heute Teil der viertgrößten katholischen Organisation im amerikanischen Gesundheitswesen, des Trinity Health System mit Sitz in Novi (Michigan). Wie viele andere im Gesundheitswesen fühlen die Mitarbeiter von Mount Carmel sich zu diesem Berufsfeld hingezogen – aus der Berufung heraus, Menschen zu dienen, wenn ihre Not am größten ist, wenn sie am verletzlichsten sind. Seine persönlichen Erfahrungen beschreibt Joe Calvaruso so:

> „In den vergangenen zehn Jahren sind die Launen des Marktes und der Politik zu einer gewaltigen Herausforderung für das Gesundheitswesen geworden. Die Einnahmen sind gesunken, und die Ausgaben sind gestiegen, und wir mussten nach Wegen suchen, um immer mehr mit immer weniger Mitteln zu tun.
> Das führte dazu, dass die Mitarbeiter sich überfordert fühlten, und ich hörte sie sagen, dass Mount Carmel dabei sei, seine Seele zu verlieren. Ich wollte nicht zuschauen und abwarten. Ich dachte, wir müssten unsere Seele zurückgewinnen, Geist und Werte in Mount Carmel wiedererwecken.

> ! Die Lektion ist einfach.
> Der Schüler ist kompliziert.
>
> *Barbara Rasp*

> Wenig später hörte ich einen Vortrag von Lance Secretan, und nach dem Vortrag gab es ein Dinner, und auf dem Weg dorthin drängte ich mich ihm förmlich auf, weil ich mehr über Geist und Werte am Arbeitsplatz erfahren wollte. Nachdem wir zusammen gegessen hatten, lud er mich zu einem Leadership Retreat an einem einsamen Ort in Kanada ein. Ich war von dem Retreat beeindruckt und inspiriert. Wir waren nur zu siebt, und mir wurde klar, dass es diese Inspiration ist, die Mount Carmel damals brauchte – die das ganze Gesundheitswesen braucht, die jede Firma in jeder Branche braucht, um Geist und Seele der Angestellten zurückzugewinnen. Aber Mount

Carmel brauchte es ganz besonders, weil wir wirklich eine Seele hatten – wir haben wirklich einen Geist, bei uns arbeiten sehr engagierte Menschen, und ich wusste, dass es wirklich notwendig war, ihre Seelen und ihren Geist neu zu erwecken. Während des Retreats begann ich heftig zu weinen – so heftig, dass die anderen Teilnehmer mich festhalten mussten –, weil ich merkte, dass wir genau das tun mussten, aber ich war doch nur ein einzelner Mensch.

Wir organisierten ein erstes einwöchiges Higher Ground Leadership Retreat für unsere Leitungsebene gemeinsam mit dem Secretan Team. Seitdem haben mehr als 600 leitende Angestellte, Ärzte, Direktoren und andere Führungskräfte an ähnlichen Retreats teilgenommen. Ich selbst gehe zu jedem Retreat, als Lehrer, Redner oder Teilnehmer. Es ist schwer, den finanziellen Gesamtgewinn einer so tiefen kulturellen Veränderung zu beziffern, aber ich bin mir sehr sicher, dass es gut für das Unternehmen ist, wenn mehr als 600 Menschen acht Tage bei einem Retreat verbringen und wenn 8.000 Mitarbeiter auf die eine oder andere Weise mit dem Führungsstil neuen Typs in Berührung kommen.

Die drei Jahre seit unserem ersten Retreat waren finanziell die besten in der Geschichte unserer Organisation.

In der Krankenpflege sind wir mit einem sehr wichtigen Thema konfrontiert: Es herrscht eine dramatische Knappheit an guten Leuten. Ich glaube, das ist im Grunde das wichtigste Thema im ganzen Gesundheitswesen. Überall herrscht Knappheit, aber unsere Region ist von dem Mangel an Arbeitskräften – an ausgebildeten Krankenschwestern und Ärzten, an Radiologiepersonal, Pharmazeuten und anderem Fachpersonal – besonders betroffen. Die Krankenpflege leidet außerdem unter sehr hoher Personalfluktuation. Der landesweite Durchschnitt in den USA liegt knapp über 20 Prozent, was bedeutet, dass jedes Jahr einer von fünf Angestellten sein Unternehmen verlässt. Wie kann man Zufriedenheit bei den Patienten und beim ärztlichen Personal erzielen oder die Qualität verbessern, wenn jedes Jahr einer von fünf Mitarbeitern kündigt – und man im Durchschnitt alle fünf Jahre eine ganz neue Belegschaft hat? Bei so einer Fluktuation kann man nichts Dauerhaftes schaffen.

Unsere Fluktuation lag früher bei 24 Prozent. Seit wir unsere Reise zu Higher Ground Leadership begonnen haben, sind zwei wichtige Dinge passiert. Zum einen sank die Fluktuation schon ein Jahr nach Beginn unserer Reise unter zehn Prozent. Dieser dramatische Rückgang macht sich zunächst als Kostensenkung bemerkbar. Nach Schätzungen des Healthcare Advisory Board, des nationalen Think-Tanks der amerikanischen Gesundheitswirtschaft, kostet es zum Beispiel mehr als 50.000 Dollar, eine Krankenschwester zu ersetzen. Bei

24 Prozent Fluktuation und 8.000 Angestellten verloren wir 2.000 Angestellte pro Jahr; wenn die Fluktuation sich halbiert, sparen wir also 1.000-mal 50.000 Dollar – zum Beispiel Anwerbeprämien für neue Mitarbeiter sowie Kosten für Ausbildung und Einarbeitung. Es dauert ein oder zwei Jahre, bis eine Krankenschwester sich in einem neuen Krankenhaus eingearbeitet hat und die Ärzte, die lokalen Besonderheiten, neue Verfahren, Abläufe und Gewohnheiten kennt.

Die zweite große Veränderung, die wir seit Beginn unserer Reise zu Higher Ground Leadership registrieren, ist die dramatische Verbesserung in der Zufriedenheit der Mitarbeiter. Wir befragen alle zwei Jahre unsere Angestellten und benutzen dazu ein Befragungskonzept des Great Place to Work Institute, das unter anderem auch für die Zeitschrift *Fortune* die 100 beliebtesten Arbeitgeber der USA ermittelt. Zwei Jahre nach unserer ersten Befragung gaben unsere Mitarbeiter auf alle 55 Fragen, die von den unabhängigen Marktforschern gestellt wurden, positive Antworten. Alle Zufriedenheitswerte stiegen an – größtenteils mit zweistelligen und sogar hohen zweistelligen Zuwachsraten. Das gilt auch für die wichtigste Frage, die benutzt wird, um die Ergebnisse jeder untersuchten Organisation mit denen anderer befragter Unternehmen zu vergleichen. Sie lautet: ‚Halten Sie alles in allem dieses Unternehmen (also Mount Carmel) für einen tollen Platz zum Arbeiten?' Die Anzahl der positiven Antworten auf diese Frage lag um 43 Prozent höher als bei unserer ersten Befragung. Zufällig hatte diese erste Befragung genau einen Monat, bevor wir unsere Reise zu Higher Ground Leadership begannen, stattgefunden.

Unsere Angestellten sind jetzt inspirierter und kommen gern zur Arbeit, sie sind bei der Arbeit glücklicher – und daher auch im Privatleben –, und das führt zu höherer Produktivität, weniger Arbeitsausfall und geringerer Fluktuation.

Das alles senkt aber nicht nur die Kosten. Weil wir mehr gut eingearbeitete Krankenschwestern und Krankenpfleger haben, können wir jetzt auch mehr Operationssäle öffnen und mehr Patienten aus unseren Notaufnahmen auch im eigenen Haus weiterbehandeln als in früheren Jahren, und damit steigen auch die Einnahmen. Die Formel für diesen Erfolg ist ziemlich einfach: Wir haben zufriedeneres Pflegepersonal, das länger bei uns bleibt – und deshalb sind auch die Ärzte zufriedener, was dazu führt, dass sie mehr Patienten in unsere Einrichtung bringen, was uns mehr Umsatz beschert."

! Wer mit sich selbst nicht in Berührung kommt, kann auch andere nicht berühren.
Anne Morrow Lindbergh

Joe Calvaruso hat erlebt, was viele Führungskräfte neuen Typs erlebt haben: einen Wendepunkt, eine Einsicht in das, was aus seinem Leben werden könnte, warum er auf diesem Planeten ist und was er mit seiner Zeit hier anfangen sollte. Mit dieser Erkenntnis konnte Joe sehr klar und fokussiert in Bezug auf sein Leben – auf seine Bestimmung – werden und ihr sein Leben widmen. Die persönlichen und unternehmerischen Folgen waren einschneidend, und ihr Erfolg wird weithin anerkannt. Nach Abwägung, Coaching und innerer Reflektion hat Joe seine persönliche Bestimmung so formuliert: *die Heiligkeit in jeder Seele zu erleuchten.* Dies ist die Art, wie Joe jetzt führt, andere inspiriert und sein Leben lebt. (2)

Zum Beispiel: Jerry Chamales

In den siebziger Jahren bestimmten Scotch und Kokain die Höhepunkte in Jerry Chamales' Leben. Im zarten Alter von 27 Jahren war er, wie er sagt, „am unteren Ende der Nahrungskette angekommen, verbogen wie eine Brezel". 1977 begriff Chamales, dass dies nicht seine wahre Bestimmung sein konnte. Er beschloss, trocken zu werden und sein Leben neu zu ordnen. Er gründete die Firma Omni Computer Products in Carson (Kalifornien), die seitdem zu einem Hersteller von Computerbedarf und recycelten Druckerpatronen mit 30 Millionen Dollar Jahresumsatz herangewachsen ist. Chamales hat seine Bestimmung gefunden und lebt sie durch seine Firma: Ein Drittel der 270 Mitarbeiter bei Omni waren wie er früher arbeits- oder obdachlos, drogen- oder alkoholabhängig. Viele sind ehemalige Strafgefangene.

Chamales rekrutiert viele seiner Mitarbeiter unter Freigängern, in Übergangswohnungen oder Rehabilitationseinrichtungen. Er bestimmt dann einen Mentor und lässt sie ein Rehabilitationsprogramm absolvieren, das von Omni gesponsert wird. Chamales stellt die Kaution, wenn ein Mitarbeiter mit dem Gesetz in Konflikt kommt, begleitet neu Eingestellte zu ihren Rehabilitationskursen und steht in engem Kontakt mit einem Vermittler, der ihm potenzielle Mitarbeiter vorschlägt. Ein Angestellter arbeitete 18 Monate für Omni, hatte aber mehrere Rückfälle. Nachdem er sich für ein Rehabilitationsprogramm entschieden hatte, ging er zu einer anderen Firma in derselben Branche, weil es ihm peinlich war, zurückzukommen. Aber Joe Hiller, selbst früher drogenabhängig und jetzt Vizepräsident bei Omni, zog los, um ihn zu suchen. „Warum kommst Du nicht nach Hause?", fragte Hiller den Angestellten, als er ihn gefunden hatte – und der Mann tat es. Chamales ist ein erfolgreicher Geschäftsmann, aber er ist auch ein erfolgreicher „Therapeut", und das hat ihm dabei geholfen, ein Higher Ground Leader zu werden und seine Bestimmung zu verwirklichen.

Jerry Chamales ist zudem ein engagierter Umweltschützer. Rhinotek heißt die Marke, unter der er Toner und Druckerpatronen, Farbbänder sowie Kopier- und Faxbedarf herstellt und vermarktet, und die Rettung des Schwarzen Rhinozerosses ist für ihn zu einer Leidenschaft geworden. 1970 lebten weltweit 60.000 Tiere dieser Art; 30 Jahre später war die Population auf 2.700 Exemplare zurückgegangen, obwohl das Schwarze Rhinozeros auf der Liste der gefährdeten Arten steht. Jerry übernahm unter anderem die Kosten von 25.000 Dollar, um ein 2.500 Pfund schweres Schwarzes Rhinozeros namens Kusamona vom Western Plains Zoo in Dubbo (Australien) zum Fossil Rim Wildlife Center in Glen Rose (Texas) zu transportieren. Der Bulle soll mit den drei Weibchen des Wildlife Centers für Nachwuchs sorgen, als Teil einer weltweiten Kampagne der International Rhino Foundation, die das langsame Aussterben dieser Rhinozeros-Art aufhalten soll. (3) Kurz: Jerry Chamales' Leben ist der Aufgabe gewidmet, jenen zu helfen, die von Alkohol und Drogen abhängig sind, und bedrohte Tierarten zu retten.

> Irgendwo wartet etwas Unglaubliches darauf, gewusst zu werden.
>
> *Carl Sagan*

Der ganz persönliche göttliche Plan

Eine *Bestimmung* beschreibt, *warum* wir hier auf der Erde sind. Sie beschreibt unsere Verbindung zu einem höheren Zweck, unsere Verbindung zu etwas, das größer ist als unsere unmittelbare Lebenswelt, zu der Definition unseres *heiligen Sinns*. Unsere Bestimmung kann als ein klarer Ausdruck des höchsten Sinns unserer

Existenz formuliert werden, als etwas, das uns – wenn wir näher an seine Verwirklichung gelangen, bevor unsere Zeit auf der Erde abgelaufen ist – helfen wird, den Stolz und die Freude zu erkennen, die unser Schöpfer uns gegenüber empfindet.

Unser Gefühl von Bestimmung wird uns sehr früh im Leben gegeben, vielleicht sogar schon vor der Geburt – und jeder von uns hat eine Bestimmung, die auf ihre Weise einzigartig ist. Sie kann zwar einen großen Teil unseres Lebens wie im Schlaf verborgen sein, aber sie kann nicht für immer schlafen. Denn niemand von uns kann dieses Leben verlassen, ohne vorher zu erfahren und zu verstehen, warum er hier ist – der Schleier, der das Mysterium unserer Bestimmung verhüllt, wird für jeden gehoben, und wenn es erst in den letzten Minuten seines Lebens ist. Wann auch immer dieser Moment in unserem Leben kommt: Wenn wir unseren einzigartigen Weg zur Erfüllung des göttlichen Plans erkennen, werden wir deutlich sehen, dass er ein Abbild dessen ist, was wir über unseren Sinn – unsere *Bestimmung* hier auf Erden – von den frühesten Momenten unseres Lebens an gewusst oder geahnt haben. Wir alle müssen danach streben, dieses Wissen zu finden, damit wir unser Leben in Fülle und als eine Inspiration für andere leben können.

Kapitel

4

So formulieren Sie den Kern Ihrer Bestimmung

Reframing

Wenn Sie noch nie über Ihre Bestimmung nachgedacht haben, dann fragen Sie sich wahrscheinlich, wie Sie das anfangen sollen. Gehen wir zusammen durch einen Prozess, den wir Reframing nennen.

Stellen Sie sich Ihre Bestimmung als die Antwort auf ein oder zwei Bedrohungen für den Planeten und die Zukunft der Menschheit vor. Wir werden die Bedrohung zu einer Lösung oder einem Ausweg umformulieren: Das bezeichnen wir als Reframing. Wir werden die Bedrohung *Terrathreat* nennen (*terra* = lateinisch Erde, *threat* = englisch Bedrohung) und die Lösung *Terrafix (fix* = englisch Lösung). Große Manifeste wie die Magna Charta, die Bill of Rights, die amerikanische Unabhängigkeitserklärung, Vaclav Havels Charta 77 oder das Kommunistische Manifest waren alle Aussagen der Hoffnung als Antwort auf Unterdrückung. Sie beschreiben die Probleme, die von den Autoren in ihrer Zeit für unerträglich gehalten wurden. Die Autoren verfassten diese Dokumente als Ausdruck von Hoffnung und als Plan zur Heilung der Probleme, unter denen sie litten. Aus ihren Empfindungen von Unzufriedenheit wurden leidenschaftliche Beschreibungen jener Lösungen geboren, die die Autoren vorschlugen, um einen heiligeren und liebevolleren Planeten zu schaffen. Auf ganz ähnliche Weise kann die Formulierung unserer persönlichen Bestimmung einen Plan und einen höheren Sinn für unser Leben liefern, das die Welt zu einem besseren Ort machen soll.

Es gibt nur drei Möglichkeiten, wie wir an eine Herausforderung im Leben herangehen können:

1. Wir können beklagen, dass die Dinge so sind, wie sie sind.
2. Wir können uns anpassen und die Gefahren für die Erde ignorieren oder jenen Themen und Beziehungen aus dem Weg gehen, die wir schmerzhaft oder unbefriedigend finden.
3. Wir können etwas Besseres tun – nämlich die Ärmel hochkrempeln und darangehen, die Dinge zu verändern.

Meine eigene Bestimmung zum Beispiel formuliere ich so: *zu helfen, einen zukunftsfähigeren und liebevolleren Planeten zu schaffen.* Wenn wir dem Umformulierungsprozess – dem *Reframing* – folgen, können wir diese Bestimmung als positiven Spiegel jener Probleme verstehen, die ich auf dem Planeten sehe. Sie verleiht mir mein Gefühl von persönlichem Sinn und einen Plan dafür, wie ich zur Lösung dessen beitragen möchte, was ich als *Terrathreats* ansehe. Ich fand meine Bestimmung als eine Antwort auf meine persönliche Überzeugung, dass es zwei Bedrohungen gibt, die alle anderen auf der Erde überragen. Ich glaube, dass ich hier bin, um sie lösen zu helfen und so ein gewisses Maß an Heilung auf den Planeten zu bringen.

1. Die erste Bedrohung ist, dass es auf der Erde zu viel Gewalt gibt: häusliche Gewalt, verbale Gewalt, Feindseligkeit, Wut und die äußerste Steigerung von Gewalt: Krieg. Wenn wir nicht lernen, unser aggressives Verhalten einzudämmen und einander zu lieben, sind wir in Gefahr, unseren Planeten und seine Bewohner zu zerstören.
2. Die zweite Bedrohung ist, dass die Erde, wie wir sie kennen, nicht auf Dauer am Leben zu erhalten ist. Wenn wir unsere Umwelt im gegenwärtigen Tempo weiter konsumieren, also verbrauchen und zerstören, werden wir die Mittel vernichten, ohne die unsere Spezies nicht überleben und ernährt werden kann.

Nachdem ich diese beiden aktuellen Bedrohungen unserer Erde betrachtet hatte, dachte ich darüber nach, wie sie abgewendet werden könnten, und formulierte sie zu Lösungen um. Ich sah die Probleme also im Spiegel der Lösung. So konnte ich meine Bestimmung identifizieren als die innere Verpflichtung dazu, auf meine bescheidene Weise, in meiner kleinen Ecke des Planeten, die zwei wichtigsten und potenziell tödlichen Übel von Gewalt und Umweltzerstörung rückgängig zu machen. Durch Reframing, durch Umformulieren, kann ich sehen, dass die Umkehrung von Gewalt Liebe ist und dass das Gegenteil von Umweltzerstörung Umweltfreundlichkeit ist. Mit diesem Bewusstsein war ich schließlich in der Lage, die Antithese und das Gegenmittel für jene Terrathreats in Worte zu fassen, die meine Energie und Leidenschaft bündeln und meine Bestimmung enthüllen: zu helfen, einen zukunftsfähigeren und liebevolleren Planeten zu schaffen. Wenn ich überhaupt in diesem Leben erfolgreich sein sollte, dann werde ich es deshalb sein, weil ich geholfen habe, die Bedrohung durch diese beiden Terrathreats zu verringern. Dem habe ich mein Leben gewidmet. Und dies ist daher der Kernsatz meiner Bestimmung.

> ! Schließlich verschmelzen alle Dinge zu einem, und ein mächtiger Strom fließt hindurch.
>
> *Norman MacLean*

Hier sind einige andere Beispiele für persönliche Formulierungen einer Bestimmung:

- *Joe Calvaruso, CEO von Mount Carmel Health Systems in Columbus, Ohio:* Die Heiligkeit in jeder Seele zu erleuchten.
- *Susan Nind, Lehrerin und Unternehmensberaterin am Secretan Center:* Die Evolution des menschlichen Bewusstseins zu fördern.
- *Michelle Lucero, Chefsyndikus:* Eine spirituelle, gerechte und integrative Gemeinschaft aufzubauen.
- *Wauleah Larson, indianischer Angestellter im Gesundheitswesen:* Den Geist von Ho (Sprache der Cherokee für „Es ist so“) in der Welt zu erwecken.
- *Amy Feaster, leitende Angestellte im Technologiebereich:* Denen zu helfen, deren Stimme nicht gehört wird.
- *Ed Boudreau, Arzt:* Die Welt einfacher zu machen.
- *Schwester Nancy Hoffman, Vizepräsidentin von „Mission“:* zu helfen, in unserem Universum die Botschaft von Gottes

bedingungsloser Liebe für die ganze Schöpfung wiederzuerwecken.

- *Tricia Secretan, Psychotherapeutin und Lebensberaterin:* Heilige Leidenschaft zu inspirieren.

Wie Sie sehen können, beschreibt jede dieser Formulierungen eine wunderbare Vision von einer Welt, die durch unsere Anwesenheit bereichert wird, von einer Welt, die ein besserer Ort werden wird, weil wir gelebt haben.

Reframing in Unternehmen

Eine Bestimmung kann man auch für Unternehmen formulieren. Jeffrey Swartz, Präsident und CEO von Timberland, einer milliardenschweren Firma für Schuhe und Oberbekleidung, sagt: „Als ein Unternehmen haben wir sowohl Verantwortung dafür als auch ein Interesse daran, uns in der Welt um uns herum zu engagieren. Wenn wir das tun, geben wir allen vier ‚Zielgruppen' etwas Wertvolles: Konsumenten, Aktionären, Mitarbeitern und der Allgemeinheit. Wir bieten dem Konsumenten eine Firma, an die er glauben und für die er sich engagieren kann; wir bieten unseren Angestellten Überzeugungen, die über den Arbeitsplatz hinausreichen; wir bieten den Gemeinden die Nachbarschaft eines aktiven und unterstützenden Unternehmens; und wir bieten Aktionären ein Unternehmen, von dem Menschen kaufen und für das Menschen arbeiten wollen." Swartz glaubt an die Kraft von „Ärmel hochkrempeln und anpacken". Mitarbeiter von Timberland werden dazu aufgefordert, diese innere Verpflichtung in die Tat umzusetzen, um ihre Beziehung zu den Aktionären, Kunden, Kollegen und der Allgemeinheit zu stärken. Anpacken, um einen Spielplatz zu bauen. Anpacken, um einen Park zu reinigen. Anpacken, um Kinder zu betreuen …

Das Unternehmen ist dem Wahlspruch verpflichtet: „Doing Well and Doing Good", was so viel heißt wie: „Gut verdienen und Gutes tun" – eine Philosophie, die von jenen Werten geleitet ist, die schon der Firmengründer Nathan Swartz verkörpert hatte: Menschlichkeit, Demut, Integrität und hervorragende Leistung. Einmal wurde mein Anruf in Jeffrey Swartz' Büro von einer Ansage des Anrufbeantworters beantwortet: „Timberlands Büro ist heute geschlossen. Alle 5.400 Angestellten in 13 Ländern arbeiten an gemeinnützigen Projekten und packen in ihren Gemeinden an. Morgen sind wir wieder im Büro zu erreichen." Timberland bezahlt seinen Angestellten 40 Stunden pro Jahr für freiwillige Arbeit in ihren Gemeinden.

Don Ziraldo, Gründer und CEO von Inniskillin Wines, einer Tochter des viertgrößten Weinproduzenten in Nordamerika, sagt es so: „Ich habe das Gefühl, dass meine Position als Wirtschaftsführer mir eine Plattform bietet, von der aus ich über die anderen Dinge im Leben sprechen und mich in der Welt engagieren kann."

Alle Organisationen brauchen ein Gefühl für ihre kollektive Bestimmung: Das ist es, was sie groß macht, und – um mit Martin Luther Kings Worten zu sprechen – sie sind groß, weil sie dienen können.

! Sag mir, was Du vorhast mit Deinem einen wilden und kostbaren Leben!

Mary Oliver

Praktische Übung: Ein Gespräch mit Gott

Meine Kollegen und ich haben Hunderte von Workshops und Retreats in aller Welt geleitet und haben Teilnehmer mit unterschiedlichstem Hintergrund begleitet und beraten. Dabei haben wir die Konzepte, mit denen wir arbeiten, immer mehr verfeinert und für Menschen in unterschiedlichsten Lebensumständen angepasst. Hier ist ein Ansatz, der sich als sehr erfolgreich erwies:

Unsere Bestimmung wird uns oft in Visionen oder Bildern klar. Eine Methode, wie Sie Ihre Bestimmung ins Auge fassen können, besteht darin, sich vorzustellen, dass Gott (oder eine andere mächtige Quelle) zu Ihnen spricht und Sie einlädt, bei einem großen Vorhaben zu helfen. Die folgenden Absätze beschreiben eine Visualisierung, die auch Ihnen helfen kann, Ihr eigenes Gefühl von Bestimmung zu erkennen – ein imaginäres Gespräch mit Gott.

Gott hat Sie zu einem wichtigen Treffen gerufen – ein Treffen zu zweit, nur Sie und Gott. Sie sind kurz davor, auf der Erde geboren zu werden. In Ihrer prähumanen Form, als eine spirituelle Präsenz, sind Sie tief in ein Gespräch mit Gott in der Chefetage des Himmels vertieft. Dies ist die Chance Ihres Lebens ...

Gott eröffnet das Gespräch, indem er sie einlädt, an dem größten Consulting-Projekt aller Zeiten teilzunehmen. Dann wird Gott konkret. „Als neuer Geist in Gottes Consulting-Firma bekommst Du einen sehr wichtigen Auftrag. Es gibt da einen Ort, der heißt Planet Erde." Gott deutet auf eine Karte des Universums und zeigt den Schauplatz für Ihren Auftrag.

„Dieses Projekt ist einer unserer größten Erfolge", fährt er fort. „Das größte Consulting-Projekt aller Zeiten ist in dieser Akte beschrieben. Man nennt es Planet Erde. Es wird seit langer Zeit daran gearbeitet. Wir haben im Laufe der Jahrtausende viele Projekte abgeschlossen, und im Großen und Ganzen sind wir mit den Erfolgen zufrieden. Es gibt aber einige Aufgaben, die wir in unserem ursprünglichen Entwurf zugesagt hatten und die wir bislang noch nicht abschließen konnten. Wir müssen die Evolution auf dem Planeten Erde fördern und den Bewohnern zeigen, wie sie bessere Wege finden, um Leben zu erhalten und zu entfalten und um den Planeten zu einem fürsorglicheren und liebevolleren Ort zu machen, dessen Einwohner die Heiligkeit in allen Beziehungen achten – nicht nur zwischen Menschen, sondern auch zu allen anderen Lebewesen und zu den unbelebten Dingen."

„Ich möchte, dass Du dorthin gehst und uns in dieser wichtigen Aufgabe repräsentierst", fährt Gott fort. „Der Planet Erde ist mein Lieblingsprojekt, und ich möchte, dass Du Dich dort um die nicht vollendeten Angelegenheiten kümmerst. Du bist dafür verantwortlich, dass Du Dein Leben auf eine Weise einsetzt, die unseren Zielen dient und die hilft, den Planeten Erde mehr zu dem vollkommenen Ort zu machen, als der er von Anfang an geplant war. Du wirst in Deiner Gemeinschaft eine Führungskraft werden, ein Higher Ground Leader, und ich werde Dir ein knappes Jahrhundert Zeit geben, um Deinen Auftrag zu erfüllen. Wir werden Dir alle Unterstützung zukommen lassen, die Du brauchst, um den Auftrag erfolgreich auszuführen. Keine Anfrage wird ignoriert oder ohne vernünftigen Grund abgelehnt werden. Die Akte für den Auftrag trägt den Titel ‚Deine Bestimmung'."

„Eines will ich dir vorher sagen", fügt Gott hinzu: „Viele Berater, die die Erde vor Dir besucht haben, mussten erleben, dass die zahllosen Ablenkungen auf diesem Planeten sie dazu brachten, diese Akte zu vergessen, in ihrer Konzentration nachzulassen und den ursprünglichen Zweck ihres Auftrags aus den Augen zu verlieren. Diese Ablenkungen sind ein notwendiger Teil Deines Lernens und Deiner Reise, aber sie sind nicht der Sinn des Lebens. Ich möchte Dich dazu ermutigen, auf den wahren Sinn Deines Lebens – auf Deine Bestimmung – konzentriert zu bleiben und dabei jeden Moment Deiner kurzen Reise auf die Erde zu genießen."

Durch göttlichen Willen werden Sie nach diesem Gespräch zum Planeten Erde entsandt, und bevor Sie sich dessen bewusst sind, sind Sie damit beschäftigt, Ihr Leben zu leben. Gott hat Ihnen einen „spirituellen Aktenkoffer" mitgegeben, der Hintergrunddaten und Briefing-Unterlagen enthält. Sie sehen den Inhalt auf der Suche nach einer Art Arbeitsanleitung durch. Als Sie die Papiere in Augenschein nehmen, finden Sie eine hilfreiche Checkliste mit dem Titel „Ihre Bestimmung definieren". Folgende Leitlinien stehen auf dieser Liste:

Bestimmung ist Authentizität: „Wir sind alle dazu berufen, eine bestimmte Reise zu unternehmen. Solange Du Dich dieses Rufes nicht bewusst bist oder diesen Ruf ignorierst oder verleugnest, verrätst Du Deine Authentizität. Higher Ground Leaders haben eine intime Beziehung zu ihrem inneren Sinn und dem Weg, die sie inspirieren. Deine Pflicht ist es, Deine eigene Bestimmung klar zu identifizieren, ihr dann zu folgen und auf diese Weise authentisch zu sein. Das wird Dir helfen, eine Führungspersönlichkeit neuen Typs zu werden, die die Aufgabe übernimmt, anderen Menschen zu helfen, damit sie ihrerseits ihre eigene Bestimmung identifizieren und ihr folgen können."

! Jeder Nagel, den Du einschlägst, sollte wie ein weiterer Anker in der Maschine des Universums sein.

Henry Thoreau

Warum bist Du hier? „Dies ist die Frage, die Du mit der persönlichen Formulierung Deiner Bestimmung beantworten musst. Was ist Dein Sinn auf dieser irdischen Reise? Was ist das Einzigartige in Dir, das gelebt werden will? Dies ist der wichtige Ausgangspunkt. Jeder hat etwas Einzigartiges in sich, einen bestimmten Sinn, der darauf wartet, gelebt zu werden – wie ein Lied, das gesungen, eine Symphonie, die gespielt werden will. Wenn Du nicht die Antwort auf die Frage findest, warum Du hier bist, wirst Du in Gefahr sein, zu sterben, ohne dass Du die Musik, die Du in Dir trägst, je gespielt hast. Um die Melodie zu finden, die in Dir wartet und die sich danach sehnt, gespielt zu werden, bedenke die Zustände, die Du um Dich herum wahrnimmst und von denen Du spürst, dass sie zu den Problemen des Planeten Erde beitragen. Welche sind die schädlichsten und hartnäckigsten Zustände, die zu den Übeln der Welt beitragen? Wie kannst Du Dein Leben auf eine Weise leben, die diese

Probleme reduziert oder beseitigt, wo immer Du bist? (Du musst wissen, dass auch andere beauftragt sind, um Dir bei diesem Projekt zu helfen. Du musst das nicht alles alleine machen.) Wie kannst Du dabei helfen, den Planeten zum Besseren zu verändern? Ich möchte, dass Du inspiriert bist, den Planeten vollkommener zu machen, damit Du ihn in einem besseren Zustand verlassen kannst, als Du ihn vorgefunden hast. Wie kannst Du dazu beitragen? Welches sind die Bedrohungen, die Du verringern willst, und welches sind die Lösungen, die Du vorantreiben möchtest?"

Dein höherer Zweck: „Deine Bestimmung liegt in Deiner Verbindung mit dem Göttlichen. Wie verbindet Dein Sinn auf dem Planeten Erde Dich mit dem Göttlichen? Wie bist Du in das weitere Universum integriert? Wie wird Deine Zeit auf der Erde und die Rolle, die Du übernommen hast, Zauber und Segen erzeugen in Deinem Leben und in den Leben aller Menschen, mit denen Du verbunden bist? Wie wirst Du göttliche Ergebnisse inspirieren?"

Wem dient deine Bestimmung? „Diese und andere Fragen kannst Du beantworten, indem Du aufmerksam zuhörst, wenn Dir die Antworten zuteil werden. Wenn Du das tust, wirst Du Dein volles Potenzial entfalten und Dein ganzes Selbst zum Ausdruck bringen. Diese Entdeckung und die darauf folgende Reise sind die Wärme, die Deine Leidenschaft anfacht. Sie wird Dir helfen, Dich wieder in das Leben zu verlieben und Deine Bestimmung zu erkennen. Dies wird dann dazu führen, dass Du Dein Leben gut lebst, entsprechend Deiner wahren Bestimmung – gleich, wo Du Dich auf der Reise Deines Lebens befindest."

Es ist nie zu spät. „Du solltest wissen, dass Du bei der Ausführung meiner Bitte vielleicht abgelenkt werden und einen Teil Deines Lebens mit anderen Dingen verbringen wirst. Aber denke nicht, es könnte jemals zu spät sein in Deinem Leben, um Dich neu zu sammeln und Deine Bestimmung zu finden. Es ist nie zu spät."

Du hast Deinen Auftrag (Deine Bestimmung) und Deine Brillanz und Leidenschaft: Das sind die Gaben des göttlichen Schöpfers an Dich. *Wie* Du Deine Brillanz und Leidenschaft nutzen willst – das wiederum ist Deine Gabe an den Schöpfer. Du hast ein Leben zur Verfügung, um Deine Bestimmung zu erfüllen. Denk daran: Es ist nie zu spät. Wir brauchen Dich!

Ich liebe Dich und werde immer bei Dir sein.

Gott Vater"

Der Sinn Ihres Lebens: Warum sind Sie hier?

An dieser Stelle sollten Sie sich etwas Zeit nehmen, um die Leidenschaft zu entdecken, die in *Ihnen* brennt, und die Themen der Welt, die *Sie beleben,*– damit der höhere Sinn *Ihres* Lebens offenbar wird und Sie dazu kommen, all dies zu einem klaren, persönlichen Kernsatz Ihrer Bestimmung zu verfeinern. Lassen Sie die folgenden Fragen auf sich wirken und denken Sie ein paar Minuten über sie nach. Machen Sie sich vielleicht Notizen, um die Ideen und Antworten festzuhalten, die Ihnen kommen.

1. Welche Bedrohungen der Erde behindern nach Ihrem Gefühl das Potenzial der Menschheit und unseres Planeten oder schädigen es? Was macht Sie traurig, wenn Sie über die Situation der Menschheit nachdenken? Was sollte Ihrer Meinung nach verbessert, verändert oder gelöst werden, damit die Bedrohungen abnehmen oder abgewendet werden? Was begeistert Sie – wofür könnten Sie sich mit Freude einsetzen? Welches sind Ihrer Meinung nach die Bedrohungen, die die Welt davon abhalten, zu einem Ort zu werden, an dem alles Leben – menschliches Leben und die gesamte Natur – blühen und sein wahres, göttliches Potenzial erreichen kann?
2. Welche dieser *Terrathreats* rufen gerade Sie zur Lösung auf? Welche erregen Ihre Aufmerksamkeit? Wie können Sie diese Bedrohungen zu Lösungen umformulieren? Wie könnten diese Bedrohungen durch Ihre Anwesenheit auf der Erde verringert werden? Welche von den Sätzen, die Sie zu der ersten Gruppe von Fragen notiert haben, sind für Sie die wichtigsten, welche sprechen wahrhaft aus Ihrem Herzen?

Wenn Sie Ihre Gedanken zu diesen Themen sammeln, werden Sie es wahrscheinlich hilfreich finden, sie in einem Notizbuch oder Tagebuch festzuhalten. Versuchen Sie nicht, schön oder literarisch zu schreiben – schreiben Sie einfach so schnell, wie Ihnen die Gedanken kommen. Schreiben Sie auch ungeordnete oder unzusammenhängende Gedanken auf – was immer Ihnen einfällt. Schreiben Sie, bis es sich richtig anfühlt, bis Sie alle Bedenken beschrieben und ausgedrückt haben und bis Sie das Gefühl haben, dass Sie fertig sind.

Sehen Sie sich dann die Aufzeichnungen an und schauen Sie nach, ob Sie durchgehende Themen finden. Was fällt Ihnen auf? Welche sind die Hauptthemen? Was könnte Ihr Beitrag sein, um die Wunden der Menschheit und des Planeten zu heilen?

Schreiben Sie ein paar zusammenfassende, knappe Sätze, die Sie aus Ihren Aufzeichnungen destillieren. Machen Sie es nicht kompliziert; schreiben Sie einige einfache Formulierungen auf – mit fünf bis zehn Wörtern, die Ihnen leicht aus der Feder fließen.

Wenn Sie so weit sind, formulieren Sie eine Kernaussage, bei der Sie in sich eine Resonanz empfinden. Beschreiben Sie, wie Sie Ihr Leben der Aufgabe widmen werden, die Bedrohungen der Erde zu verringern, die Ihnen am wichtigsten zu sein scheinen. Dies ist der erste Entwurf für die Formulierung Ihrer Bestimmung.

Kapitel

5

Schritt zwei: Erkennen Sie Ihre Aufgabe – die zündende Vision für Ihr Leben

No vision and you perish,
No ideal, and you're lost;
Your heart must ever cherish
Some faith at any cost.
Some hope, some dream to cling to,
Some rainbow in the sky,
Some melody to sing to,
Some service that is high.

Harriet Du Autermont

Der nächste Schritt auf dem Weg zum Higher Ground Leader besteht darin, dass Sie eine starke Vision für Ihr Handeln identifizieren und ihr folgen – eine Lebensaufgabe. Die Aufgabe einer Führungskraft neuen Typs fließt direkt aus der reinen Klarheit ihrer Bestimmung heraus. Die Aufgabe ist eine mitreißende Vision, so kraftvoll, dass sie Menschen von weit her anzieht und ihre Begeisterung weckt. Andere fühlen sich aufgerufen, diese Aufgabe zu unterstützen und ihre eigene Energie, Liebe und Leidenschaft beizusteuern. Eine Aufgabe beschreibt, wofür wir stehen, wie wir sein werden in unserem Leben oder in unseren Organisationen – und sie kommt aus dem Herzen.

Die Aufgabe

Die größten Führungspersönlichkeiten in der Geschichte sahen alle ein Leuchtfeuer vor sich, das ihnen den Weg in die Zukunft wies – eine Aufgabe. Sie hatten eine klare Vision von der Welt, die sie schaffen wollten, und eine brennende Leidenschaft, das tatsächlich zu tun. Ihre Lebensaufgabe entwarf für sie selbst und für viele andere Menschen das Bild einer zukünftigen Welt, die vom Licht ihres Traums erhellt sein würde. Ihre Aufgabe beschrieb, wie sie in ihrem Leben sein wollten und wofür sie standen.

Inspirierende Menschen entwickeln eine so zwingende Vision – eine Aufgabe –, dass sie Leidenschaft und Begeisterung wie ein Magnet anzieht. Sie versuchen nicht zu motivieren – sie wecken Inspiration mit einer leidenschaftlich vertretenen Aufgabe. Sie kombinieren Energie, die aus der Tiefe schöpft, mit einer klaren und fokussierten Vision, die auf starke spirituelle Überzeugungen und Werte gegründet ist. Diese Kombination strahlt ein Licht aus, das so hell ist, dass Menschen es unwiderstehlich finden. Führungskräfte neuen Typs brauchen nicht aktiv um Mitarbeiterinnen und Mitarbeiter zu werben, weil Ihre Aufgabe zu einem Leuchtfeuer wird, das die Leidenschaft von Menschen in nah und fern anzieht. Moderne Beispiele dafür finden wir etwa in Firmen wie: Avon, The Body Shop, Centura Health, eBay, FedEx, Medtronic, Mount Carmel Health Systems, Patagonia, Pella, SAS Institute, Smucker's, Southwest Airlines, Starbucks, Symantec, Timberland, Wegman's und Whole Food Market – um nur ein paar zu nennen.

Um „das Profil der globalen Führungskraft der Zukunft" zu bestimmen, hat die weltweit tätige Beratungsfirma Accenture Manager und angehende Führungskräfte in allen Regionen der Erde befragt. Ergebnis: Unter 14 wesentlichen Merkmalen stand das „Schaffen einer gemeinsamen Vision" an der Spitze der Liste. (1) Der Personalberater William M. Mercer fragte Angestellte, ob Sozialleistungen, Prämien, Strategien und Unternehmenspolitik sie beeinflussen, wenn sie einen Arbeitgeber suchen. Die meisten Befragten (64 Prozent) sagten, dass ein „klares Gefühl vom Sinn des Unternehmens" ihnen wichtiger sei als fast alle traditionellen außertariflichen Leistungen; einzige Ausnahme waren Leistungen zur Altersvorsorge. (2) Die Kraft einer Aufgabe, ist also genauso groß wie irgendein materieller Anreiz und meist sogar größer, wenn es darum geht, ein Unternehmen für Menschen attraktiv zu machen.

Eine große, mitreißende Aufgabe weckt die Leidenschaft, die nötig ist, um Veränderungen zu initiieren. Eine große Aufgabe ist eine so mächtige innere Verpflichtung, dass sie andere Menschen so magnetisch anzieht, wie ein Pilger zu einem heiligen Schrein hingezogen wird. Eine Aufgabe, gleich ob es die Aufgabe einer Person oder eines Unternehmens ist, steht für sich – es ist nicht nötig, sie anzupreisen oder mit ihr hausieren zu gehen, weil sie in sich gesund und heilig ist. Die größten Führerpersönlichkeiten der Geschichte – wie Jesus, Buddha, Gandhi, Martin Luther King oder Thomas Jefferson – mussten keine Kommission bilden, um eine Übernahme ihrer Mission oder Vision zu erreichen. Sie mussten ihre Ideen nicht „verkaufen". Ihre Ideen waren so mächtig, dass Menschen sich einfach zu ihnen hingezogen fühlten – ihre Vision war eine Lebensaufgabe. Die wahre, einzigartige Stärke einer Aufgabe ist ihre Anziehungskraft.

Eine so starke, anziehende Aufgabe ist eng mit unserer Bestimmung verbunden; denn die Aufgabe dient der Bestimmung, sie verbindet den höheren Sinn unseres Lebens mit der Art, wie wir im Alltag auftreten – wie wir uns zeigen, wie wir uns entscheiden zu sein. Eine große Aufgabe baut eine wunderbare Brücke zwischen dem Göttlichen und dem Weltlichen, zwischen dem Himmlischen und dem Irdischen, zwischen der erhofften Zukunft und der Gegenwart – und zwar auf so elegante, atemberaubende Art, dass sie die Phantasie der Menschen beflügelt, die von ihr hören. Während die Bestimmung beschreibt, warum wir hier auf Erden sind – unseren göttlichen Sinn –, beschreibt die Aufgabe, wofür wir stehen und wie wir praktisch diese Bestimmung erfüllen wollen – unseren irdischen Traum.

Eine große Aufgabe hat immer zwei Merkmale:

1. Sie wendet sich anderen auf einer menschlichen Ebene zu, weil sie geduldig, nicht aggressiv oder wettbewerbsorientiert ist und auf eine langfristige Perspektive angelegt ist.
2. Sie ist nicht selbstbezogen oder auf praktische Ziele fokussiert; sie dient anderen Menschen und wird ihrer Würde gerecht.

Eine Aufgabe ist ein Traum, der uns in unserer gegenwärtigen Realität (wer wir sind, was wir tun und wie wir uns jeden Tag zeigen) mit einer lebhaft vorempfundenen Zukunft verbindet (mit unserem Traum davon, wie Dinge vielleicht sind, wenn jene Bedrohungen für die Menschheit nicht mehr existieren). Eine große Aufgabe packt uns und lässt uns eine Gänsehaut spüren. Sie beschleunigt unseren Puls und regt unsere Phantasie an. Sie begeistert uns und bewegt uns zum Handeln. Eine Aufgabe ist der Funke, der Gedanken entzündet, die zu einer Massenbewegung erblühen könnten. Sie macht uns Mut, uns wieder in die Gegenwart zu verlieben, weil sie ein klares, zauberhaftes, erhebendes Bild von unserem Weg in die Zukunft malt.

> ! Wenn man Glück hat, kann ein einzelner Traum eine Million Wirklichkeiten vollkommen verändern.
>
> *Maya Angelou*

Eine anziehende Aufgabe verbindet uns zuerst mit dem Göttlichen – einer Macht, die größer ist als unsere kleinen Welten – und bringt uns dann sanft zur Realität der Gegenwart zurück. Eine Führungskraft neuen Typs antwortet auf eine klare innere Stimme und wird so zum Sprecher für eine klar formulierte Zukunft.

Als Martin Luther King am 28. August 1963 in Washington seine berühmte Rede vor mehr als 200.000 Unterstützern der Bürgerrechtsbewegung hielt, war er sich vollkommen darüber im Klaren, dass diese Bewegung Geduld und einen langen Atem brauchte. Als er seine Lebensaufgabe proklamierte, wollte er damit die Menschen zu einem höheren Bewusstsein leiten. Er sagte: „Ich habe einen Traum, dass diese Nation sich eines Tages erheben und die wahre Bedeutung ihres Bekenntnisses leben wird: ‚Wir halten diese Wahrheiten für selbstverständlich, dass alle Menschen gleich geschaffen sind.‘ (...) Ich habe einen Traum, dass meine vier kleinen Kinder eines Tages in einer Nation leben werden, in der sie nicht nach ihrer Hautfarbe, sondern nach ihrem Charakter beurteilt werden.“ Es war ein Traum, nicht für die nächste Woche oder den nächsten Monat und nicht einmal für das nächste Jahr, sondern für die ganze Zukunft. Es war und ist immer noch eine Aufgabe, die die Herzen von Millionen von Menschen inspiriert, nicht nur der Afroamerikaner in den USA, denn sie spricht die Seelen aller Menschen an.

Ja, Martin Luther King sprach die Seele an. Was er sagte, war ungeheuerlich und irrational zu jener Zeit, aber dennoch hat es Millionen Menschen fasziniert. Wir sehnen uns alle nach einer höheren Form von Inspiration, wir verbünden uns gern mit einer großen Aufgabe und nehmen freiwillig unglaubliche Härten auf uns, um zur Verwirklichung eines Traumes beizutragen, der unsere Leidenschaft entflammt. King hat das dadurch erreicht, dass er eine Aufgabe definierte, die göttlich inspiriert und viel größer als er selbst war – er sprach von einem Ideal, von einer zukünftigen Welt, die er in seinem Herzen sehen konnte, die von einer höheren Quelle kam und in die er sein Leben goss –, und Millionen konnten sich mit ihr identifizieren und wurden zu seiner Aufgabe hingezogen.

Große Aufgaben existieren nicht nur im Kopf, sie sind Sache des Herzens. Während der Kopf uns vielleicht davor warnt, dass die neue Aufgabe unvorstellbar und unrealistisch sei, sagt das Herz uns, dass das keine Rolle spielt. In der Tat können die meisten großen Aufgaben uns anfangs als intellektuell unmöglich vorkommen – das ist ein Teil ihrer Anziehungskraft. Der dauerhafte Zauber, der von Führpersönlichkeiten wie Martin Luther King oder Mahatma Gandhi geschaffen wurde, liegt in der zwingenden Leidenschaft ihrer Aufgabe, die bis heute weiterlebt. Als Martin Luther King seine berühmte Rede hielt, sprach er nicht aus dem Kopf heraus, sondern aus seinem Herzen. In einem früheren Jahrhundert, als Sklaverei noch gängige Praxis war, klangen auch William Lloyd Garrison, die Quäker und andere führende Kämpfer gegen die Sklaverei in den Ohren ihrer Zeitgenossen vollkommen unlogisch. Aber sie sprachen aus ihren Herzen mit Leidenschaft über eine Aufgabe, die die Herzen und die Leidenschaft vieler anderer Menschen bewegte und die letztlich die Welt veränderte. Wir können die inspirierende Kraft einer Idee testen, wenn wir die einfache Frage stellen: „Inspiriert sie die *Seele?*“

Eine Aufgabe ist kein „Mission Statement"

Die mitreißende Lebensaufgabe einer Führungskraft neuen Typs weist zwei tragende Elemente auf:

1. Sie würdigt die Heiligkeit aller Menschen.
2. Sie ist die Inspiration *eines* Menschen.

Dies steht in deutlichem Gegensatz zu der gängigen Praxis, in Unternehmen so genannte *Mission Statements* zu formulieren. Führungskräfte alten Typs glauben an zwei Mythen:

1. Visionen und *Mission Statements* in Unternehmen werden von Gremien entwickelt und verlangen einen Konsens.
2. *Mission Statements* legen quantifizierbare Ziele fest.

Ursprünglich bestanden *Mission Statements* von Unternehmen oder Einzelpersonen meist aus einer Litanei von Zielen und Vorgaben, mit denen die Autoren sich an andere Menschen wenden und ihnen beschreiben, wie die Organisation oder das Individuum größer, stärker, mächtiger, dominierender oder erfolgreicher werden will – Formulierungen, die dem Denken alten Typs entstammen. Nach einer Weile begannen diese irdischen, egozentrischen Visionen, alle gleich auszusehen. Das ist nicht überraschend: Heute werden bestimmte Grundlagentexte bei der Formulierung solcher Statements so häufig benutzt, dass alles zu ähnlichen Ergebnissen führt. Heute sage ich Klienten oft scherzhaft: Wenn wir alle *Mission Statements*, die wir finden können, auf einen Haufen werfen, sie mischen und wahllos wieder an die Besitzer verteilen würden – dann wüssten die meisten nicht, ob sie ihr eigenes oder ein fremdes zurückbekommen haben.

> ! Ich träume nicht nachts,
> ich träume den ganzen Tag;
> meine Träume sind mein Lebensunterhalt.
>
> *Steven Spielberg*

Wir können uns keine kleinen, selbstbezogenen „Missionen" mehr leisten. Kleine Ziele sind langweilig, entmutigend und viel zu weit verbreitet. Schon Goethe hat uns aufgefordert: „Träume keine kleinen Träume, denn sie haben nicht die Kraft, die Herzen der Menschen zu bewegen."

Bill George formuliert es so:

„Menschen müssen von einer tieferen Aufgabe bewegt werden. Unsere Aufgabe bei Medtronic maximiert nicht den Shareholder Value.

Ich spreche gern mit Aktionären darüber. Vor Kurzem hatten wir ein Arbeitsfrühstück mit dem Vorstand einer unserer größten Aktionäre. Sie hatten den Wert ihrer Unternehmensbeteiligungen gewaltig gesteigert und fragten nun nach Medtronic. Ich sagte, den Shareholder Value zu maximieren sei nicht das Geschäft von Medtronic. Wir maximieren den Wert für Patienten, indem wir ihnen dienen. Dadurch, dass wir den Patienten dienen, leisten wir letztlich auch den Aktionären gute Dienste. Einer der Schlüssel unseres Erfolgs liegt darin, dass wir beständig in diese Richtung gehen. Medtronic ist ein Unternehmen, das von einer Aufgabe inspiriert ist. Wir sprechen jeden Tag über unsere Aufgabe. Jede Entscheidung wird mit dem Ziel getroffen, *Menschen zum vollen Leben und zu voller Gesundheit zurückzubringen.* Diese Aufgabe ist Kern und Mittelpunkt bei allem, was das Unternehmen tut. Sie inspiriert unsere Mitarbeiter. Ich glaube, dass Menschen nicht nur zur Arbeit kommen, um Geld für sich und die Firma zu verdienen. Sie kommen zur Arbeit, weil das Produkt etwas Wertvolles bewirkt – und das ist es, was Menschen inspiriert sein lässt."

Medtronics Aufgabe wurde 1949 von dem visionären Gründer des Unternehmens, Earl Bakken (dem Erfinder des ersten externen Herzschrittmachers), formuliert. Nicht ein Wort ist seitdem geändert worden. Wenn neue Mitarbeiter in die Firma kamen, gab Bill George jedem von ihnen ein Buch, das das Unternehmen beschreibt. Sie sahen ein Video über den Gründer, und Bill George erzählte Anekdoten darüber, wie Medtronic sein eigenes Leben geprägt hat. „Am Ende kam jeder Mitarbeiter zu mir, und ich gab ihm eine Medaille, die fast zehn Zentimeter Durchmesser hat und das Bild eines Menschen trägt, der aufsteht, weil er gesund geworden ist. Auf der Rückseite steht ein Teil unserer Aufgabe. Ich sagte zu jedem Einzelnen: ‚Wenn Sie dies entgegennehmen, bitte ich Sie, die Aufgabe von Medtronic anzunehmen und sie zu lesen und vor Augen zu haben, damit sie Sie stets daran erinnert, dass der Sinn Ihrer Arbeit darin liegt, Menschen zum vollen Leben und zu voller Gesundheit zurückzubringen. Wenn Sie irgendwann frustriert sind, bedenken Sie, dass Sie einer höheren Aufgabe dienen.'"

Es ist wichtig, diesen Unterschied klar zu machen zwischen traditionellen Aufträgen oder *Mission Statements* und der Formulierung einer Aufgabe. Ein Auftrag wird gewöhnlich in den Begriffen *unserer* Bedürfnisse formuliert, während eine Aufgabe immer mit Blick auf die Bedürfnisse *anderer* definiert ist – sie beschreibt, wie wir dienen wollen. Während ein *Mission Statement* vielleicht als Ziel formuliert: „Das beste Krankenhaus Amerikas zu werden", würde eine Aufgabe dazu aufrufen: „Die gesündeste Gemeinde in Amerika zu schaffen." Jeff Bezos, der Gründer von Amazon, hätte ein Ziel formulieren können wie: „Der größte Online-Händler zu werden." Stattdessen ist Amazons Aufgabe auf andere gerichtet. Sie lautet: „Das Unternehmen zu sein, das in der Welt am konsequentesten kundenorientiert arbeitet." Bezos Leidenschaft für konsequente Kundenorientierung hat sich gelohnt: Amazon hat auf dem amerikanischen Index für Kundenzufriedenheit den höchsten Wert erreicht, der je in einer Dienstleistungsbranche verzeichnet wurde.

Eine *Mission* bezieht ihre Energie oft vom Ego: Sie beschreibt die Belohnung, die wir erhoffen, wenn unser Auftrag erfüllt ist. Eine *Aufgabe* bezieht ihre Energie aus der Seele und beschreibt, wie wir die Seelen anderer Menschen würdigen, wie wir ihre Heiligkeit anerkennen, ihr Leben verbessern und ihnen dienen wollen. Eine Mission ist selbstbezogen, eine Aufgabe ist auf andere bezogen. Eine Aufgabe bewirkt Leidenschaft, weil sie eine Leidenschaft beschreibt. Eine Mission kann sich zwar auf dieselbe Zukunft beziehen, eine Aufgabe aber inspiriert, weil es bei ihr in erster Linie um andere Menschen geht, um ihre Persönlichkeit und ihre Seele.

> ! Halte an Deinen Träumen fest; denn wenn Träume sterben, ist das Leben wie ein Vogel mit gebrochenen Flügeln, der nicht fliegen kann.
>
> *Langston Hughes*

Hunter (Patch) Adams – der Arzt, der berühmt geworden ist, nachdem Robin Williams ihn in einem Film porträtiert hat, der sehr frei auf seinem Leben beruht – hat eine mitreißende Aufgabe. Adams plant, das *Gesundheit! Institut* zu bauen, eine einzigartige Einrichtung zur Krankenpflege auf einem 310 Acres großen Gelände im ländlichen Pocahontas County (West Virginia). Das Institut wird ein 40-Betten-Haus sein, das wie ein Themenpark angelegt ist und Patienten aus aller Welt kostenfreie Gesundheitsversorgung anbietet. Eine geplante Augenklinik soll die Form eines Augapfels haben, und eine Kläranlage die Form eines Gesäßes. Ohne jede Werbung hat Adams' Vision von einem mitfühlenden, humorvollen und patientenzentrierten Wellness-Programm eine Aufgabe geschaffen, die so mächtig ist, dass sie mehr als 1.000 Ärzte inspiriert hat, sich zu bewerben – Ärzte, die gratis im *Gesundheit! Institut* arbeiten wollen.

Der Mythos vom „Verkaufen" einer Vision

Das Führungsmodell alten Typs geht davon aus, dass eine vorformulierte Vision dem Rest des Unternehmens „verkauft" und eine entsprechende Kampagne organisiert werden muss. Im Gegensatz dazu formulieren Führungskräfte neuen Typs Aufgaben, die so mitreißend sind, dass es unnötig wäre, ihre Verbreitung zu organisieren. Wenn die Aufgabe so bewegend ist, dass sie von selbst Anhänger anzieht, die ihre Ziele gern unterstützen – welche Notwendigkeit gibt es dann, für ihre Akzeptanz und Übernahme zu werben? Wenn wir andere dazu drängen, an eine Aufgabe zu glauben, läuft das letztlich darauf hinaus, dass sie schweigend die Verantwortung abgeben sollen an jene Autoren, die die Aufgabe formuliert haben. Wenn die Aufgabe in sich brillant ist, zieht sie Massen von entschlossenen Anhängern an; nur wenn es eine schwache Aufgabe ist, muss sie anderen verkauft werden, sogar den Mitgliedern unserer Teams oder Familien. Dies ist der Unterschied zwischen einer brillanten Aufgabe, die von einem visionären Higher Ground Leader formuliert wird, und einer, die von einer Kommission entworfen wurde.

> ! Wenn die Legenden sterben, enden auch die Träume. Es gibt keine Größe mehr.
>
> *Tecumseh von den Shawnees*

Eines Tages saß Mahatma Gandhi in einem Zug, der gerade im Bahnhof anfuhr, als ein europäischer Reporter neben seinem Abteil herlief und ihn fragte: „Haben Sie eine Botschaft, die ich meinen Lesern mitbringen kann?" Gandhi war an diesem Tag im Schweigen – das gehörte zu seinen spirtuellen Übungen –, also sagte er nichts, sondern schrieb einige Worte auf ein Stück Papier und reichte es dem Journalisten: „Mein Leben ist meine Botschaft."

Führungskräfte neuen Typs haben Träume, Leidenschaften, Aufgaben. Sie wollen die Welt verändern und verbessern und Menschen dabei helfen, ihre Träume zu verwirklichen – denn sie wissen: Die beste Methode, die Zukunft vorherzusagen, besteht darin, sie selbst zu erschaffen. Ihre Aufgabe ist ein göttliches Vorhaben, das tief in ihrem Herzen entspringt. Manchmal, wenn sie gerade erst artikuliert ist, kann ihre Aufgabe schwach erscheinen; denn es fällt ihnen noch schwer, den Zauber jener Zukunft, die sie selbst klar vor Augen haben, in passende Worte zu fassen. Eine große, einzigartige Aufgabe beschreibt eine Welt, die noch nicht existiert, und es ist schwierig, das Morgen in der Sprache von heute zu beschreiben. Widerstand ist daher oft die verständliche menschliche Reaktion auf eine von der Aufgabe angebotene Veränderung – denn sie beschreibt ein neues Paradigma.

Mangel an sprachlicher Eleganz muss dennoch eine große Aufgabe nicht behindern – denn große Aufgaben haben ihre eigene Energie. Was einer großen Aufgabe vielleicht an Genauigkeit und Eingängigkeit in der Formulierung fehlt, wird durch ihre Leidenschaft, ihre Schönheit und ihre Anziehungskraft ausgeglichen werden. Am besten ist es natürlich, wenn alles zusammenkommt – aber Leidenschaft ist der wichtigste Bestandteil einer großen Aufgabe, und Leidenschaft ist das, was andere zu der Aufgabe hinzieht. Denn Leidenschaft erzeugt Leidenschaft.

Die einzigartige Vision

Ein anderer Mythos über die Produktion von Visionen in Unternehmen und Organisationen besagt, dass die Idee von einem Team erarbeitet werden sollte. Dann sei das Risiko geringer, dass andere Menschen sie nicht übernehmen. In Wirklichkeit führt das Verfahren dazu, dass Aufträge und Visionen, die vielleicht einmal außergewöhnliche Ideen waren, angepasst, modifiziert und derart gebeutelt werden, bis ihr Feuer und ihre Leidenschaft sich verflüchtigt haben. Solche Visionen, die auf „Konsens“ beruhen, richten sich nach dem kleinsten gemeinsamen Nenner, über den Einvernehmen hergestellt werden kann – was zweifellos egalitär und demokratisch ist, aber seelenlos und ohne Zauber. Mit anderen Worten: Sie leiden unter einem fatalen Fehler – dem Kompromiss –, und das führt zu Mittelmaß.

Wenn Thomas Jefferson sich nicht dem Druck seiner Gefährten gebeugt hätte, hätte er die amerikanische Unabhängigkeitserklärung (wenn je eine große Aufgabe formuliert worden ist, dann diese!) anders geschrieben, und dann hätte auch Martin Luther King für seine berühmte Rede andere Worte finden müssen. Jefferson hatte ursprünglich den Satz geschrieben: „Wir halten diese Wahrheiten für heilig und unleugbar ...“ (3) Jetzt heißt es nur noch: „Wir halten diese Wahrheiten für selbstverständlich ...“

Heilig und unleugbar. Wenn man dieses Original mit der späteren Version vergleicht, spürt man den faden Beigeschmack, der entsteht, wenn das Werk eines großen Visionärs von einer Kommission verwässert wird. Benjamin Franklin überredete Jefferson, die Worte zu ändern. Wie hätte es wohl die Geschichte beeinflusst, wenn die ursprüngliche Absicht von *Heiligkeit* beibehalten worden wäre? Was wäre geschehen, wenn die Unabhängigkeitserklärung verlangt hätte, dass „Leben, Freiheit und das Streben nach Glück“ als *heilig* zu betrachten seien? Wie hätte es unser Denken, unsere Philosophie und unsere Sicht der Welt beeinflusst? Wenn Leben heute als heilig betrachtet würde, wäre Gewalt dann so verbreitet, wie sie es heute ist? Wie hätte *Heiligkeit* die Haltung der Amerikaner gegenüber Schusswaffen, Krieg, Gefängnissen, Armut und Verbrechen geprägt? Wenn Leben und Freiheit als heilig betrachtet würden, wäre die Zahl der Strafgefangenen und der Rückfalltäter in den USA immer noch unter den höchsten der Welt? (4) Was hätte Martin Luther King stattdessen gesagt, der in seiner Rede ja Bezug auf die Unabhängigkeitserklärung nahm? Hätte King seine Rede überhaupt halten müssen?

Die Kraft einer zwingenden Aufgabe liegt in der Seele ihres Schöpfers, denn eine Aufgabe entspringt der Seele. Sie ist der spirituelle Ausdruck einer einzigen Seele und kann nicht das Ergebnis von vielen sein. Sie entsteht aus einem tiefen Wissen heraus – aus der Überzeugung, dass die tief empfundene Vision einer besseren Zukunft in irgendeiner Weise die Welt dramatisch wird verändern können. Andere Menschen können ihre Unterstützung und ihren Rat anbieten und vielleicht bei der Feinabstimmung der Formulierungen helfen. Aber am Ende ist eine große Vision etwas Einzigartiges, das nicht von einer Kommission oder einem Team zusammengebastelt werden kann.

Ich möchte Ihnen schildern, worauf der Kernsatz für die Aufgabe meines eigenen Unternehmens, The Secretan Center Inc., beruht. Wir sind eine internationale Beratungsfirma, die weltweit für Unternehmen, für Institutionen des Bildungswesens, des Gesundheitswesens und des Strafvollzugs, für staatliche Stellen und Nonprofit-Organisationen sowie für Einzelpersonen arbeitet. Die Mitglieder unseres Kollegiums lehren und beraten für uns als unabhängige Partner und nutzen unsere firmeneigenen Konzepte ebenso wie ihre eigenen vielfältigen Gaben. Darum gruppiert sich eine weltweite Familie, genannt *The Higher Ground Community.* Sie wächst beständig und hat jetzt mehrere tausend Mitglieder, die in einem globalen Netzwerk miteinander vernetzt sind und die sich dem Ziel verpflichtet fühlen, mehr Spiritualität und höhere Werte in der Arbeitswelt zu verbreiten. Wir halten internationale Konferenzen und Retreats ab, veranstalten Workshops und Seminare und unterhalten eine Website (www.secretan.com), auf der Sie ein Diskussionsforum und Informationen über viele weltweite Initiativen finden.

Führungskräfte neuen Typs haben verstanden, dass heute das globale Netzwerk von Organisationen – vor allem von kommerziellen Unternehmen – zu einer der stärksten Kräfte der Erde geworden ist. Die Hälfte der größten Ökonomien der Welt sind heute Unternehmen, nicht Nationen. Andere Institutionen – auch die großen Religionen oder politischen Systeme der Welt – können sich mit ihrer Reichweite, ihrem Intellekt, ihrer Macht, ihrem Geld und Know-how und daher mit ihrer Möglichkeit, die Welt zu beeinflussen, nicht mehr messen. Dieser Einfluss kann positiv oder negativ sein – die Entscheidung liegt bei uns. Für Führungskräfte neuen Typs zählen Unternehmen also zu den mächtigsten Instrumenten positiver sozialer Veränderung, die die Menschheit kennt, und sie haben ihre Rolle als Führungskräfte entsprechend neu definiert. Unser künftiger Erfolg wird nicht allein an Marktanteil, Gewinn und Shareholder Value gemessen werden, sondern an unserer Effizienz als Bewahrer menschlichen Geistes.

Führungskräfte neuen Typs wissen, dass wir die mächtigsten Institutionen nutzen müssen, die es auf dem Planeten gibt, wenn wir dafür sorgen wollen, dass diese unsere Welt etwas besser funktioniert. Wir wissen, dass Menschen inspiriert sein wollen, und das gelingt nur auf einer perönlichen Ebene. Wir wissen auch, dass eine Gruppe inspirierter Menschen zu einem inspirierten Team wird, wenn sie sich der Aufgabe widmet, Geist und Werte am Arbeitsplatz wiederzuerwecken; und wenn eine Anzahl inspirierter Teams sich zusammentut, werden sie zu einer inspirierten Gemeinschaft – und viele inspirierte Gemeinschaften werden zu einer inspirierteren Welt führen.

Aber Veränderungen passieren nicht Organisationen, sie widerfahren Menschen – einer Seele nach der anderen. Und sie widerfahren nicht Angestellten, Ärzten, Feuerwehrmännern oder Lehrern – sondern ganzen Menschen. Das heißt: Sie widerfahren ihrem ganzen Leben als Eltern, Liebende, Eheleute, Kinder, Freunde und Bürger. Transformation in Organisationen wird durch transformierenden Wandel in Menschen erreicht – in jeder Seele für sich. Vor diesem Hintergrund ist die Aufgabe des Secretan Center so formuliert:

Die Welt verändern durch das Wiedererwecken von Geist und Werten am Arbeitsplatz.

Jeden Tag schreiben uns Menschen, rufen an oder mailen uns und fragen nach unserer Arbeit, weil sie sich von dieser Aufgabe angezogen fühlen. Dies ist einer der Wege, auf denen wir anwenden, was wir lehren; und wie alle Menschen haben wir dabei gute und auch schlechte Tage. Unsere aufrichtige Absicht ist es, diejenigen zu inspirieren, mit denen wir in Kontakt kommen. Diese Aufgabe ist der Fokus all unserer Arbeit und all unserer Energien. Ihretwegen kommen wir jeden Tag zur Arbeit, und so berühren wir das Leben anderer Menschen.

Eine Aufgabe, die inspiriert

Das erste Ziel einer großen Aufgabe ist es, dass sie zur Seele spricht – oder genauer: dass sie singt, summt, jubelt und ruft. Sie spricht das Herz *und* den Geist an. Wenn andere von einer großen Aufgabe erfahren, entsteht eine so vollständige Verbindung zu ihrem Geist, ihrem Herzen und ihrer Seele, dass sie sich danach sehnen, dieselbe Vision zu teilen, dieselbe Leidenschaft und dasselbe Hochgefühl zu empfinden und ihre Energie in die Aufgabe zu investieren, an der sie nun Anteil haben. Es ist eine „Bauch-Erfahrung", wie viele Menschen heute sagen. Eine Aufgabe spricht zu unserem inneren Wissen, zu unserem Geist, zu etwas, das intuitiv ist. Bei einer großen Aufgabe geht es weniger um das Materielle als vielmehr um das Metaphysische. Es geht mehr um Zauber und Träume als um Wirtschaft und Effizienz. Eine Aufgabe engagiert uns auf einer Ebene, die mystisch ist und sich weit über weltliche Ziele erhebt.

Einer der großen Vorzüge von Higher Ground Leadership ist, dass es wirklich funktioniert. Joe Calvaruso von Mount Carmel erzählt die Geschichte, wie er die Aufgabe für seine Organisation formulierte:

> Während eines Retreats für Higher Ground Leadership sagten meine Kollegen zu mir: „Joe, wir haben keine Aufgabe. Wir wollen eine, wir brauchen eine. Aber wir wissen, es geht nicht um eine Kommission – wir wollen hier keinen Effekt wie beim Jefferson-Kompromiss. Wir brauchen Dich, damit Du eine entwickelst." Sie sagten: „Joe, Du musst sie schreiben."
>
> Während der nächsten zwei Wochen war ich sehr darauf konzentriert, unsere Aufgabe zu formulieren. Ich wusste von Anfang an, was ihre Essenz sein würde – es würde um Menschen gehen. In dem ersten rohen Entwurf benutzte ich auch das Wort „würdigen" und die Wörter „Dienst" oder „dienen", und ich benutzte das Wort „Liebe". Ich wollte dieses L-Wort darin haben, weil ich wusste, dass uns dies von den meisten anderen Unternehmen unterscheiden würde. Die Aufgabe musste auch umfassend sein – ich wollte nicht, dass es nur um Patienten oder nur um Patienten und Ärzte oder nur um Patienten und Angehörige ginge. Sie sollte sich nicht auf eine abstrakte Idee wie Wellness oder Ganzheit beschränken. Ich wollte auch, dass unsere Aufgabe eine Art Maßstab würde, mit dessen Hilfe wir Entscheidungen treffen konnten. Es sollte eine Formulierung

sein, die man leicht zitieren und sich merken kann, und es sollte mit dem konsistent sein, wofür Mount Carmel früher stand und in Zukunft wieder stehen sollte. Es konnte nicht etwas sein, das nur gut klang – es musste authentisch sein und das zum Klingen bringen, was wir im Innersten sind.

Ich wusste also, was ich erreichen wollte, und ich ging ein oder zwei Wochen lang mit Formulierungen schwanger, bis unsere Aufgabe vor mir stand: *Jeder Seele mit liebevollem Dienst Würde zu erweisen.*

Ich wollte keine Kommissionsentscheidung, aber ich bat einige Angestellte um ihr Feedback, und sie besprachen die Formulierung wieder mit anderen aus der Belegschaft. Ich bekam etwa 30 E-Mail-Kommentare, von denen etwa die Hälfte lautete: „Toll. Das inspiriert mich." Die andere Hälfte sagte: „Ich liebe das – mit Ausnahme des Wortes ‚liebevoll'. Das Wort Liebe gehört nicht an den Arbeitsplatz. Warum sprechen Sie nicht von ‚Mitgefühl' oder ‚Fürsorge'?" Ich überlegte eine Weile und dachte dann: „Das ist Blahblah. Wie viele Unternehmen haben Mission Statements mit ‚Mitgefühl' und ‚Fürsorge'? Von denen unterscheiden wir uns dann nicht. Das wäre nicht inspirierend. Das wäre kein Magnet für Leidenschaft, die Menschen anzieht oder zum Bleiben bei Mount Carmel bewegt." Ich sagte also: „Vielen Dank, aber wir müssen mutig sein. Liebe gehört an den Arbeitsplatz."

Wir ließen das Wort „liebevoll" drin, und ich bin sehr froh darüber. Ich will drei Beispiele dafür nennen, warum ich so empfinde. Ein Arzt in einer Notaufnahme in Florida sprach am Ende eines Vortrags einen meiner Kollegen an und sagte: „Ich möchte zu euch kommen und für euch arbeiten. So wie ihr sollte man es machen." In einem anderen Fall sagte ein neuer Mitarbeiter zu mir: „Ich bin gerade von einem anderen Unternehmen zu Mount Carmel gewechselt. Wo ich herkomme, glaubt man an Ihre Art zu denken, und deshalb bin ich hier." Eine andere Frau sagte: „Ich werde noch fünf weitere Krankenschwestern mitbringen." Das ist die Kraft einer großen Aufgabe: Sie ist ein Magnet für Leidenschaft, die so mächtig ist, dass sie andere Menschen dazu inspiriert, ihre Talente in den Dienst unserer Aufgabe zu stellen.

> **!** Ist das Leben nicht hundertmal zu kurz, um sich zu langweilen?
>
> *Friedrich Nietzsche*

Wie Pierre Teilhard de Chardin schrieb: „Eines Tages, wenn wir die Winde, die Gezeiten und die Schwerkraft gemeistert haben, werden wir für Gott die Energien der Liebe nutzbar machen, und dann wird der Mensch ein zweites Mal in der Weltgeschichte das Feuer entdeckt haben."

Weil eine Aufgabe sich über das Weltliche erhebt, sorgt sie dafür, dass wir Zauber sehen können, wo andere nur Probleme sehen. Eine Aufgabe kombiniert Ideen so, dass neue Realitäten entstehen. Vor allem inspiriert eine Aufgabe, weil sie immer in Liebe wurzelt. Eine Aufgabe wirkt anziehend wie ein Magnet, weil sie Menschen dazu inspiriert, ihre Optionen auf eine kreative Weise zu überdenken, die Möglichkeiten zur Realität werden lässt.

Der verstorbene Konosuke Matsushita hat aus dem Nichts ein weltumspannendes Unternehmen mit einem Marktwert von 90 Milliarden Dollar aufgebaut, das mehr als eine Viertelmillion Angestellte beschäftigt. Matsushita ist heute eine der weltgrößten Firmen für Unterhaltungselektronik, die Marken wie Panasonic, Quasar, National, Technics und Victor unter sich vereint. Auch dieser Aufstieg zum Weltkonzern hat klein angefangen, aber es gab eine Inspiration. Anfang der dreißiger Jahre war Konosuke Matsushita von einem Klienten zum Haupttempel des Tenrikyo-Ordens eingeladen worden, und dieser Besuch hatte eine tiefe Wirkung auf sein Leben. Er schrieb später: „Umfangreiche Bauarbeiten waren im Gange, Berge gespendeter Baumstämme lagen herum. Es war offensichtlich, dass der Tempel wirtschaftlich blühte, obwohl er auf freiwillige Gaben seiner Förderer angewiesen war.“ Wenn ein Unternehmen so sinnvoll wie eine spirituelle Übung wäre, überlegte Matsushita, dann könnten Menschen sehr davon profitieren. Zwei Monate später, am 5. Mai 1932, formulierte er vor 168 Angestellten in Osaka seine neue Lebensaufgabe. Er begann damit, dass er sie an ihre beeindruckenden Leistungen erinnerte: Die Firma war erst 15 Jahre alt, beschäftigte aber schon 1.100 Menschen, besaß 280 eingetragene Patente und betrieb zehn Fabriken. Dann trug er eine Erklärung vor, die seine Aufgabe definierte: „Die Aufgabe eines Fabrikbesitzers sollte sein, Armut zu überwinden, die Gesellschaft als ganze von Elend zu erlösen und ihr Reichtum zu bringen.“ Er benutzte Leitungswasser als Metapher und fuhr fort: „Das sollten sich der Unternehmer und der Fabrikbesitzer zum Ziel setzen: alle Produkte so unerschöpflich und so billig zu machen wie Leitungswasser. Wenn das verwirklicht ist, wird Armut von der Erde verschwinden.“ Von diesem Moment an war die Aufgabe der Firma im Einklang mit wichtigen menschlichen Werten. (5)

Aufgaben gibt es in allen Größen, große und kleine, und wir können alle eine Aufgabe formulieren, die so magnetisch ist, dass sie Menschen zu unserer lebhaft entworfenen Zukunft zieht.

Finden Sie den Mut, Ihre Wahrheit auszusprechen

Ich habe erwähnt, dass eine Aufgabe ebenso spirituelle wie auch intellektuelle und materielle Bestandteile haben sollte, und wir können keinen Magneten für Leidenschaft kreieren, ohne die Sprache des Geistes zu verwenden. Wenn wir behaupten, andere seien nicht bereit, die Sprache des Geistes zu hören oder zu sprechen, und Worte wie „Liebe" oder „Seele" würden von unseren Kollegen oder unserer Familie nicht gut aufgenommen werden – dann beschreiben wir vielleicht das, was wir selbst empfinden, und nicht, was andere fühlen. Das ist das, was ich oben als Projektion beschrieben habe.

Joseph Swedish ist Präsident und CEO von Centura Health. Centura ist die größte Krankenpflegeorganisation in Colorado und der viertgrößte Arbeitgeber in diesem Bundesstaat. Centura entstand 1996, als zwei Unternehmen fusionierten, die beide seit mehr als 100 Jahren unabhängig gewesen waren. Drei Jahre lang, bis Joseph Swedish die Geschäftsführung übernahm, versuchte das Management vergeblich, aus der Fusion eine sinnvolle Integration zu machen. Aber das Geschäftsmodell versagte so kläglich, dass die Löhne für 12.000 Mitarbeiter am Ende nur mit Darlehen finanziert werden konnten. Die Atmosphäre war von Angst, Unsicherheit Misstrauen, Niedergeschlagenheit und einem Gefühl von Versagen geprägt – und von Zweifeln an der Überlebensfähigkeit der Firma. Die Menschen dachten, sie werde auseinanderbrechen und die fusionierten Organisationen würden auf einem unbarmherzigen Markt wieder auf sich alleingestellt sein. Joseph bildete einen Krisenstab und machte in zwei Jahren aus 59 Millionen Dollar Verlust einen Jahresgewinn von 50 Millionen. Er sagt:

„Um das Potenzial zu entfalten, das in Centura steckt, mussten wir auf der Erkenntnis aufbauen, dass die Organisation (a) eine sehr starke Rolle bei der Versorgung der Gemeinden mit Dienstleistungen spielte und (b) wegen ihrer langen Geschichte in der Gesundheitspflege ein bedeutendes Ansehen besaß. Wir mussten auch einen Weg finden, wie die beiden fusionierten Unternehmensteile auf einer gemeinsamen Plattform miteinander ins Gespräch kommen konnten. An dieser Stelle verpflichteten wir uns auf das Konzept des Higher Ground Leadership. Es enthält eine Botschaft, die in jedem von uns widerklang: Dass wir die Chance haben, unabhängig von unserer Geschichte und unserem Hintergrund eine neue, höhere Ebene zu erreichen. Dieses Konzept hat uns tatsächlich eine gemeinsame Sprache gegeben. Wenn wir jetzt über Effizienz – über fiskalische Verantwortung – sprechen, tun wir das auf eine wahrhaftige Weise. Und wir verwenden alle Prinzipien des Higher Ground Leadership, um das Unternehmen zu lenken – wie wir miteinander in Beziehung stehen, wie wir Entscheidungen treffen und wie wir auf diese Entscheidungen hin handeln. Ich bin vollkommen entspannt, weil ich weiß, dass alle meine Mitarbeiter und Kollegen auf eine Weise arbeiten, die systematisch und seelenvoll zugleich ist. Gelegenheiten zum Konflikt sind entscheidend reduziert, weil wir jetzt eine gemeinsame Sprache sprechen.

Wir brauchen Mut, um Angst zu überwinden. Ich glaube, Menschen haben die größte Angst davor, öffentlich zu sprechen. Aber ich füge hinzu: Unter vier Augen zu sprechen, kann genauso schwierig sein – es ist nur die andere Seite derselben Medaille. Es gehört eine Menge Mut dazu, persönlich mit anderen Menschen in einer Weise zu sprechen, die uns alle in Richtung einer Aufgabe weiterbringt. Wenn zwei Menschen miteinander gesprochen haben, sind oft nicht alle Missverständnisse ausgeräumt. Wenn diese zwei Menschen dann den Raum verlassen, sprechen sie vielleicht mit anderen Menschen, und die Botschaft kann wieder und immer wieder entstellt werden. Wenn ich aber weiß, dass wir eine gemeinsame Sprache sprechen, dass wir mit einer Zunge sprechen, dann kann ich mutig sein und die Wahrheit sprechen. Ich kann den Mut aufbringen, jemanden herauszufordern – und ich kann es auf eine liebevolle Weise tun, und der andere weiß, dass ich von dieser Haltung her komme. Die Reise zu Higher Ground Leadership hat uns die Fähigkeit vermittelt, mutig zu sprechen – im persönlichen Dialog genauso wie in der Öffentlichkeit."

2003 wurde Joseph Swedish zum Unternehmer des Jahres im Staat Colorado gewählt und mit dem Ernst & Young Entrepreneur of the Year Award ausgezeichnet – eine außerordentliche Leistung, wenn man bedenkt, dass die meisten Preise für Entrepreneurship gewöhnlich an junge Start-up-Unternehmen verliehen werden. Centura ist wahrlich kein Kleinunternehmen, das in einer Garage begann – es ist eine komplexe Firma mit 1,3 Milliarden Dollar Umsatz, mit mehr als 750 Führungskräften und 12.000 Mitarbeitern in zwölf Krankenhäusern, acht Altersheimen und mehreren häuslichen Pflegediensten und Hospizdiensten. Eine wichtige Komponente, die von der Jury hervorgehoben wurde, war Centuras Kultur und seine Zukunftsfähigkeit, die von den Prinzipien des Higher Ground Leadership inspiriert sind.

Eine Aufgabe enthält die Kraft, außerordentliche Leistungen zu mobilisieren. Führungskräfte neuen Typs wie Joseph Swedish beweisen uns das. (6)

Kapitel

6

So formulieren Sie den Kern Ihrer Aufgabe

Was ist Ihre Aufgabe?

In diesem Kapitel werde ich Sie durch den Prozess führen, in dem Sie Ihre eigene Aufgabe formulieren.

Was ist eine Aufgabe? Es ist die irdische Brücke zwischen Ihrer Berufung – Ihrer praktischen Tätigkeit, Ihrer Begabung – und Ihrer Bestimmung: Die Aufgabe beschreibt, wie Sie sein möchten und wofür Sie stehen wollen. Eine Aufgabe ist ein Lackmustest für die Entscheidungen in unserem Leben: „Tue ich dies oder treffe ich jene Entscheidung in einer Weise, die mit meiner Aufgabe übereinstimmt? Hilft es mir, sie zu erfüllen?“ Sie ist etwas, wofür wir stehen und woran wir mit so viel Leidenschaft glauben, dass wir bereit sind, ihr unser Leben zu widmen. (Nebenbei: Sie ist nicht etwas, wofür wir bereit sind zu sterben. Sie ist etwas, wofür wir bereit sind zu leben!)

Wie wir oben gesehen haben, beschreibt unsere Bestimmung, *warum* wir auf diesem Planeten sind – unseren göttlichen Sinn. Eine Aufgabe beschreibt, *wie* wir sein wollen, um unsere Bestimmung zu erfüllen.

Um wieder mein eigenes Beispiel zu verwenden – meine Bestimmung lautet: *zu helfen (ich kann nicht alles allein machen!), einen zukunftsfähigeren und liebevolleren Planeten zu schaffen.* Meine Aufgabe beschreibt, wie ich jeden Tag in meinem Leben sein möchte, um diese Vision Wirklichkeit werden zu lassen. In meinem Fall plane ich meine Bestimmung zu erfüllen, indem ich *andere inspiriere, die Heiligkeit in allen Beziehungen zu sehen* – denn ich denke, wenn jeder die Heiligkeit in allen anderen Menschen sähe, würde das zu einem zukunftsfähigeren und liebevolleren Planeten führen. Sehen Sie, wie es funktioniert? Meine Aufgabe führt zu meiner Bestimmung (siehe Tafel 6.1).

Tafel 6.1

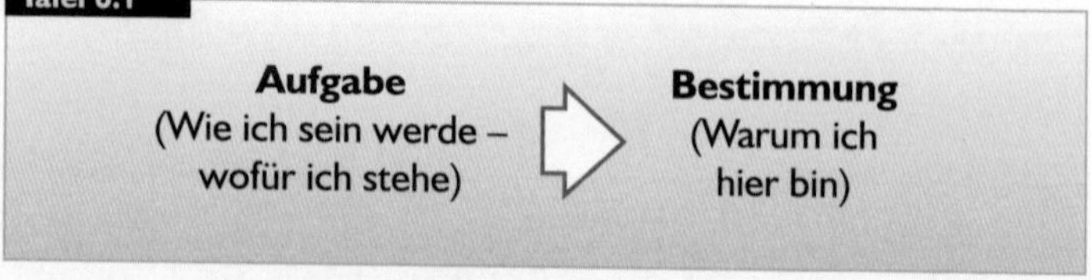

Während unsere Bestimmung enthüllt, *warum* wir hier sind, warum wir auf diesem Planeten geboren wurden, beantwortet unsere Aufgabe die Frage: *Wie werde ich in meinem Leben sein, um diese Bestimmung zu erfüllen?* Für mich ist die Antwort: Wenn es mir in irgendeinem Maß gelingt, andere dazu zu inspirieren, dass sie die Heiligkeit in allen Beziehungen sehen (ich sage bewusst ‚in allen', nicht nur in einigen) – dann könnte es gelingen, dass Lehrer und Studenten anfangen, die Heiligkeit ineinander zu sehen, dass Anwälte anfangen, die Heiligkeit in den Argumenten des gegnerischen Anwalts zu sehen, dass Gefängnisaufseher und Gefängnisinsassen die Heiligkeit ineinander erkennen, dass Israelis und Palästinenser erleben, wie die Heiligkeit in ihrem Gegenüber sichtbar wird, dass Manager und Gewerkschafter die Heiligkeit ineinander entdecken, dass Ehemänner und Ehefrauen einander als heilig respektieren und dass das Gleiche geschieht zwischen Kindern und Eltern, Ärzten und Patienten, Liberalen und Konservativen, Vorstandsvorsitzenden und Angestellten und Aktionären. Techniker könnten die Heiligkeit in ihrer Technologie und ihren Geräten sehen und Holzfäller die Heiligkeit in Bäumen. Wenn das zum vorherrschenden Ethos in der Welt würde, wären wir auf dem Weg zu einem zukunftsfähigeren und liebevolleren Planeten. Sehen Sie die verbindende Logik? Können Sie die Leidenschaft fühlen, die meiner Aufgabe Kraft gibt, die ihrerseits meine Bestimmung nährt? Die Verbindungen sind hier wichtig.

Betrachten wir ein hervorragendes Beispiel für die Formulierung einer Aufgabe.

Tricia Secretan ist Therapeutin, Lehrerin und auch Vizepräsidentin des Secretan Centers. Tricias Aufgabe lautet:

Den Geist anderer mit Liebe,
Licht und menschlicher Nähe erheben.

Wer Tricia kennt, der weiß, dass es in der Tat ihr Kern und der Kern ihrer Lebensweise ist, andere zu unterstützen, zu ermutigen, zu inspirieren und zu lieben: Das ist der Kern dessen, wer sie ist und wie sie ihr Leben lebt. Beachten Sie nun, wie die erfolgreiche Verwirklichung ihrer Aufgabe zur Verwirklichung ihrer Bestimmung führt. Ihre Bestimmung lautet:

Heilige Leidenschaft inspirieren.

Tricia hat erkannt, dass die Bedrohung der Erde, die ihr am meisten Sorge bereitet, der Mangel an Leidenschaft auf der Erde ist – der Mangel an feurigem Willen, die Menschen und den Planeten zu heilen. Wenn sie nun – so ihr Gedanke – den Geist anderer mit Liebe, Licht und menschlicher Nähe erhebt, wird das die heilige Leidenschaft inspirieren, die nötig ist, um die Welt zu transformieren und zu heilen.

Man beachte ferner, wie Tricias *Berufung* – erfolgreich ausgeführt – sie zur Erfüllung ihrer Aufgabe führen wird. (In den Kapiteln 7 und 8 werden wir näher besprechen, was Berufung ist und wie wir unsere persönliche Berufung formulieren.) Tricias Berufung ist:

! Sei wagemutig, sei anders, sei unpraktisch. Sei alles, was die Integrität von Sinn und phantasievoller Vision behauptet gegen jene, die immer auf Nummer sicher gehen, gegen die Geschöpfe des Allgemeinplatzes, die Sklaven des Gewöhnlichen.

Sir Cecil Beaton

Eine Muse und ein Mensch mit Empathie sein.

Ein Mensch mit Empathie ist einer, der die Stimmungen und Gefühle, die Gedanken und die Energie anderer spürt. Die Figur Gem in *Raumschiff Enterprise* ist ein berühmtes Beispiel für ein empathisches Wesen. Wenn Tricia eine Muse ist und Empathie für andere Menschen empfindet, wird sie also in der Lage sein, ihren Geist zu erheben, und wenn sie das gut macht, kann sie ihre heilige Leidenschaft inspirieren und ihnen Kraft geben, die Welt zu verändern.

Bestimmung, Aufgabe und Berufung sind mächtige Kräfte – mächtig genug, um dafür zu sorgen, dass jeder von uns, unabhängig von seinem Status und seiner Funktion, darauf Einfluss nehmen kann, wie die Welt funktioniert und wie sie sich entwickeln wird. Betrachten wir ein anderes Beispiel:

Elaine Callas ist Vizepräsidentin für Informationstechnologie bei Centura Health in Colorado. Ihre Bestimmung ist:

Menschen, Teams und Gemeinschaften zu ihrem vollen Potenzial führen.

Sie hat die Frage „Warum sind Sie hier?“ beantwortet. Sie glaubt, dass die Welt ein besserer Ort wird, wenn Menschen, Teams und Gemeinschaften (Nationen, Volksgruppen, Unternehmen und so weiter) ermutigt werden, ihr volles Potenzial zu erreichen. Ihre Aufgabe beschreibt im zweiten Schritt, wie sie dazu beitragen will, dass das geschieht – wie sie sein und wofür sie stehen wird:

Inspirierende Partnerschaften nähren, die anderen helfen, zu wachsen.

Elaine sieht ihre Rolle als die eines Katalysators für das persönliche Wachstum anderer Menschen – einer Agentin, die hilft, Partnerschaften und Beziehungen zu entwickeln, indem sie ihr fachliches Können mit den Gaben der Person oder des Teams verbindet, die sie inspiriert.

Elaines Berufung – also die Formulierung dessen, was sie in ihrem Leben praktisch tun will – lautet:

Anderen Menschen durch Zuhören, Lehren und Schreiben, durch Coaching und Anwaltschaft dienen.

Wenn sie das gut macht, wird es inspirierende Partnerschaften mit anderen nähren (was ihre Aufgabe ist), und wenn das gut gelingt, wird es dazu führen, dass die Welt ihr größeres Potenzial erreicht (was ihre Bestimmung ist). Zusammengenommen ist dies eine bescheidene, elegante und schöne Formulierung für die Rolle einer dienenden Führungskraft, und alles greift auf leichte, stimmige Art ineinander. Obwohl Elaine Technologie-Expertin ist und ihre Arbeit vor allem darin besteht, ein 12.000 Mitarbeiter starkes Unternehmen mit Führungsaufgaben im Bereich der Informationstechnologie zu versorgen, hat sie nicht jenen Fehler gemacht, den Menschen am liebsten machen – nämlich anzunehmen, dass unser Leben nur über unsere Arbeit definiert werden kann. Man beachte, dass Technologie in Elaines Bestimmung, Aufgabe und Berufung nicht einmal erwähnt wird. Technologie ist nur ein Mittel von vielen, mit denen sie darauf abzielt, ihre Bestimmung, Aufgabe und Berufung zu verwirklichen.

Wie werden Sie dienen?

1. Betrachten Sie noch einmal die Bedrohungen der Erde, die Sie in Kapitel 4 identifiziert haben und von denen Sie glauben, dass sie gegenwärtig das Potenzial der Menschheit und unseres Planeten einschränken – und stellen Sie sich bitte in Anbetracht dieser Bedrohungen die folgenden Fragen:
   - Welche besonderen Umstände, Ressourcen und Gelegenheiten gibt es auf der Erde, die genutzt werden könnten, um mit den Bedrohungen umzugehen und so die Welt zu verbessern?
   - Was ist die *praktische* Seite Ihrer Aufgabe, während Sie hier auf der Erde sind: Was wird Sie in die Lage versetzen, die notwendigen Ressourcen zu sammeln, die richtigen Kanäle zu finden, das Richtige zu tun und ein besonderer, positiver Einfluss auf die Zukunft der Menschen und des Planeten zu sein?
   - Wie wollen Sie dienen?

- Auf welche Weise werden Ihre täglichen Aktivitäten – im Unternehmen und persönlich – zu einer reichen Zukunft beitragen?
- Wie wird Ihre Aufgabe sich positiv auf das auswirken, was Ihrer Meinung nach auf der Erde verbessert, verändert oder gelöst werden muss?
- Welche Handlungen würden die Bedrohungen beseitigen, die Sie definiert haben?

Nehmen Sie sich Zeit und schreiben Sie Ihre Gedanken auf.

2. Auf welche Weise wird Ihr Leben der Lösung dieser Bedrohungen für den Planeten gewidmet sein?

- Was ist Ihre Vision (und damit Ihre Aufgabe), die, wenn sie Wirklichkeit wird, die Welt zu einem besseren Ort macht?
- Was muss geschehen (beschrieben als Ihre Aufgabe), damit Ihre Bestimmung erfüllt wird?
- Wie kann Ihr Leben (und/oder Ihr Unternehmen, Ihre Organisation) ein Instrument für dieses angestrebte Ziel sein?

! Ah, aber der Griff eines Menschen sollte weiter reichen als nur bis zum Ende seines Armes. Oder wozu gibt es einen Himmel?

Robert Browning

Der Unterschied zwischen der Bestimmung und der Aufgabe besteht darin, dass die Bestimmung sich auf einen höheren Sinn bezieht, während die Aufgabe mehr mit dem Hier und Jetzt befasst ist – mit unseren irdischen Aktivitäten und Wünschen. Denken Sie daran, dass die Aufgabe Ihrer Bestimmung dienen sollte, und versuchen Sie, Ihre Aufgabe in einer Weise zu beschreiben, die zur erfolgreichen Verwirklichung Ihrer Bestimmung führen wird.

Nehmen Sie sich wieder einen Moment Zeit, um Ihre Gedanken aufzuschreiben.

3. Denken Sie über die Werte nach, die Ihnen in Ihrem beruflichen und persönlichen Leben am wichtigsten sind. Welche Konzepte oder Prinzipien sind Ihrem Herzen am nächsten, welche sprechen Sie direkt und persönlich an und rufen Sie dazu auf, sie zu leben?

4. Betrachten Sie jetzt die Worte und Wendungen, die Sie gebraucht haben:

   - Werden sie andere Menschen dazu inspirieren, Sie in Ihrer Arbeit zu unterstützen?
   - Stellen Sie sich jetzt vor, Sie wollten aus diesen Gedanken eine mitreißende Vision entwerfen, die die Leidenschaft anderer wecken wird: Welche Wörter wären dafür gut geeignet?
   - Verbinden Sie diese Wörter. Wie gut lassen sie sich verbinden und kombinieren?
   - Welche Ideen und Konzepte werden dabei angesprochen?
   - Welcher Kernsatz beginnt sich in Ihnen zu formen?
   - Taucht ein ganzer Gedanke auf?
   - Wie könnten Sie diese Worte zu einer Formulierung Ihrer Aufgabe zusammenfügen – zu einer Kernbotschaft, die Leidenschaft (Ihre eigene und die anderer Menschen) wecken und anziehen und auf diese Weise zur Erfüllung Ihrer Bestimmung führen wird?

5. Beschreiben diese Worte und Wendungen,

   - wie Sie sein werden?
   - wofür Sie stehen werden?
   - wie Sie dienen werden?
   - auf welche Weise Sie Ihr Leben leben werden?
   - auf welche Weise Sie Einfluss auf andere Menschen und auf die Umwelt nehmen werden, um den höheren Zweck Ihres Daseins zu fördern – um auf Ihre ganz persönliche Art und Weise zur Heilung der Erde und zum Wachstum der Menschheit beizutragen (also Ihre Bestimmung zu erfüllen)?
   - wie Sie zur Lösung dieser menschlichen und irdischen Mängel – der Bedrohungen der Erde – beitragen werden?
   - wie Sie andere zum Handeln inspirieren werden – dazu, diese Vision zu übernehmen und ebenfalls auf die Lösung dieser Probleme hinzuwirken?

Wenn Ihnen die „richtigen“ Worte noch nicht zugeflogen sind, ist das kein Grund zur Sorge. Benutzen Sie einfach die Worte, die

Ihnen jetzt zugänglich sind und die für Sie Sinn machen. Bei dem, was wir hier tun, geht es nicht darum, „es richtig zu machen“: Es gibt keine Zauberformel und keine Notwendigkeit, perfekt zu sein. Erinnern Sie sich an die Worte des Schauspielers Michael J. Fox: „Ich achte darauf, dass ich hohe Qualität nicht mit Perfektion verwechsle. Um hohe Qualität kann ich mich bemühen, Perfektion ist Sache Gottes.“ Es geht hier darum, dass Sie Ihre kreativen Säfte ins Fließen bringen und Ihre Seele einladen, zu beschreiben, was Sie mit Ihrem Leben sehnlichst anfangen möchte. Seien Sie intuitiv!

6. Stellen Sie sich vor, dass der Moment, an dem Sie jetzt stehen, etwa die Mitte im Film Ihres Lebens ist. Wie würden Sie das Drehbuch zu Ende schreiben?
7. Versuchen Sie, näher zu beschreiben, wie Sie in Zukunft sein werden – vor allem, wie Sie zu einer Führungskraft neuen Typs werden, was Sie durch Ihr Beispiel andere Menschen lehren werden, wie Ihr Vorbild andere führen und ihnen dienen wird. Beschreiben Sie die positiven Wirkungen, die Sie auf Menschen haben werden, wie Sie sie berühren und inspirieren und ihr Leben und die Welt besser machen werden.
8. Zu guter Letzt: Erwarten Sie hier nichts Endgültiges. Dieser Prozess, in dem Sie den Sinn Ihres Lebens neu definieren, wird wahrscheinlich viel länger dauern als die Zeit, die Sie brauchen, um dieses Buch zu lesen oder diese Übung zu machen. Vielleicht haben Sie Glück und stellen fest, dass alles wie von selbst geht. Wahrscheinlicher ist, dass vieles in den kommenden Monaten erst in Ihrem Bewusstsein reifen muss. Den Sinn und Zweck unseres Lebens zu beschreiben, sind wir nicht gewohnt – deshalb wird es wahrscheinlich nicht über Nacht geschehen.

Kapitel

7

Schritt drei: Erkennen Sie Ihre Berufung – Ihren Weg zur Meisterschaft

Der Weg mit Herz

Alles, was Du tust, ist nur einer von tausend möglichen Wegen. Darum denke immer daran, dass ein Weg nur ein Weg ist. Wenn Du spürst, dass Du ihm nicht folgen solltest, dann setz ihn nicht fort, unter keinen Umständen. Um diese Klarheit zu besitzen, musst Du ein diszipliniertes Leben führen. Nur dann wird Dir stets bewusst sein, dass ein Weg nur ein Weg ist und dass es keine Schande ist – weder für Dich noch für andere – ihn zu verlassen, wenn Dein Herz es befiehlt. Deine Entscheidung, einem Weg zu folgen oder ihn zu verlassen, muss aber frei von Angst und Ehrgeiz sein. Ich warne Dich. Prüfe jeden Weg genau und mit Sorgfalt. Erprobe ihn so oft, wie Du es für notwendig hältst. Es gibt eine Frage, die nur ein sehr weiser Mann stellt. Mein väterlicher Freund hat mir davon berichtet, als ich jung war; aber damals war mein Geist noch zu stürmisch, als dass ich sie verstanden hätte. Jetzt verstehe ich sie. Ich werde Dir sagen, wie sie lautet: Hat dieser Weg ein Herz? Alle Wege sind gleich: Sie führen nirgendwo hin. Sie führen durch den Wald, oder in den Wald hinein. In meinem Leben, darf ich wohl sagen, bin ich viele lange Wege gegangen, aber ich stehe nirgendwo. Die Frage meines väterlichen Freundes ergibt jetzt einen Sinn. Hat dieser Weg ein Herz? Wenn er eins hat, ist der Weg gut; wenn nicht, ist er nutzlos. Beide Wege führen nirgendwo hin; aber einer hat ein Herz, der andere nicht. Der eine wird eine freudvolle Reise bringen; solange Du ihm folgst, wirst Du im Einklang leben. Auf dem anderen wirst Du Dein Leben verfluchen. Der eine macht

Dich stark, der andere schwächt Dich. (…) Für mein Leben sehe ich keine andere Wahl: Ich reise nur auf Wegen, die ein Herz haben – auf jedem Weg, der ein Herz haben könnte. Diesen Weg wähle ich, und die einzige Herausforderung von Wert liegt darin, ihn in seiner vollen Länge zu Ende zu gehen. Dort also gehe ich und suche, und suche atemlos.“

Don Juan (1)

Nachdem sie Klarheit über ihre Bestimmung gewonnen und anschließend ihre Lebensaufgabe identifiziert haben, werden Führungskräfte neuen Typs im dritten Schritt ihre Berufung formulieren und ihr Leben darauf ausrichten – und sie werden anderen Menschen helfen, ebenfalls ihre Berufung zu finden. Eine Berufung baut auf der Erkenntnis und dem Wissen darüber auf, wo unsere persönlichen Fähigkeiten liegen und unser Genius. Sie ist der Kreuzungspunkt, an dem unsere Leidenschaft sich mit unseren Gaben und Talenten trifft – und mit der klaren Vorstellung davon, wie unsere ganz persönliche Kombination von Talent und Leidenschaft unsere Lebensaufgabe voranbringen und der Menschheit dienen kann.

Mark Twain hat einmal gesagt: „Arbeit ist ein notwendiges Übel, das man vermeiden sollte.“ Vielleicht meinte er: Wenn wir nicht lieben, was wir tun, können wir dahin kommen, dass wir es nur für Arbeit halten. Aber wenn wir leidenschaftlich bei dem sind, was wir tun, dann halten wir es eher für eine Berufung. H. Jackson Brown jr. hat es so formuliert: „Such dir einen Job, der dir gefällt, und jede Woche hat fünf Tage mehr.“

Alle großen Führungspersönlichkeiten in der Geschichte hatten ihre Berufung gefunden, und alle Menschen, die inspiriert sind, haben ihre auch gefunden.

Ich habe mit Tausenden von Führungskräften in aller Welt gearbeitet, sie beobachtet und dabei erkannt, wie wenige sich wirklich über ihre Berufung klar geworden, geschweige denn ihr gefolgt sind. Ich habe den Verdacht, dass mehr als die Hälfte aller Führungskräfte in Unternehmen und Organisationen ihre gegenwärtige Arbeit für eine Berufung eintauschen würden, wenn ihnen die Gelegenheit dazu geboten würde. Wir können andere nicht dazu inspirieren, dass sie ihre wahre Berufung suchen, wenn wir das nicht zuerst selbst getan haben.

Wie wir uns verlieren – und auf unseren Weg zurückfinden

Viele von uns schaffen es nicht, in der Arbeitswelt ihren Traum zu leben, und sie sind frustriert von vergeblichen Versuchen, Klarheit über ihre Berufung zu erlangen. Fälschlicherweise glauben wir, dass wir kein erfülltes Leben leben und gleichzeitig Geld verdienen können. Wir beginnen zu phantasieren und verwischen die Grenzen zwischen Wirklichkeit und Fiktion und stecken am Ende zwischen beiden fest. Dabei versäumen wir es, Energie in die Suche nach unserer wirklichen Berufung zu stecken. In *The Secret Life of Walter Mitty,* einem Filmklassiker aus dem Jahr 1947, frei nach einer Geschichte von James Thurber, spielt Danny Kaye die Rolle eines Korrektors in einem Verlag, der die Phantasien der Groschenhefte, die er beruflich lesen muss, mit seinem realen Leben vermischt. Er fabriziert reich ausgestaltete Traumwelten und gibt sich abwechselnd als weltberühmter Chirurg, als verwegener Kapitän, als Staatsanwalt und als Kampfpilot aus dem Zweiten Weltkrieg aus. Schließlich weiß niemand mehr genau, was die Maske ist und was der wirkliche Walter Mitty – am wenigsten Mitty selbst. In unserer Zeit erzählt der Film *Catch Me If You Can* die wahre Geschichte des Schulabbrechers Frank Abignale, der sich als College-Professor,

> ! Nachdem ein Mensch entdeckt hat, wofür er gemacht ist, sollte er die ganze Macht seines Seins diesem Vorhaben widmen. Er sollte danach streben, es so gut zu machen, dass niemand es besser machen könnte.
>
> *Martin Luther King*

Arzt, Anwalt und Pilot ausgab und mit betrügerischen Schecks Millionen Dollar kassierte, bevor er gefasst wurde. Er wechselte dann die Seiten und wurde ein FBI-Spezialist, der Hochstapler fing, wie er selbst einer gewesen war.

Einige von uns geraten in ihrem Leben auf eine „mittyeske" Bahn und werden so unauthentisch, dass sie nicht mehr den Unterschied erkennen können zwischen dem Realen und dem Surrealen, den Unterschied zwischen ihrem Ego und ihrer Seele, zwischen dem, was sie gern tun möchten, und dem, was andere meinen, dass sie es tun sollten.

Wenige von uns entdecken jemals die Arbeit, die sie lieben – ihre Berufung. Stattdessen erwerben wir Fertigkeiten, die der Logik des „Ich muss Geld verdienen" folgen, und werden dann Gefangene des einmal eingeschlagenen Weges. Wir schlafen weiter in der Illusion des Ego. Wir beantworten die Frage: „Welchen Beruf möchte ich ergreifen?", statt: „Wie möchte ich meine Leidenschaft und meine Talente nutzen, um dem Universum zu dienen?" Das führt dazu, dass wir in einer Arbeit gefangen sind, die nicht unsere Berufung ist, die wir nicht lieben, die nicht unser Herz inspiriert. Die Frage ist nicht: „Worin bin ich gut?", sondern: „Was liebe ich?" – nicht: „Was will ich?", sondern: „Wie will ich mich fühlen?"

Unsere Phantasie, dass die Bedürfnisse der Seele aufgeschoben werden können, während wir unser Ego füttern, und dass sie unabhängig vom Ego operieren kann, wird zur Falle. Wir täuschen uns selbst mit der Illusion, zu denken: Wenn wir nur noch *ein Mal* befördert werden, noch *eine* weitere Rate von der Hypothek abzahlen, noch ein Kind durch das College bekommen – dann endlich würden wir unsere Aufmerksamkeit unseren spirituellen Bedürfnissen zuwenden. Aber „nur noch ein Mal" führt immer wieder zu „nur noch ein Mal" – so dass der Horizont niemals näher kommt, auch wenn wir auf ihn zugehen. Als Ergebnis zieht unsere Seele sich aus unserem Arbeitsleben zurück, und wir fühlen uns leer. Eine Arbeit zu finden, die wir lieben, die die Seele herausfordert und mit einbezieht – das kann uns nicht allein dadurch gelingen, dass wir nur unseren Fertigkeiten folgen. Unser Herz und unsere Seele werden nur dann voll mit einbezogen sein, wenn wir unsere natürlichen Gaben entdecken und sie in den Dienst einer großen Sache stellen. Unsere Berufung ist die Arbeit, die wir lieben, die Summe der Aktivitäten, die wir unternehmen und die unser Herz weit werden lassen und uns tiefe und dauernde Augenblicke von Glück verschaffen.

Einige von uns haben keine innere Stimme, die laut und deutlich Anweisungen gibt – also reagieren sie auf das Drängen von Eltern oder anderen wohlmeinenden Menschen, die uns in „die Wirtschaft", in die Medizin oder Zahnmedizin, in ein Handwerk, eine bestimmte Branche oder einen bestimmten Beruf führen, weil es „das Beste" für uns sei. Wir antworten auf die externen Stimmen und Mahnungen, die zu unserem Ego sprechen, statt auf die innere Stimme zu hören, die die Wahrheit direkt aus unserer Seele spricht. So gleiten wir die Schnellstraße des Lebens entlang, bis uns eines Tages bewusst wird, dass es noch mehr im Leben gibt. Das subtile Drängen unserer Seele war die ganze Zeit vorhanden und hat danach verlangt, gehört zu werden. Wir merken plötzlich, dass wir uns danach gesehnt haben, unseren Träumen zu folgen, sie in Millionen Farben zu malen statt nur schwarz-weiß. Wir haben uns nach Sinn und Erfüllung gesehnt, damit wir unseren Seelen gerecht werden können. Endlich träumen wir vom Fliegen.

Einige hören den Ruf, aber lassen sich von den Verpflichtungen ihres jetzigen Lebens ablenken. In anderen Fällen werden die Botschaften zwar deutlich gehört, müssen aber erst überprüft werden. In den frühen Jahren meiner Karriere – ich war erst Mitte zwanzig – stieg ich in einem sehr erfolgreichen Unternehmen schnell in eine leitende Position auf. Die Jahre vergingen, und in vielerlei Hinsicht ging es mir gut, aber in anderer Hinsicht fühlte ich mich unvollständig und ruhelos. Einige Jahre zuvor hatte ich *My Life in Court* von Louis Nizer, einem berühmten amerikanischen Strafverteidiger, gelesen, und das hatte meinen lang gehegten Wunsch geweckt, ein Strafverteidiger zu werden. Meine Frau, die sich um unsere Familie kümmerte, und meine älteste Tochter, die gerade die Schule beendete, drängten mich, den Job aufzugeben und Jura zu studieren. Sie entwarfen einen Plan: Sie würden beide arbeiten, so dass ich meine gut bezahlte Stellung kündigen und studieren könnte. Ausgestattet mit der liebevollen

! In jedem alten Menschen steckt ein junger Mensch, der sich fragt, was passiert ist.

Terry Pratchett

Unterstützung meiner Familie, sollte ich also die Chance bekommen, meinen Traum zu verwirklichen – nämlich mehr Gerechtigkeit in die Welt zu bringen.

Aber als die Zeit gekommen war, tatsächlich meine Träume umzusetzen, schlug ich keine juristische Laufbahn ein. Denn ich hatte inzwischen gemerkt, dass ich dazu nicht von innen gerufen wurde, von meiner Seele, von einer Stimme, die jubelte. Strafverteidiger war ein Ziel gewesen, das jemand anders mir als passend für mich beschrieben hatte – nicht eine Berufung, die ich selbst aus einer tiefen inneren Quelle heraus entdeckt hatte.

Das Wichtige ist, immer hinzuhören und zu unterscheiden: Zu jedem Zeitpunkt unseres Lebens gibt es für jeden von uns nur *eine* Berufung, nur *eine* perfekte Verbindung von Leidenschaft und Talent.

Oft verwechseln wir Berufung mit einem Beruf oder einem Job. Sie ist keins von beiden. *Unsere Berufung ist die spirituelle Vereinigung unserer Leidenschaft mit unseren essenziellen, uns innewohnenden Talenten, die zu einer perfekten Abstimmung von Geist und Funktion führt.* Ein Job oder eine Karriere beschränkt uns und bestärkt uns in dem Gefühl, klein zu sein – die Größe einer Berufung lädt uns ein zu wachsen. Eine Berufung ist nicht ein Produkt des Egos oder der Persönlichkeit: Sie ist eine Erweiterung unserer Seele. Eine Berufung ist genau das, was das Wort ausdrückt – etwas, wozu wir „gerufen" werden, von unserer Muse, von einer inneren Stimme, von einer höheren Instanz, von etwas Größerem als wir. Eine Berufung zieht uns von unserer inneren Welt in die äußere Welt und verbindet die beiden. Einem Job kann manchmal Integrität und Authentizität fehlen – eine Berufung verlangt beides und spricht beides an. Eine Berufung führt uns von unseren Träumen hin zum Handeln. Wir würdigen die Seele, wenn wir positiv auf unsere Berufung antworten.

Denken Sie einen Moment über die folgenden Fragen nach:

- Was für Gaben besitze ich, mit denen ich gesegnet bin, die ich aber aus Angst vor Versagen übergangen oder vor mir selbst verborgen habe?
- Habe ich eine Arbeit, die ich wertschätze, oder nur einen Job, mit dem ich meine Brötchen verdiene?
- Ist meine Arbeit materiell *und* spirituell lohnend?
- Deckt meine Arbeit sich mit meiner Berufung?

- Liebe ich meine Arbeit?
- Was mache ich richtig gern?
- Welche Aktivitäten wecken meine Leidenschaft?
- Was sind meine authentischen, natürlichen Talente?
- Wann bin ich in meinem Leben am glücklichsten?
- Was tue ich, wenn das passiert?
- Wie kann ich diese Aktivitäten zu meinem Lebenswerk machen?
- Wie kann ich meine Arbeit zu einer spirituellen Übung machen?
- Was hält mich zurück?
- Wie kann ich diese Hindernisse überwinden?

Viele Menschen stellen heute solche tiefen Fragen über ihr Arbeitsleben. Unsere Antworten – und die Konsequenzen, die wir daraus ziehen – können zu einem dramatischen Wandel in unserem Leben führen. Wir können nicht inspiriert werden und andere nicht inspirieren, solange unsere Gaben und unsere Berufung nicht miteinander im Einklang sind, solange wir unsere Gaben und Talente nicht nutzen, um zu dienen – solange wir unsere Berufung nicht leben. Alle großen Führerpersönlichkeiten, deren Leben ich erforscht habe, wussten das: Wir müssen unsere eigene Berufung leben, bevor wir andere dazu inspirieren können, ihre Berufung zu finden.

Ob wir an unserer Arbeit Freude finden, hängt von der Beziehung zwischen unserer Seele und dieser Arbeit ab – und davon, in welchem Maß unsere Arbeit die Seele einbezieht und nährt. Bevor Sie sich auf die Suche nach der Tätigkeit begeben, die Sie lieben, prüfen Sie die Beziehung zwischen Ihrer gegenwärtigen Arbeit und Ihrer Seele. An den Antworten werden Sie erkennen können, wie nah Sie Ihrer Berufung sind.

! Die meisten Menschen sind jemand anders. Ihre Gedanken sind die Meinung anderer, ihre Leben sind Anpassung, ihre Leidenschaften ein Zitat.

Oscar Wilde

Ist Ihre Berufung im Einklang mit Ihrer Seele? Eine Checkliste

Wenige Menschen versagen bei etwas, das ihr Herz bewegt. Wir versagen bei Dingen, die von negativer Energie getrieben sind oder die wir tun, um das Ego zu füttern. Die negative Energie der Angst – vor allem die Angst vor Armut, Versagen, Veränderungen, Statusverlust und anderen Schwächen des Egos – steht oft hinter unserer Berufswahl, und das führt uns paradoxerweise gerade zum Versagen – zu dem, was wir am meisten fürchten. Der größte Teil dieses Denkens ist sowieso unsere eigene Projektion. Was große Künstler, Dichter, Athleten, Schriftsteller oder Wirtschaftsführer einzigartig macht, ist, dass sie zu den wenigen gehören, die ihre größten Gaben entdeckt haben und sie für eine Arbeit nutzen, die sie lieben. Für sie ist es eine Berufung – ein Beruf im wahren Sinn –, und das erklärt mehr als alles andere ihre Brillanz auf ihrem Gebiet. Nichts von ihrer Größe entspringt einer Angst; im Gegenteil, es entspringt der Liebe.

Der Fragebogen in Tafel 7.1 (Seite 134) benutzt zwei Begriffe, die uns überall in unserem Leben vertraut sind, aber meist nicht im Arbeitsleben: Liebe und Seele. Viele Führungskräfte alten Typs schrecken zurück, wenn sie diese Worte hören – aus Angst, dass dann gleich von Räucherstäbchen und Kristallen die Rede sein wird; aber wir bleiben hier offen, wir können die Falle der Projektion vermeiden, die wir in Kapitel 1 diskutiert haben.

Das Wörterbuch definiert *Liebe* als ein tiefes und zartes Gefühl von Zuneigung. Die meisten Menschen sehnen sich nach der Gelegenheit, tiefe und zarte Gefühle von Zuneigung für ihre Arbeit und ihre Kollegen zu empfinden. Sie möchten eine Arbeit machen, die sie lieben, mit Menschen, die ihnen nicht gleichgültig sind. Dies sind natürliche menschliche Wünsche, die am modernen Arbeitsplatz auf seltsame Weise abwesend sind.

> ! Jede Berufung ist groß, wenn man sie auf große Weise verfolgt.
>
> *Oliver Wendell Holmes*

Und dann gibt es dieses S-Wort – die Seele. Der Begriff der Seele an sich irritiert viele Menschen – ganz zu schweigen von der Idee, beseelte Erfahrungen am Arbeitsplatz zu machen. Wir alle haben beseelte Momente in unserem Leben – wenn wir eine Symphonie hören, wenn wir einen Sonnenuntergang erleben, wenn wir in die Augen eines geliebten Menschen schauen, wenn wir ein Baby halten, wenn wir mit einem kleinen Hund spielen, wenn wir tief wertgeschätzt werden, wenn wir etwas auf meisterhafte Weise tun, oder wenn wir mit dem Göttlichen in Kontakt sind. Genauso möchten wir alle uns auch bei der Arbeit und während unseres ganzen Lebens fühlen. Es gibt keinen Grund, warum das nicht erreichbar sein sollte.

Im gegenwärtigen Augenblick sein: Klarheit, Wahl und innere Verpflichtung

> „Wir müssen nicht sterben, um in den Himmel zu kommen. Im Gegenteil: Dazu müssen wir wahrhaft lebendig werden. Wenn wir ein- und ausatmen oder einen Baum in seiner Schönheit umarmen, sind wir im Himmel. Wenn wir nur einen bewussten Atemzug tun und dabei unsere Augen spüren, unser Herz, unsere Leber – und wir keine Zahnschmerzen haben –, dann bringt uns das direkt ins Paradies. (...) Wenn wir wahrhaft lebendig sind, können wir spüren, dass der Baum ein Teil des Himmelreichs ist und dass wir ein Teil des Himmelreichs sind. Das ganze Universum enthüllt uns diese Tatsache, aber wir sind so blind und taub, dass wir unsere Energie einsetzen, um die Bäume zu fällen. Wenn wir den Himmel auf Erden betreten wollen, müssen wir nur einen bewussten Schritt und einen bewussten Atemzug tun. Wenn wir den Frieden in uns berühren, wird alles real. Wir werden wir selbst, leben vollständig im gegenwärtigen Augenblick, und der Baum, unsere Kinder, einfach alles enthüllt sich uns im vollen Glanz der Schöpfung. Das Wunder besteht nicht darin, über Wasser zu gehen oder in der Luft zu schweben – sondern auf der Erde zu gehen."
>
> *Thich Nhat Hanh (2)*

Wir hören oft, dass das Leben eine Reise sei, aber vielleicht ist es weniger eine Reise als eine Sammlung von Augenblicken. Wir sind nicht dazu bestimmt, einen bestimmten Lebensstandard oder bestimmte Karriereziele zu erreichen – dieser Ehrgeiz ist eine moderne, narzisstische Vorstellung, die die zweite Hälfte des

Tabelle 7.1

Der Seelentest

Bitte kreuzen Sie jede Frage an, die Sie guten Gewissens mit JA beantworten können.

1. Ich freue mich darauf, montagmorgens zur Arbeit zu gehen. ____
2. In meinem Unternehmen glauben wir an hohe Werte und praktizieren sie. ____
3. Bei der Arbeit sagen wir Angestellten, Kunden und Zulieferern die Wahrheit. ____
4. Bei der Arbeit halten wir die Versprechen, die wir Angestellten, Kunden und Zulieferern geben. ____
5. Wir haben gute Beziehungen zu allen Angestellten, Kunden und Zulieferern. ____
6. Die Führungskräfte, für die ich arbeite, benutzen Angst nicht zur Motivation. ____
7. Ich liebe die Menschen, mit denen ich arbeite. ____
8. Ich habe Spaß bei der Arbeit. ____
9. Ich liebe die Arbeit, die ich mache. ____
10. Meine Arbeit hat Sinn und belohnt meine Seele reichlich. ____
11. Meine materielle Arbeitsumgebung ist inspirierend. ____
12. Mein Unternehmen versucht nicht zu gewinnen, indem es die Konkurrenz schlägt. ____
13. Die Produkte und Dienstleistungen, die wir verkaufen, sind umweltfreundlich und menschlichen Bedürfnissen angepasst. ____
14. Ich habe alle Informationen, die ich brauche, und kann selbstständig arbeiten. ____
15. Ich vertraue allen, mit denen ich arbeite. ____
16. Mein Unternehmen ist nicht bürokratisch. ____
17. Ich werde dazu ermutigt, mein ganzes kreatives Potenzial bei der Arbeit einzusetzen. ____
18. Ich bin von meiner Arbeit und meinen Kollegen wirklich inspiriert. ____
19. Meine Arbeit ist für meine Gemeinde wertvoll. ____
20. Jeder Euro, der von unserer Organisation verdient wird, macht meine Seele stolz. ____

Gesamtzahl der Ja-Antworten: ________

Auswertung:	
Zählen Sie bitte die Ja-Antworten. Unten lesen Sie die Interpretation für Ihre Summe.	
17-20:	In Ihrer Organisation ist Arbeit eine spirituelle Übung – seien Sie dankbar dafür! Sie sind in jenem heiligen Raum, wo Arbeit, Berufung und Geist miteinander im Einklang sind.
13-16:	Glückwunsch! Ihr Arbeitsplatz wird ein Heiligtum – eine Gemeinschaft von verwandten Seelen, in der Ihre Seele blühen und sich erheben kann.
9-12:	Ihre Organisation leistet einen wertvollen Beitrag für Ihre Seele. Es gibt viel zu tun, aber Sie sind auf dem Weg. Ihre Chancen sind hervorragend, Seele und Arbeit, Berufung und Aufgabe zu verschmelzen.
5-8:	Ihre Arbeit beginnt Ihre Seele zu berühren – unterstützen Sie das! Wenn Sie das tun, werden Sie sich regenerieren.
0-4:	Ihre Seele ist in Gefahr, weil Ihre gegenwärtige Arbeit für Ihr spirituelles Wohlbefinden schädlich ist.

20. Jahrhunderts geprägt hat. Im wirklichen Leben geht es nicht darum, die Arbeitszeit bis zur Pensionierung durchzustehen, um eine fette Altersversorgung anzuhäufen. Der Sinn des Lebens ist nicht, sich bis zum Rentenalter zu versklaven und dann zu sagen: „Hui, ich bin froh, dass es vorbei ist." Wir sind dazu bestimmt, jeden Augenblick mit Freude, Leidenschaft und im Dienst der Menschheit zu leben. Das ist eine Definition von Glück, und Glück ist ein Grundbedürfnis der Seele – ob im Beruf oder in der Freizeit.

Die Arbeit zu finden, die man liebt, ist nicht aufwendig oder schwierig. Wir müssen unsere Abhängigkeit von Dingen einschränken, die die Persönlichkeit (oder das Ego) befriedigen, und unser Herz für Optionen öffnen, die die Seele nähren. Es ist wie mit Ihrer Gesundheit. Wie sie körperlich fit werden können, ist weder ein Geheimnis, noch ist es kompliziert oder schwierig. Zum Abnehmen beispielsweise brauchen Sie Klarheit und Entschlossenheit, und Sie müssen eine innere Verpflichtung eingehen.

1. *Klarheit* heißt: wissen, dass Sie sich verändern müssen, und ein Ziel setzen – zum Beispiel, wie viel Sie abnehmen wollen.
2. *Entschlossenheit* heißt zum Beispiel: die Essgewohnheiten ändern oder sich körperlich betätigen, größere Ausgeglichenheit in Ihrem Leben herstellen.
3. *Innere Verpflichtung* heißt: die Regeln wirklich einhalten, die Sie aufgestellt haben.

Wenn wir nicht bereit sind, solche Entscheidungen zu treffen und uns zu den notwendigen Schritten innerlich zu verpflichten, werden wir wahrscheinlich keine Fortschritte in Richtung unserer erhofften Ziele machen, auch wenn diese Ziele klar sind. Wenn wir am Status quo hängen, sagen wir zu uns selbst: „Ich habe nicht den Mut, mich zu verändern."

Genauso ist es mit unserer Arbeit. Arbeit zu identifizieren, die unsere Seele inspirieren würde, ist kein schwieriger Prozess. Der schwierige Teil ist, den Mut aufzubringen, den wir brauchen, um die entsprechenden Entscheidungen zu treffen und sich zu ihnen zu bekennen. Wenn Sie all die Annehmlichkeiten genießen, die materieller Erfolg kaufen kann, aber jeden Moment Ihrer Arbeit hassen, ist die Wahl einfach: Verändern Sie Ihre Einstellung zu dem Job, den Sie haben, oder kündigen Sie und suchen Sie sich eine Arbeit, die Sie lieben. Die Frage ist: Haben Sie den Mut, die Sicherheit, die Statussymbole und die wahrgenommene Wertschätzung aufzugeben, die man bekommt, wenn man materiell erfolgreich, aber spirituell leer ist?

! Nutze die Talente, die Du hast. Die Wälder wären still, wenn kein Vogel sänge außer denen, die am besten singen.

Henry Van Dyke

Millionen Menschen, fast die Hälfte der arbeitenden Bevölkerung, können sich – unseren Erfahrungen am Secretan Center zufolge – nicht dazu überwinden, die nötigen Opfer zu bringen. Sie bleiben auf dem eingefahrenen Gleis und beklagen sich den Rest ihres Lebens darüber, dass sie nie die Arbeit gefunden haben, die sie lieben. Sie folgen weiter dem alten Denken, das da lautet: kein Schmerz, kein Gewinn. Der wirkliche Schmerz kommt daher, in einer Arbeit eingesperrt zu sein, die die Seele nicht inspiriert. Es wird uns aber gelingen, Arbeit zu finden, die uns spirituell voranbringt, wenn wir die ganz persönliche innere Entscheidung treffen, dass wir die Abhängigkeit von jenen Dingen reduzieren wollen, die das Ego streicheln, um stattdessen Wege zu finden, die die Seele nähren.

Folgen Sie Ihrer Intuition

Viele Menschen, die seit langer Zeit ihren Gewohnheiten folgen, glauben, für sie sei es zu spät. Sie sind offenbar nicht in der Lage, außerhalb ihres Rahmens zu denken oder gar den Rahmen zu sprengen, weil das in diesem fortgeschrittenen Stadium ihres Lebens so ungeheuerlich erscheint. Es gibt eine schöne Anekdote von einer Frau mittleren Alters, die sich danach sehnte, Klavier zu spielen. Nachdem sie sich zunächst entschlossen hatte, diesen Lebenstraum zu verwirklichen, verkündete sie wenig später einer Freundin, dass sie sich anders entschieden hätte und ihre Pläne aufgeben würde. Als die Freundin sie nach dem Grund fragte, erklärte sie, es würde zehn Jahre dauern, bis sie gelernt hätte, das Klavierspiel zu beherrschen, und weil sie nun 50 war, wäre sie 60, bevor sie ihr Ziel erreicht hätte. Die Freundin dachte einen Moment nach und bemerkte dann: „Aber Darling, was macht das für einen Unterschied? Du wirst sowieso 60 sein!" Allzu oft erfinden wir Hindernisse und überreden uns selbst zu der Ansicht, dass unsere Träume außerhalb unserer Reichweite seien. Wir rationalisieren unseren Widerstand gegen Veränderungen. Wir werden zu *Affenfröschen*.

Scott Adams schuftete sieben Jahre lang in Großraumbüros der Crocker National Bank (er wurde zweimal mit vorgehaltener Waffe ausgeraubt) und dann neun Jahre bei Pacific Bell „in einer Reihe von unbeschreiblichen Jobs, die alle mit Technologie und Finanzen zu tun hatten". 1995 wurde er das Opfer einer „Personalanpassung" in seiner Firma. (3) Diese persönliche Unannehmlichkeit erwies sich als genau der Katalysator, auf den er gewartet hatte, um seine Freunde Dilbert, Catbert, Dogbert, Ratbert und „den Boss" aus seiner Phantasie in eine bis dahin ahnungslose, aber äußerst interessierte Welt zu entlassen. Heute ist Scott

Adams einer der erfolgreichsten Comic-Zeichner der Welt: Er fand seine Berufung, indem er zu den Herzen von Millionen von Großraumbüro-Bewohnern rund um den Globus sprach.

1994 gab Jeff Bezos seinen bequemen Job als Vizepräsident an der Wallstreet auf und verließ New York Richtung Westküste mit der Idee, Bücher über das Internet zu verkaufen. Fünf Tage später hatte er seine neue Firma in einem Keller eingerichtet. Heute ist Amazon die erfolgreichste Firma im Netz und der größte Buchhändler der Welt. Bezos hatte seine Berufung gefunden: Einzelhandel auf einem elektronischen Markt neu zu definieren. Sein Motto: „Arbeite hart, hab Spaß, mach Geschichte."

Einigen wird ihre Berufung sehr früh im Leben klar. Steven Spielberg gewann seinen ersten Filmpreis für einen 40 Minuten langen Action-Spielfilm, als er 13 war. Fred Smith, Gründer und Chairman von Federal Express, hatte die Idee für einen Übernacht-Lieferservice als junger Student an der Yale University. 1922 nahm der 22 Jahre alte George Gallup einen Job beim *St. Louis Post-Dispatch* an. Er organisierte Umfragen in der Stadt, um die Interessen der Leser zu ermitteln, und so entstand die zum Begriff gewordene Gallup-Umfrage. 1951 war Lillian Vernon eine junge Hausfrau und erwartete ein Kind, als sie 495 Dollar – ein Hochzeitsgeschenk – investierte, um mit einer Anzeige in der Zeitschrift *Seventeen* für eine selbst entworfene Geldbörse mit Gürtel zu werben. Sie erhielt Bestellungen im Wert von 32.000 Dollar, begann ihr Unternehmen am Küchentisch und gründete schließlich die Lillian Vernon Corporation, die jetzt mehr als fünf Millionen Bestellungen jährlich bearbeitet. Der Präsident und CEO der Virgin Group Inc., Richard Branson, schaltete die erste Anzeige für Virgin Records in der letzten Ausgabe seiner Hochschulzeitschrift *Student,* als er noch Student war. Michael Dell gab Kleinanzeigen auf, um Computer-Upgrades und frisierte PCs zu verkaufen, die er in seinem Wohnheimzimmer an der University of Texas herstellte. Als sein Umsatz 25.000 Dollar im Monat erreichte, gab er sein Medizinstudium auf und gründete Dell Computers.

„Habe ich nicht den besten Job der Welt?", pflegt mein Freund Moe Dixon zu mir zu sagen. Moe verbringt den Sommer und den Herbst auf dem Gipfel eines Berges in der Columbia

Gorge, spielt seine einzigartige Musik auf Konzerten und Folk-Festivals, nimmt eine CD auf, fährt Kayak oder Mountainbike, bis der Schnee fällt. Dann zieht er nach Copper Mountain (Colorado), wo er als bester Apres-Ski-Entertainer Amerikas gilt. Dort spielt er seine Mischung von Country and Western, Klassikpop, traditionellem Folk und Blues vor Hunderten von begeisterten Gästen, die jeden Abend die Wände wackeln lassen. Zwischendurch arbeiten wir oft zusammen und treten bei Veranstaltungen gemeinsam auf, um mit unseren unterschiedlichen Talenten die Zuhörer zu inspirieren, damit sie die *Welt verändern, indem sie Geist und Werte am Arbeitsplatz wiedererwecken.* Klingt das wirklich wie der beste Job der Welt? Fragen Sie Moe Dixon, und er wird Ihnen sagen, dass er sich genau dieses Leben ausgesucht hat. Er ist da nicht einfach hineingestolpert: Er hat 20 Jahre damit verbracht, seine wahre Berufung zu finden und sein Leben so zu gestalten, dass er heute genau das tut, was er liebt.

! Man sagt, dass die Zeit alle Dinge verändert. Aber in Wirklichkeit musst Du sie selbst verändern.

Andy Warhol

Bernie Krause fing in seiner Heimatstadt Detroit im Alter von drei Jahren an, sich für klassische Musik zu begeistern. Mit vier Jahren begann er zu komponieren, und als Jugendlicher war er ein Meister der Gitarre. Nach dem College arbeitete er in der Radio- und Konzert-Werbung und als Studiomusiker. Er war Mitglied der Weavers, einer Folk-Band, und später Produzent und Studiomusiker für Motown Records, bevor er nach Los Angeles ging. Mit seinem damaligen Geschäftspartner Paul Beaver kaufte er einen der ersten Moog Synthesizer und arbeitete schließlich an mehr als 250 Alben mit, darunter Produktionen mit The Byrds, The Doors, Mick Jagger und George Harrison.

Krause arbeitete schließlich an einem Projekt namens „Wild Sanctuary", dem ersten Album, das in der Natur aufgenommene Töne benutzte. Obwohl er noch nicht seine wahre Berufung gefunden hatte, verließ er sich schon auf die wichtigste Ressource jener, die auf der Suche sind: auf seine Intentionalität (siehe unten, Kapitel 8). Als er das Geräusch der Brandung in Kalifornien aufnahm und in den satten Sound eines Orchesters hineinmischte, war das für ihn eine Offenbarung. „Von da an“, sagt er, „war ich jede freie Minute mit einem Mikrophon im Freien.“ Sehr wach für unsere innere Stimme zu sein, ist entscheidend dafür, dass wir den richtigen Beruf entdecken.

Bernie Krause ging auf der Suche nach immer exotischeren Klängen bis an seine Grenzen. Als Wissenschaftler nicht wollten, dass er sie auf wissenschaftlichen Expeditionen begleitete, weil sie meinten, er wäre dafür nicht qualifiziert, begann er ein Studium in Bioakustik und schloss es mit einer Doktorarbeit ab. Danach konnte er in die Tundra Alaskas, zum Lager der berühmten Primaten-Expertin Jane Goodall in Tansania, nach Borneo, Indonesien, Sumatra, durch Regenwälder, Gebirge, Ozeane, Wüsten und zum Amazonas reisen. Er nahm Ameisen, Frösche, Insektenlarven, Pottwale, Regenwürmer, Gibbons und Schnecken auf Tonband auf – und die Töne eines ausgetrockneten Cottonwood-Baumes, der nach intensivem Regen geräuschvoll trinkt. In seiner 30-jährigen Karriere hat er 3.500 Stunden Material mit Tönen aus unterschiedlichsten Biotopen und mit Stimmen oder Geräuschen von 15.000 Lebewesen gesammelt. 20 Prozent dieser Biotope sind seitdem verloren gegangen oder zerstört worden, und Krause sieht seine Arbeit als eine Aufgabe – er spendet einen Teil seiner Einnahmen an Organisationen wie Nature Conservancy. Von seinen CDs sind mehr als 1,5 Millionen Exemplare verkauft worden, und er hat bei mehr als 130 Spielfilmen mitgewirkt, darunter *Apokalypse Now* und *Rosemarys Baby*. Er ist von einer Kobra angegriffen, von einem Gorilla angebrüllt und von einem Eisbären attackiert worden, aber er hat seine Berufung gefunden, und jeder Tag mit dieser Berufung ist für Bernie Krause ein himmlischer Tag auf Erden. (4)

> ! Ich schlief und träumte, das Leben sei Freude, und dann wachte ich auf und begriff, dass das Leben Pflicht ist. Aber dann ging ich an die Arbeit – und, oh Wunder, ich entdeckte, dass Pflicht eine Freude sein kann.
>
> *Rabindranath Tagore*

Wenn es überhaupt einen Sinn im Leben gibt, dann ist es sicherlich der, dass wir unsere Träume leben, der Menschheit dienen, unserem Glück folgen und die Melodie, die in uns angelegt ist, freudvoll spielen und mit anderen teilen. Mit Sicherheit tragen wir eine Verantwortung, endlich auf die Rufe unserer Seele, die unser Ego bislang zum Schweigen gebracht hat, zu hören und sie zu würdigen. Wie sonst können wir mit unserem inneren Kern in Kontakt kommen, der Quelle unserer Berufung?

Es gibt keine Berufung ohne Anteilnahme und Dienen

Studien haben gezeigt, dass Anteilnahme und Dienst an anderen Menschen eine notwendige Bedingung für Glück ist, bei der Arbeit genauso wie sonst im Leben. (5) Eine Berufung ohne einen bedeutenden dienenden Anteil ist keine Berufung. Wenn wir anderen dienen, transformieren wir Arbeit zu einer Berufung.

Albert Schweitzer sagte: „Ich weiß nicht, was Ihre Bestimmung sein wird, aber eines weiß ich: Nur die unter uns werden wirklich glücklich sein, die herausgefunden haben, wie sie dienen können." Unsere Gaben und Talente sind Gelegenheiten, anderen zu dienen, und sie bedeuten wenig, wenn sie dazu nicht genutzt werden.

Wynton Marsalis, ein bekannter Jazz-Trompeter, verbringt einen großen Teil seines Lebens auf Tourneen, in Tonstudios und damit, Grammy Awards zu gewinnen. Aber er benutzt seine Talente auch, um zu dienen: Er unterrichtet Kinder an sozialen Brennpunkten. Marsalis weiß, dass er ein großer Musiker ist, aber er weiß auch, dass es eine seiner größten Gaben ist, auf die Seele eines anderen Musikers zu hören. Er sagt: „Wenn die Kinder spielen und ich ihren Sound höre, kann ich sagen, was für Noten sie in der Schule und was für Gewohnheiten sie haben. Ich kann es in ihrem Sound hören. Ich weiß, was sie sagen. Manchmal sagen sie: ‚Hilfe!'" (6)

Sting (alias Gordon Sumner) hat weltweiten Erfolg als Sänger, Komponist, Musiker und Schauspieler. Aber er hat auch einen großen Teil seines Lebens dienend verbracht – als Förderer und Spendensammler für Umweltprojekte, als Teilnehmer von Band Aid, Live Aid und Amnesty International's Human Rights Now! Und als Mitarbeiter der Rainforest Foundation. Er hat vielleicht mehr Aufmerksamkeit für die Not der Eingeboren im brasilianischen Regenwald geweckt als irgendein anderer lebender Mensch. 2001 erhielt Sting von der Arab-American Institute Foundation den Kahlil Gibran Spirit of Humanity Award für seine „Bemühungen, das interkulturelle Verständnis zu fördern".

Bono (alias Paul David Hewson), Leadsänger der Rockgruppe U2, ist ein anderer begabter Entertainer, der über den kommerziellen Erfolg hinausblickt, den er mit seinen Talenten erarbeitet hat, und einer zweiten Berufung folgt. Er hat sich sehr bei NetAid und Warchild engagiert (denen er den Gewinn der Single „Miss Sarajevo" gespendet hat), beteiligt sich an Kampagnen gegen die Armut und hat vielleicht mehr als jeder andere dafür getan, dass die Tragödie der afrikanischen Länder publik wurde, die auf Schulden und Aids beruht.

Die Gelegenheit zu dienen, indem wir unsere Gaben teilen, ist die höchste Berufung, und als Gegengabe werden wir mit der höchsten Belohnung beschenkt: Unsere Herzen werden von Momenten reinen Glücks inspiriert.

Kapitel

8

So formulieren Sie den Kern Ihrer Berufung

Ausweg aus der Opferrolle

Unsere Berufung ist eine Stimme, die unser ganzes Leben lang zu unserem Herzen singt. Manchmal singt sie leise, manchmal unterdrückt unser Ego sie, manchmal singt sie wie Pavarotti oder die Callas. In welchem Stil, in welcher Intensität auch immer: Unsere Berufung strengt sich an, um gehört zu werden, sie sendet uns unser Leben lang Signale in einem endlosen Strom kreativer Bemühungen, beachtet zu werden. Unsere Rolle ist es, aufmerksam zuzuhören und alles zu tun, um diese innere Stimme der Berufung so laut zu stellen, dass wir ihren Gesang deutlich hören können. Das Auffallende an einer Berufung ist, dass sie uns niemals verlässt.

Worum geht es nun also bei Ihrer Rolle im Leben? Was sind Ihre persönlichen Gaben und Talente, die Ihnen – wenn sie zum Glänzen gebracht und mit Meisterschaft praktiziert werden – helfen könnten, einzigartig zu werden? Warum folgen Sie dem Weg, den Sie einmal gewählt haben? Was ist *Ihr* Weg? Wie können Sie am besten dienen? Was ist – jenseits all Ihrer üblichen Antworten, jenseits des Materiellen, der Bilanzen und des Weltlichen – der *wirkliche* Sinn all der Arbeiten, denen Sie sich jeden Tag widmen? Was ist sinnvoll, edel oder göttlich in Ihrem Alltag, das die Herzen und die Seelen anderer Menschen erhebt und Ihre Leidenschaften erregt? Gibt es etwas Größeres, etwas Inspirierenderes, *als einfach* jeden Tag zur Arbeit zu gehen und Ihre kleineren und größeren Aufträge zu erledigen? Hätten Sie es nicht verdient, an Ihrem Arbeitsplatz durch das sichere Wissen inspiriert zu sein, dass das, was Sie tun, und dass die Art, wie Sie Ihren Beitrag zum Ganzen leisten, die Welt ein Stück besser machen?

Die messbaren Ergebnisse unserer Arbeit und unseres Lebens zu maximieren, ist wichtig, aber nicht das Wichtigste oder gar das Einzige. In meinem Buch *The Way of the Tiger* habe ich geschrieben: „Profit ist wie Sauerstoff: essenziell für unser Überleben, aber nicht der Grund für unsere Existenz." (1) Wir wachen nicht morgens auf, reißen die Fenster auf und rufen: „Ah, das wird ein toller Atem-Tag heute!", ebenso wenig, wie die meisten von uns ausrufen würden: „Ah, es ist ein toller Tag, um Gewinn zu machen!" – auch wenn wir wissen, dass beides für unser Wohlbefinden wichtig ist.

Wir können andere am besten dahin führen, dass sie ihre Berufung entdecken, wenn wir unsere eigene Berufung klar und brillant leben und auf diese Weise Vorbilder sind. Das Erbe inspirierender Menschen wird oft dadurch definiert, wie sehr sie anderen geholfen haben zu lernen, zu wachsen und zu blühen und im Laufe ihres Lebens ihr wahres Selbst zu finden.

Um zu inspirieren, müssen wir zuerst selbst inspiriert sein. Überheblich zu sein und unsere eigenen Bedürfnisse hintanzustellen, während wir uns den höheren Zielen unseres Unternehmens widmen können, wäre dabei absurd. *So verwechselt man Dienen mit Opfern.* In unserem Bemühen, anderen zu dienen, müssen wir persönliche Grenzen aufrechterhalten, die uns davor schützen, uns *aufzuopfern* und jene Reserven zu erschöpfen, die wir als Inspiratoren dringend brauchen. Wie jeder erfolgreiche Psychotherapeut hat auch meine Frau Tricia vor langer Zeit gelernt, dass sie zuerst für sich selbst sorgen muss, um ihre eigenen Ressourcen zu erhalten, die sie braucht, um andere zu bereichern – nur dann kann sie ihnen wirksam dienen. Wir alle brauchen diese Klarheit. Sie ist nicht egoistisch, denn die wirksamste Art, anderen zu helfen, besteht darin, ihnen aus Fülle und nicht aus der Erschöpfung heraus zu dienen – aus Liebe und nicht aus Angst. Opfer und Überarbeitung gehören zu den Schattenseiten der Berufung.

Jeder von uns kann sich an Tage der Enttäuschung oder der Niedergeschlagenheit erinnern, und wenn wir aufrichtig darüber nachdenken, müssen wir zugeben, dass wir an solchen Tagen nicht in Hochform waren, was das Inspirieren anderer Menschen angeht.

Zu anderen Zeiten verlieren Menschen einfach die Leidenschaft für ihre Berufung. Bei meiner Arbeit mit Führungskräften aus unterschiedlichsten Bereichen habe ich die Erfahrung gemacht, dass viele Manager von den Kleinigkeiten des Alltags, den banalen Verwaltungsaufgaben und den frustrierenden Seiten ihrer Arbeit (einschließlich Budgetkürzungen und dem dramatischen Mangel an Mitarbeitern, Ressourcen und gutem Führungsstil) so entmutigt sind, dass sie die edle Berufung aus den Augen verlieren, die sie überhaupt erst in ihre Position gebracht hat – nämlich die Berufung, einen Beitrag zu leisten, Einfluss zu nehmen, Hervorragendes zu leisten, Sinn und Erfüllung zu finden und die Welt zu einem besseren Ort zu machen. Sie leben eher wie Opfer und nicht wie die Instrumente gesellschaftlichen Wandels, die sie sein könnten.

> ! Talent ist nur ein Ausgangspunkt auf dem Weg zum Erfolg. Du musst beständig an diesem Talent arbeiten. Sonst brauchst Du es eines Tages, und es wird nicht mehr da sein.
>
> *Irving Berlin*

Schalten Sie auf Empfang

Besinnen Sie sich einen Moment und fragen Sie sich selbst: Mache ich die Arbeit, die ich liebe? Ist es Zeit, mich neu zu erfinden? Bin ich vom Trivialen, vom Weltlichen und seinen Prozessen so verführt, dass ich den edlen Kern meiner Arbeit aus den Augen verloren habe? Sehe ich noch die vielen Möglichkeiten, wie das, was ich tue, meinen Geist und den Geist anderer Menschen bewegen kann? Bin ich offen dafür, die Botschaften des Universums zu empfangen?

Gregg Levoy beginnt sein Buch *Callings: Finding and Following an Authentic Life* mit dieser Geschichte:

„Vor einigen Jahren wurde an einer Landstraße außerhalb von Fresno (Kalifornien), an einem windigen Frühlingstag, für einen kurzen Augenblick ein Teil der unsichtbaren Welt für mich sichtbar.

Ich sah in dem Licht, das durch eine Reihe von Bäumen drang, große Wolken gelben Blütenstaubs, vom Wind vorbeigetragen, jedes Staubkörnchen gefüllt mit Informationen – Pläne für perfekte blaue Blumen, für die dunkle Muskulatur der Bäume, für das Gras der Wiesen.

Ich sah in dem Moment, dass der ganze Himmel von unsichtbaren Botschaften erfüllt war – von Pollen und Samen, Radiowellen und subatomaren Teilchen, von den Gesängen der Vögel, den Satellitensignalen der Sechs-Uhr-Nachrichten und des Home Shopping Networks. Und ich erkannte, dass alles, was nötig ist, um aus einer dieser Übertragungen Substanz oder Sinn zu machen, ein Empfänger ist, jemand der die Botschaft aufnimmt.

Jahre später rang ich damit, ein erstaunliches Zusammentreffen von Zufällen und Synchronizitäten in meinem Leben zu verstehen, die sich um die Frage rankten, ob ich einen bestimmten Job aufgeben sollte oder nicht – und da begriff ich, dass mein eigenes Leben auf ähnliche Weise mit Signalen überflutet war: Dieser Signale war ich mir nur dunkel bewusst, aber sie schienen die notwendigen Schritte anzuzeigen, die ich unternehmen sollte, um meinem Leben Sinn und Substanz zu geben. Leider war der Empfänger in mir bis dahin meist abgestellt gewesen, so dass all diese Signale wie Lemminge ungenutzt ins Leere stürzten." (2)

Um ein volles und authentisches Leben führen zu können, müssen wir zuhören; wir müssen auf die Signale eingestimmt sein, die wir jeden Tag empfangen. Thomas Moore nennt in seinem Buch *Care of the Soul* die „Unterdrückung der Lebenskraft" als häufigsten Grund dafür, dass Klienten seinen Rat als Therapeut suchen. (3) Viele Menschen sind in Aktivitäten gefangen, die sie zwingen, eine Lüge zu leben – sie sind nicht glücklich. Schauen Sie sich morgen früh, wenn Sie Ihr Make-up auflegen oder sich rasieren, im Spiegel tief in die Augen und fragen Sie sich: Habe ich meine wahre Berufung gefunden? Bin ich authentisch? Mache ich die Arbeit, die ich liebe? Lebe ich ein Leben, das ich liebe? Bin ich mit meiner Berufung in Fluss? Folge ich wirklich meiner Leidenschaft – meiner Berufung – und nicht meiner Karriere oder dem, was ich gelernt habe? Wie auch immer Ihre Antwort auf diese Fragen ausfällt, beachten Sie den Rat von Dennis Waitley: „Folgen Sie Ihrer Passion, nicht Ihrer Pension."

Wie Sie Kontakt aufnehmen mit Ihrer Berufung

Hier ist ein Beispiel für die exzellente Formulierung einer Berufung, die von Leidenschaft durchdrungen ist:

> Helen Morley ist eine freie Mitarbeiterin des Secretan Centers, eine Lehrerin, Moderatorin, Autorin und Beraterin. Helens Bestimmung ist: *die Einheit der Menschheit voranbringen.* Helen geht davon aus, dass die Menschheit vor allem an ihren Konflikten, an ihrer Uneinigkeit leidet. Sie fühlt, dass sie durch ihre Aufgabe mehr Einheit in die Welt bringen kann, und diese Lebensaufgabe lautet: *Seelen zu ihrer Ganzheit zurückbringen.* Mit ihrer Berufung schließlich beschreibt sie die aktuellen Tätigkeiten, denen sie jeden Tag nachgeht und die sie zu ihrer Aufgabe und zu ihrer Bestimmung führen werden. Ihre Berufung ist: *durch Moderieren, Lehren und Schreiben die jeder Seele innewohnende Weisheit erleuchten.* Helen ist eine wunderbare Moderatorin und Lehrerin, und sie benutzt diese Gaben, um die Weisheit ans Licht zu bringen, die in anderen Menschen liegt.

Beachten Sie, dass Helens Berufung sehr fokussiert ist – das Kennzeichen einer Berufung mit Leidenschaft – und dass sie genau beschreibt, was sie tut: Sie moderiert, lehrt und schreibt. Dies ist ein gutes Beispiel für kreatives, elegantes und prägnantes Formulieren, das zugleich in seinem Sinn sehr klar ist. Meine eigene Berufung lautet: *durch mein Schreiben, Lehren und Sprechen führen und dienen.* Wieder: keine Schnörkel, nur die Fakten.

Hier ist ein anderes Beispiel für eine Frau, die ihr Lebenswerk zu einer spirituellen Übung gemacht hat. Karen Hoskins leitet ein Pflegeheim für Senioren und hat ihr Leben dieser Arbeit gewidmet. Ihre Bestimmung ist: *andere Menschen dazu inspirieren, die Weisheit des Alters zu sehen.* Ihre Aufgabe formuliert Karen so: *Würde und Respekt für alle alten Menschen wiederherstellen,* und ihre Berufung ist: *den Werten von Respekt, Integrität, Teamarbeit und Zuverlässigkeit folgen und andere auf diese Weise führen.* Sehen Sie, wie schön Karens Arbeit in Ihre Bestimmung, Aufgabe und Berufung eingewoben ist?

Führungskräfte neuen Typs bekräftigen erst die Verpflichtung zu ihrer eigenen Berufung und begleiten dann andere Menschen dabei, ihre Berufung zu finden und meisterlich zu leben. Chuck Yeager, der legendäre Testpilot, sagte:

„Wenn Sie fliegen wollen, machen Sie es richtig. Was ich bei einem Flieger wirklich bewundere, sind Professionalität und Beständigkeit. Ich bin von Menschen beeindruckt, die tagein tagaus losziehen und es gut machen – nicht prahlerisch oder großspurig, sondern einfach beständig gut. Viele Piloten haben eine große Klappe, und manchmal werden ihre Geschichten mit jedem Erzählen großartiger. Messen Sie sich nicht an den Geschichten anderer. Versuchen Sie, sich selbst zu verbessern – daran erkennt man einen wirklichen Profi."

Eine Berufung ist ein Ausdruck von Authentizität, von wahrer Meisterschaft – und von dem Wissen über die eigenen Gaben und Talente und über ihren Nutzen bei einer Lebensaufgabe. Diese professionelle Meisterschaft und das Glück, das eine gelebte Berufung vermittelt, muss man selbst erfahren haben, bevor man sie anderen vermitteln kann.

> ! Nur jemanden, der vor Begeisterung strotzt, unterrichte ich. Nur jemanden, der vor Hingabe sprudelt, erleuchte ich. Wenn ich eine Ecke hochhebe und Du kommst nicht mit den anderen drei zu mir, setze ich die Lektion nicht fort.
>
> *Konfuzius*

Eine Berufung ist eine kompakte, zusammenhängende Definition unserer persönlichen Meisterschaft – die Verbindung unserer Leidenschaft mit unseren besten Talenten und Fertigkeiten, die wir benutzen werden, um unsere Aufgabe zu erfüllen und unsere Bestimmung zu leben. Unsere Berufung ist die Arbeit, die wir lieben; sie ist das, was wir tun, wenn wir *im Fluss* sind – ganz gleich, ob wir im konventionellen Sinn dafür belohnt werden oder nicht. Denken Sie an all die Menschen, die sich ehrenamtlich engagieren!

Wenn Sie nun an die Bedrohungen der Erde zurückdenken, die Sie in Kapitel 3 beschrieben haben und die zurzeit das Potenzial der Menschheit und unseres Planeten begrenzen: Was ist Ihre persönliche Meisterschaft, welches sind Ihre einzigartigen Gaben und Fertigkeiten, die Sie einsetzen möchten und die zur Lösung der Herausforderungen beitragen könnten? Fragen Sie sich:

- Auf welchem Gebiet sind Sie gut?
- Welche sind Ihre natürlichen Gaben?
- Welche Tätigkeiten und Fertigkeiten sprechen Sie an? Welche würden Sie gern ausüben, wenn Sie Gelegenheit dazu hätten?

- Auf welchen neuen Gebieten könnten Sie, mit entsprechender Ausbildung oder Begleitung, Hervorragendes leisten?
- Welche besonderen Talente und welche Fertigkeiten besitzen Sie, die genutzt werden könnten, um mit den Bedrohungen der Erde umzugehen und so die Welt zu verbessern?
- Welche Gaben bringen Sie mit – zum Beispiel ein besonderes Wissen, persönliche, intellektuelle oder physische Merkmale, Intuition, natürliche Fähigkeiten oder materielle Umstände –, die Sie dazu befähigen könnten, einen besonderen Einfluss auszuüben?
- Auf welche Weise könnten Ihre speziellen Talente – sowohl die schon erprobten als auch jene, die erst entwickelt werden und sich bewähren müssten – genutzt werden, um anderen Menschen zu dienen und um die Bedrohungen der Erde zu mildern oder abzuwenden?

Denken Sie bitte über Ihre persönliche Meisterschaft nach. (Persönliche Meisterschaft beschreibt die besonderen Talente und Fertigkeiten, die für Sie einzigartig sind, die Sie gern ausüben oder gern ausüben würden und die Sie sehr gut machen, gemessen an Ihren höchsten Maßstäben.) Wählen Sie zwei oder drei Tätigkeiten aus, die am besten die Fertigkeiten, erworbenen Fähigkeiten oder natürlichen Gaben zur Geltung bringen, die Sie wahrhaft inspirieren – jene Felder, auf denen Ihre tiefste Leidenschaft liegt (zum Beispiel Lehren, Sprechen, Beraten, Coachen, Pflegen, Versorgen, Verkaufen, Kinder aufziehen, Malen, ein Musikinstrument spielen oder Arbeitsfelder wie Lkw-Fahren, Neurochirurgie, Programmieren). Seien Sie konkret und prägnant. Vielleicht möchten Sie die folgenden Fragen schriftlich beantworten, zum Beispiel in einem Tagebuch.

- Welche zwei aktiven Verben beschreiben die spezifischen Aktivitäten oder Fertigkeiten, die Sie ausüben, wenn Sie bei Ihrer Arbeit am besten sind, oder die Sie gern ausüben würden, um bei der Arbeit gut zu sein – also Ihre höchste Ebene an persönlicher Meisterschaft?
- Wenn Sie mit anderen Menschen in Kontakt sind und wenn Sie inspiriert sind und andere inspirieren, welche Tätigkeit üben Sie dann aus?

- Was, wünschen Sie sich, sollte in solchen Situationen geschehen?
- Welche Ergebnisse streben Sie an?
- Welche Veränderungen sollten das Ergebnis sein, wenn Sie Ihre Fertigkeiten, Gaben und Talente anwenden oder gemeinsam mit anderen nutzen? Meine Leidenschaft zum Beispiel kommt daher, dass ich in der Lage bin, auf jede mir mögliche Weise zu führen und zu dienen – als dienende Führungskraft. Darin zeigt sich meine Berufung: *durch mein Schreiben, Lehren und Sprechen führen und dienen.*
- Welche zwei oder drei Worte beschreiben, was Sie tun, wenn Sie im Fluss sind? Vielleicht kann Ihre Leidenschaft durch das Lehren, Dienen, Inspirieren, Führen, Respektieren und so weiter entzündet werden.
- Welche aktiven Verben beschreiben für Sie diese Leidenschaft und dieses Hochgefühl am besten?

! Die Welt ist das, wofür wir sie halten. Wenn wir unsere Gedanken verändern können, können wird die Welt verändern.
H. M. Tomlinson

Denken Sie einen Moment über diese Fragen nach.

Und am Ende fragen Sie: Was ist Ihre Berufung? Fassen Sie alles in einem Satz zusammen, der Ihre Berufung beschreibt.

Dieser Satz muss nicht schön sein – Eloquenz oder literarische Qualität haben auf dieser Stufe keine Priorität. Erfassen Sie nur die Essenz – als Beschreibung der Sehnsucht tief in Ihnen. Jetzt sind Sie bereit, über Ihre Berufung zu meditieren.

Meditation

Um Zugang zu finden zu etwas so Vitalem und Persönlichem wie zu unserer Bestimmung, Aufgabe und Berufung, müssen wir tief in uns hineintauchen. Meditation bietet hier einen kraftvollen Weg, um Energien, Erkenntnis und verborgenes Bewusstsein zu erschließen. Bevor ich Sie bei diesem Prozess begleite, der Sie zu

Ihrer eigenen inneren Weisheit führen kann, werde ich einige Kernbegriffe erläutern, die der Meditation zugrunde liegen.

Man sagt, dass der rasante Aufstieg der Technik verantwortlich ist für die gleichermaßen bemerkenswerte Renaissance an kontemplativen Praktiken wie östliche Meditation oder auch die jahrhundertealte christliche Praxis der Versenkung im Gebet. Unsere Psyche sucht einen Ausgleich für die gesteigerte elektronische Stimulation des täglichen Lebens. Wenige Menschen haben die Konstitution, um mit dem Turbo-Tempo des heutigen Lebens ohne ein Gegengewicht fertig zu werden – ohne die Fähigkeit, nach innen, in die Tiefe zu gehen, um Geist, Körper und Seele wieder aufzuladen und zu erneuern.

Die Meditation, die ich Ihnen in diesem Kapitel vorstellen werde, lädt Sie ein, Ihr inneres Ohr zu öffnen, damit Sie die innere Stimme hören können, die zu Ihrem Herzen spricht und die Sie auffordert, Ihre Berufung zu erkennen.

Meditation lenkt einen ununterbrochenen Strom von Energie zu dem Thema hin, über das wir meditieren. Eines der Elemente von Meditation ist Stille – ein Element, das auch Teil aller großen religiösen Weisheitslehren ist. Ein Ziel von Meditation ist ein Paradox: Dinge zu finden, indem man sie loslässt. Was wir wissen müssen, ist in uns allen.

Meditation ist eine der wirksamsten Methoden, um unseren Geist zu beruhigen, das mentale Geplapper im Kopf zu verringern und das Unterbewusste für Informationen zu öffnen, die wir normalerweise nicht wahrnehmen. Ohne Meditation neigen wir dazu, blockiert zu sein, das Offensichtliche zu übersehen und uns jenen Informationen und Energien zu verschließen, die uns mit unserer Bestimmung, Aufgabe und Berufung in Kontakt bringen können. Meditation ist ein kraftvoller Weg, um das Herz und die Seele – wie auch den Geist – für die grenzenlosen Möglichkeiten zu öffnen, die wir nutzen könnten, wenn wir achtsam wären. Schließlich sind wir nichts anderes als Potenzial: Wir sind spirituelle menschliche Wesen, die eine Beziehung zu einer angemessenen Zukunft suchen.

Tägliche Meditation gehört zu allen wichtigeren spirituellen Lebensweisen der Welt und wird seit Jahrhunderten benutzt, um den Geist dahin zu führen, dass er über die Ängste, Ablenkungen und engen Grenzen des Körpers hinausblickt. Regelmäßige Meditation kann helfen, Stress und Blutdruck zu senken und unsere Aufmerksamkeit zu steigern. Studien haben auch gezeigt, dass Meditation das Risiko von Herzerkrankungen senken kann, wahrscheinlich deshalb, weil wir dann Anstrengungen und Erschöpfung loslassen und den Körper entspannen, so dass er die biochemischen Folgen von Stress bewältigen kann. Die enorme Reizüberflutung, der unsere Sinne ausgesetzt sind, macht unseren Geist überaktiv. Wir sehen und hören die Nachrichten, lesen Bücher, Zeitschriften und Zeitungen, nehmen die Werbung auf, lesen und schreiben Berichte, sitzen am Computer und surfen im Internet, führen Gespräche und lösen täglich Hunderte von Problemen. Um diese Aktivitäten zu verarbeiten, brauchen wir einen ständigen geistigen Kommentar, und die meisten Menschen sind sich der Überforderung, die das verursacht, nicht bewusst. Beobachten Sie Menschen, die im Berufsverkehr mit sich selbst sprechen, dann wissen Sie, was ich meine.

Spitzensportler wissen, dass sie sich regenerieren und ihre Ressourcen wieder auffüllen müssen, nachdem sie für kurze Zeit alle Energie auf ein bestimmtes Ziel gerichtet haben. Wenn *wir* Spitzenleistungen bringen wollen, müssen wir das Gleiche tun.

Es gibt viele Formen von Meditation, die für unterschiedliche Temperamente und persönliche Bedürfnisse angemessen sind. Die im Westen bekannteste Form ist die Transzendentale Meditation (TM), die auf uralten hinduistischen Lehren beruht. Transzendentale Meditation benutzt typischerweise ein Mantra, einen Satz ohne offensichtliche Bedeutung, die den Geist wenigstens zeitweise davon abhält, sich in die drängenden Angelegenheiten des Alltags zu verstricken. Einige Meditationstechniken arbeiten mit der Konzentration auf einen bestimmten Gegenstand, auf ein Mandala, eine Blume, eine Kerze oder die eigene Atmung. Der vietnamesische buddhistische Mönch Thich Nhat Hanh hat die Methode der Achtsamkeits-Meditation und der Geh-Meditation im Westen populär gemacht. Christliche Meditation besitzt eine eigene lange Tradition. Der Satz „Sei still und wisse, dass ich Gott bin" aus Psalm 46,10 verweist auf jahrtausendealte Meditationspraxis.

Meditation ist eine Zuflucht für Ihren Geist, damit er in der Überaktivität unserer Zeit zur Ruhe kommen und in einen friedvolleren, konzentrierteren Zustand hineingleiten kann. Mit der Zeit verringert sich die Zahl der sprunghaften Gedanken, die die Ruhe des Geistes unterbrechen. Noch wichtiger ist, dass Ihr Anhaften an diese Gedanken und Ihre Identifikation mit ihnen abnimmt. Es ist nützlich, verschiedene Formen der Meditation zu erproben, bis Sie den Ansatz finden, der am besten zu Ihnen passt. Versuchen Sie, mit fünf bis zehn Minuten Meditation pro Tag zu beginnen und die Zeit allmählich zu verlängern, wenn Sie in die Übung hineinwachsen. Die beste innere Haltung liegt darin, keine Erwartungen zu haben, weil das bei der Meditation unnötigen Stress erzeugen kann. Der Nutzen wird bald deutlich werden, wenn Sie täglich üben. Schon wenige Augenblicke der Meditation – ob am Flughafen, während Sie auf den Start warten, vor einer Rede oder einer Sitzung oder wenn Sie im Berufsverkehr stecken – sind hilfreich. Mit etwas Übung kann jeder Ort ein heiliger Raum für Meditation werden, in dem Sie Erleichterung vom täglichen Stress finden.

> ! Wenn man einmal akzeptiert hat, dass die Welt Materie ist, die sich in ein Nichts, das etwas ist, hinein ausdehnt, dann kann man auch Streifen mit Karos zusammen tragen.
>
> *Albert Einstein*

Hier sind ein paar Tipps für das Meditieren:

- Versuchen Sie, einen ruhigen Platz zu finden – einen, der frei von Ablenkungen ist. Wenn das schwierig ist, lernen Sie, Ablenkungen auszublenden.
- Wenn Sie zu Hause oder im Büro sind: Entscheiden Sie selbst, ob Sie ruhige Musik im Hintergrund hören möchten oder nicht.
- Meiden Sie Stimulanzien (Kaffee und Rauchen), Depressiva (alkoholische Getränke) oder Essen (das den Stoffwechsel stimuliert) unmittelbar vor der Meditation. All das stört und reduziert den physiologischen Nutzen und die Wirksamkeit der Meditation.

- Wählen Sie einen bequemen Sessel oder Platz zum Sitzen – der Fußboden geht auch –, und nehmen Sie eine sitzende Haltung ein, wobei Ihre Wirbelsäule möglichst senkrecht sein sollte. Vielleicht hilft es Ihnen, sich an eine Wand anzulehnen, als bessere Unterstützung für die Wirbelsäule.
- Schließen Sie Ihre Augen. Nehmen Sie die Brille ab, wenn Sie eine tragen.
- Atmen Sie tief ein und erlauben Sie der Brust und dem Bauch, sich auszudehnen, während Sie einatmen.
- Atmen Sie vollständig und langsam aus.
- Richten Sie Ihr Bewusstsein auf Ihre Atmung und die Gefühle tiefer Entspannung.
- Lassen Sie es zu, dass Gedanken und Gefühle in Ihr Bewusstsein treten. Machen Sie sich keine Sorgen darum, dass diese Gedanken Sie ablenken könnten – das alles ist ganz natürlich. Erkennen Sie die Gedanken an, erlauben Sie ihnen, durch Sie hindurchzugehen, und kehren Sie dann mit der Aufmerksamkeit zu Ihrer Atmung zurück.
- Wenn genug Zeit vergangen ist und wenn Sie dazu bereit sind, öffnen Sie Ihre Augen und genießen Sie das Gefühl, entspannter und zentrierter zu sein. Beeilen Sie sich nicht – nehmen Sie sich Zeit, um zu Ihrer täglichen Routine zurückzukehren. Die Welt wird sich auch ohne Ihre Hilfe noch ein paar Minuten lang weiterdrehen.

Viele Unternehmen in Nordamerika haben die Vorzüge der Meditation schon erkannt und Meditationsräume für Angestellte eingerichtet. Viele Organisationen integrieren Meditation in ihre Vorstands- und Managementsitzungen. Spitzenmanager wie Bill George von Medtronic oder Joe Calvaruso von Mount Carmel Health System meditieren seit vielen Jahren täglich. Marc Benioff, der Gründer von Salesforce.com Inc., ist ein fortgeschrittener Yoga-Schüler und meditiert regelmäßig. Wie bleibt Benioff so ruhig, während er eine boomende Technologiefirma aufbaut? Robert Thurmann, der erste tibetische Mönch aus dem Westen, ein Freund des Dalai Lama und Professor an der Columbia University, erklärt es so: „Er meditiert. Er setzt sich nicht unter Druck.“ (4)

Meditation ist ein weiterer Weg, wie wir ganz Mensch werden können. Einer der Vorzüge der Meditation ist die Erfahrung dieses köstlichen *Augenblicks der Stille,* in dem die Welt aufgehoben ist, in dem Weisheit und Kreativität fließen und Emotionen, die Ihnen in den Weg kommen, sich einfach auflösen. Yogi Amrit Desai drückt es so aus: „Beim Gebet sprechen Sie mit Gott. Bei der Meditation hören Sie auf Gott." Dies ist eines der Geheimnisse von Größe.

Die Meditation, die ich im Folgenden beschreibe, wird Ihnen dabei helfen, Ihre Berufung auf den Punkt zu bringen. Aber vorher werde ich vier Begriffe erläutern, die Sie auf die Erfahrung der Meditation vorbereiten werden und die es Ihnen leichter machen, eine Bestimmung, eine Aufgabe und eine Berufung zu identifizieren, die wahrhaft Ihre sind – und die nicht klein sind, sondern groß. Die vier Begriffe sind:

Vorwahrscheinlichkeitsebene
Intentionalität
Synchronizität
Loslassen

1. Die Vorwahrscheinlichkeitsebene

Für jeden von uns gibt es eine wahre Berufung. Sie ist unser Potenzial, das darauf wartet, sich zu manifestieren. Es ist nicht etwas, wonach wir streben – es ist etwas, wozu wir gerufen werden. Wir müssen uns nicht verbiegen, um uns der Berufung anzupassen: Wir ergreifen das, was uns einlädt. Im Gegensatz zu dem, was vielen von uns beigebracht wurde – und im Gegensatz zu den Theorien vieler Psychologen – sind wir nicht das Ergebnis unserer sozialen Konditionierung oder unseres genetischen Erbes. James Hillman sagt: „Wenn ich die Vorstellung akzeptiere, dass ich das Resultat einer geheimnisvollen Begegnung von genetischen und gesellschaftlichen Kräften bin, reduziere ich mich auf ein Ergebnis. Je mehr mein Leben daran gemessen wird, was in meinen Chromosomen schon geschehen ist, was meine Eltern taten oder nicht taten und was in meiner Kindheit geschah, umso mehr wird meine Biografie die Geschichte eines Opfers." (5)

Wir können unsere Berufung dadurch identifizieren, dass wir eine höhere Einsicht gewinnen und unsere Intentionalität auf die Vorwahrscheinlichkeitsebene entlassen, wo jene Bedingungen, Gelegenheiten, Netzwerke und Fertigkeiten, jene Ausbildung, Erfahrung und Weisheit ihren Sitz haben, die wir brauchen, um unserer Berufung folgen zu können.

Die Quelle, die allem Leben zugrunde liegt – die Realität, aus der alles Leben hervorkommt – ist die Vorwahrscheinlichkeitsebene. Auf der subatomaren Ebene besteht das Universum aus bloßer Energie; auf der Vorwahrscheinlichkeitsebene hat diese Energie keine Form – sie *ist* einfach. Die Vorwahrscheinlichkeitsebene ist nicht leer, sie ist voll von allem, das sich letztlich an der Oberfläche des Lebens manifestieren wird – was unsere Sinne entdecken werden. Die Vorwahrscheinlichkeitsebene ist Potenzial und Wahrscheinlichkeit, die sich ins Bewusstsein manifestieren können. Von dieser Ebene aus sind wir in der Lage, Wahrscheinlichkeiten zu Realitäten zu machen und Träume und Gedanken in Handeln zu verwandeln. Wenn wir das tun, setzen wir das Unsichtbare in Sichtbares um. Diese Wahrscheinlichkeiten liegen auf der Vorwahrscheinlichkeitsebene.

> ! Es wird einem niemals ein Wunsch gegeben ohne die Kraft, ihn auch zu verwirklichen.
> *Richard Bach*

2. Intentionalität

Ob die Wahrscheinlichkeiten sich in das bewusste Energiefeld hineinmanifestieren – in die universelle Bewusstheit aller lebenden Dinge –, hängt von unseren Absichten ab, von unserer *Intentionalität.* Intentionalität ist Energie aus dem bewussten Energiefeld, die von der Vorwahrscheinlichkeitsebene die Informationen abruft, die nötig sind, um Wahrscheinlichkeiten zu aktivieren und umzuwandeln. Eine Pflanze muss die nicht verwirklichte Energie der Sonne ansprechen, um sich am Leben zu erhalten und zu wachsen. Sie muss auch den gesamten himmlischen Bereich im

Blick haben, um dafür zu sorgen, dass sie für Nährstoffe und Licht empfänglich ist. Sie holt Daten und Energie von der Vorwahrscheinlichkeitsebene, um Zellen herzustellen, Wurzeln zu erzeugen und ein System von Osmose, Ernährung und Photosynthese aufzubauen. Eine Eichel ohne Intentionalität ist nichts als ein kleines ovales Ding, das eine Eichel bleiben wird. Eine Eichel mit Intentionalität wird in die Vorwahrscheinlichkeitsebene hinausgreifen und aus dem Universum die notwendigen Informationen beziehen, die sie braucht, um eine mächtige Eiche zu werden.

Beispielen für Intentionalität, die zu dem gewünschten Ergebnis führt, begegnen wir im menschlichen Leben jeden Tag. Ein Placebo ist Intentionalität im Gewand einer Pille. Gebet ist Intentionalität in der Form einer Anrufung. Wunder sind das Ergebnis kollektiver Intentionalität. Sanfte medizinische Verfahren wie Akupunktur und Homöopathie sind Techniken von Intentionalität, die dazu bestimmt sind, Wissen von der Vorwahrscheinlichkeitsebene zu aktivieren – das heilende Wissen, das schon in uns ist, das wir aber vergessen haben. Intentionalität entfernt die harte Hülle, die wir über unser inneres Wissen gelegt haben.

Die Wissenschaft von der Intentionalität ist von vielen Forschern bestätigt worden. Einer von ihnen, Fabrizio Benedetti, ein Neurowissenschaftler an der Universität Turin, hat Studien mit Patienten durchgeführt, die am Parkinson-Syndrom leiden, einer Krankheit, die zu Zittern und Spasmen der Muskulatur führt und deren Ursache eine Degeneration von Nervenzellen in der ‚Substantia Nigra' (dem mittleren Bereich des Gehirns) ist. Parkinson-Symptome können durch elektrische Stimulation des Gehirns gelindert werden. In Benedettis Experimenten hielten die Symptome unverändert an, solange der Patient nicht wusste, dass die Stimulation angewandt wurde; aber sobald dem Patienten gesagt wurde, dass die Stimulation begonnen hatte, nahmen die Symptome ab. (6) Intentionalität ist kausale Kraft.

Ich lebe und arbeite auf dem Land. Alle möglichen Tiere besuchen uns, und viele Pflanzen siedeln sich in unserer Nähe an, neben denen, die wir selbst gepflanzt haben. Vor ein paar Jahren ließ ich die Einfahrt zu unserem Bürogebäude asphaltieren, damit sie dem wachsenden Verkehr besser standhalten konnte. Aber die

Intentionalität der Lilien des Feldes, jetzt mit einer Asphaltdecke zugedeckt, blieb so stark wie eh und je, und mein Ego (der Asphalt) wurde von der Intentionalität der Lilien überwunden, die eines Tages durch die Straßendecke stießen. Die Lilien hatten ihre Intentionalität aktiviert und die Information abgefragt, die sie von der Vorwahrscheinlichkeitsebene brauchten, und im Ergebnis hatten sie die Realität manifestiert, die sie wollten. Im Vergleich betrachtet, ist der Asphalt für Lilien ein sehr großes Hindernis; auf menschliche Verhältnisse vergrößert, würde ein solches Hindernis den meisten von uns eine Niederlage bereiten. Ergebnisse werden bestimmt von der relativen Kraft der Intention.

Wie können wir diese Kraft aufbauen? Paradoxerweise müssen wir genau das Gegenteil von dem tun, das man erwarten könnte: Wir lassen los.

Intentionalität ist Gedanke, und Gedanke ist Energie. Energie operiert auf unterschiedlichen Frequenzen; folglich funktionieren auch Menschen (die eine Manifestation von Energie sind) auf unterschiedlichen Frequenzen. Die gewöhnlich wahrgenommene Frequenz ist unser Körper, die Frequenz unserer physischen Energie. Und dies ist für viele Menschen die einzige Frequenz, die sie bewusst wahrnehmen. Unser persönliches Wachstum und unsere spirituelle Evolution nutzen aber den Zugang zu höheren Frequenzen, zu Frequenzen spiritueller Energie. Wenn wir meditieren, erleben wir eine weitere, noch höhere Frequenz. Wenn unsere Meditation den Zustand der Trance erreicht – wenn unsere physische Aktivität sich verlangsamt oder ganz aufhört, aber unsere Wahrnehmung weitergeht –, betreten wir noch eine weitere, höhere Ebene. Wenn wir ein Gefühl des Einsseins mit dem Universum erleben, operieren wir auf einer wieder anderen, noch höheren Frequenzebene, und wenn wir schließlich die Erfahrung machen, eins mit Gott zu sein, schwingen wir auf der höchsten Frequenz. Auf dieser Ebene sind wir nah an der Vorwahrscheinlichkeitsebene – hier sind wir dem Feld unverwirklichter Möglichkeiten am nächsten, dem Zustand bloßer Energie und reiner Potenzialität. Dies ist die Sub-Quanten-Ebene, die „Quanten-Leere", bevor das bewusste Energiefeld durch Intentionalität aktiviert wird. Hier haben wir Zugang zu unserer Seele.

Bei diesem Thema geht es nicht nur darum, ob wir künftige Ereignisse mit der Kraft unserer Intentionalität formen können. Es geht auch darum, ob wir nicht manchmal ungewollt Intentionalität benutzen, um unser Potenzial *einzuschränken.* Claude Steele, Professor für Psychologie an der Stanford University in Palo Alto (Kalifornien), hat zum Beispiel empirische Hinweise darauf beschrieben, dass afroamerikanische Studenten bei Tests schlechter abschneiden, wenn sie glauben, dass sie eher als Angehörige einer stereotypisierten Volksgruppe beurteilt werden statt als Individuen. Er nennt diesen Mechanismus die „Drohung des Stereotyps". (7) Und während das populäre Vorurteil nahelegt, dass Frauen in mathematischen und naturwissenschaftlichen Prüfungen nicht so gut abschneiden können wie Männer, hat Steele belegt, dass Leistungsunterschiede meistens mehr mit Selbstvertrauen als mit Kompetenz zu tun haben. Geschlechtsspezifische Stereotype scheinen also auf die gleiche Weise zu funktionieren. Professor Steele ...

> „... entdeckte dies dadurch, dass er mathematische Prüfungsaufgaben zwei Gruppen von gleich qualifizierten Männern und Frauen vorsetzte, die alle dieses Fach in Stanford studierten. Als die Aufgaben verteilt wurden, bekam eine Gruppe die Information, dass diese Aufgaben sich als geschlechtsneutral erwiesen hätten: Bei früheren Tests seien Männer und Frauen gleich gut gewesen. Bei der anderen Gruppe, der Kontrollgruppe, wurde keine solche Bemerkung gemacht.
>
> Wie das Vorurteil vorhersagt, waren in der Kontrollgruppe die Männer besser als die Frauen. In der experimentellen Gruppe aber waren die Frauen nicht nur besser als ihre Schwestern in der Kontrollgruppe, sondern die Männer waren auch schlechter als ihre Brüder in der Kontrollgruppe. In dieser Gruppe brachten beide Geschlechter gleiche Leistungen." (8)

! Wir suchen den Zauberschlüssel, der die Tür zur Quelle aller Macht eröffnet. Dabei haben wir den Schlüssel schon in den eigenen Händen.

Napoleon Hill

Da stellt sich die Frage an jeden von uns: Fällt es uns leichter zu sagen „Ich kann nicht" – oder „Ich will"?

„Ich kann nicht" bedeutet: „Ich glaube nicht, dass ich gut genug bin oder die Kraft dazu habe, die Zukunft so zu gestalten, dass sie den Kriterien entspricht, die ich wähle." – „Ich will" bedeutet: „Ich habe die Macht, zukünftige Ergebnisse auf jede Weise zu formen und zu gestalten, die ich wähle, wenn ich *wirklich* will." Mit der ersten Wendung geben wir unsere Macht an äußere Kräfte ab – mit der zweiten beanspruchen wir diese Macht und erkennen ihr Potenzial an. Die Entscheidung liegt bei uns.

In dem bekannten Buch *Ein Kurs in Wundern* steht: „Es gibt bei Wundern keine Rangfolge nach dem Grad der Schwierigkeit." Wir denken oft, dass Wunder nur in der Mythologie vorkommen oder Heiligen und Gurus vorbehalten sind. Aber Sterbliche wie Sie und ich können sich jeden Tag der Möglichkeit von Wundern eröffnen. Wir müssen uns damit anfreunden, dem Universum zu vertrauen, und lernen, das Außergewöhnliche als das Gewöhnliche wertzuschätzen. Vielleicht unterliegt das, was von der Vorwahrscheinlichkeitsebene manifestiert werden kann, nur den Grenzen, die unser Geist ihm auferlegt.

Daher werden auch unsere Bestimmung, Aufgabe und Berufung nur von unserem begrenzten Denken eingeschränkt.

3. Synchronizität – das Ergebnis von Intentionalität

Traditionell werden wir als junge Menschen ermutigt, den Markt zu erforschen und nach den Berufen und Karrieren, den Fähigkeiten und Perspektiven zu suchen, die die größtmögliche Anerkennung und Bezahlung bieten und unsere künftigen Bedürfnisse befriedigen können. Wenn wir diese Informationen gesammelt haben, betreten wir den Weg, der von anderen entworfen wurde, um uns die angeblich ideale Karriere zu eröffnen – Zahnmedizin oder Jura, Medizin, Lehramt oder Wirtschaft, Handwerk oder Künste. Manche von uns haben keinen Plan und geraten zufällig in ein Leben, das als „Opfer" oder als ein „Ergebnis" gelebt wird. Unter diesen Umständen sind wir das Produkt unserer Erbanlagen, unserer Gene und der äußeren Umwelt – und der Abwesenheit von Intentionalität.

Das alles bietet ein Bild des Menschen als eines Gefangenen – gefangen gehalten vom Denken in begrenzten Möglichkeiten. Es ist eine eindimensionale Sicht, die nicht über unser eigenes Ego und unsere Persönlichkeit oder über die Persönlichkeit anderer Menschen hinausgeht: Sie übergeht das spirituelle Potenzial in uns allen und in der Vorwahrscheinlichkeitsebene.

Wenn wir aber unserer inneren Stimme zuhören, und wenn wir Wegen folgen, die von unserer Leidenschaft und unserem inneren Wissen, von unseren Werten und der Energie unserer Intentionalität genährt werden – und wenn wir dies alles benutzen, um Zugang zu der Energie zu bekommen, die als Potenzial in der Vorwahrscheinlichkeitsebene liegt –, dann können wir jede Berufung in die Wirklichkeit umsetzen, die unser Herz und unsere Seele begehren. Es ist nur unser Mangel an Vertrauen in das Göttliche, unser Gefühl von Verletzlichkeit, Wertlosigkeit und Unsicherheit, die uns Worte wie *Zufall* (ich spreche lieber von *Synchronizität)* erfinden lassen.

Synchronizität ist die Ankunft einer willkommenen Realität, die durch Intentionalität von der Vorwahrscheinlichkeitsebene her manifestiert wird. Synchronizität ist der Beweis dafür, dass wir Realitäten manifestieren können, die auf den ersten Blick zu hoch gegriffen sind – oder gar wie Wunder erscheinen.

Synchronizität ist ein normaler Vorgang. Betrachten Sie die Formen der Natur; die Wege der Vögel und Insekten in der Luft, die Richtungen, Formen und Größen, in denen Gras wächst; die Größe und Gestalt der Wolken, ihre Richtung und Höhe, ihren Inhalt und ihre Kraft; die körperliche, emotionale und energetische Unterschiedlichkeit und Vielfalt der Menschen. Synchronizität ist in der Natur die Regel, nicht die Ausnahme. Synchronizität tritt in Erscheinung, wo die Faktoren von Intentionalität konvergieren. Obwohl „Zufälle" für das ungeübte Auge beliebig aussehen können, sind sie für den Mystiker oder für einen Higher Ground Leader nicht weniger als die Manifestation angestrebter Ergebnisse.

! Die größte Entdeckung meiner Generation ist, dass ein Mensch sein Leben ändern kann, indem er seine Geisteshaltung ändert.

William James

4. Loslassen

Wir wollen uns jetzt auf eine Meditation vorbereiten, die Ihnen hilft, das Loslassen zu lernen. Bitte lesen Sie die folgenden Sätze langsam und machen Sie nach jedem eine Pause, damit ihre Bedeutung sanft in Ihr Bewusstsein hineinsickern kann. Spüren Sie jedem Satz einen Moment lang nach, atmen Sie dann tief ein und machen Sie die Pause, bevor Sie zum nächsten Satz weitergehen:

- Erkennen Sie Ihren Wunsch an, ein Instrument des Universums zu sein. *Ich bin ein Instrument des Universums.*
- Sagen Sie Dank für das Leben, wie es ist. *Ich sage Dank für das Leben, wie es ist.*
- Lassen Sie Ihren Ärger, ihre Traurigkeit und Ihre Ängste los. *Ich lasse jetzt alle Emotionen des Egos los.*
- Bewegen Sie Herz und Geist hinaus aus Ihrem gegenwärtigen Bewusstsein von Raum und Zeit. *Mein Herz und mein Geist sind in das Universum entlassen.*
- Nehmen Sie eine innere Haltung von Hingabe ein; gehen Sie mit dem Fluss des Lebens. *Ich gebe mich hin, ich gehe mit dem Fluss.*
- Denken Sie wie ein Mystiker, in Thomas Mertons Definition des Begriffs: Nehmen Sie die innere Haltung eines vollkommenen, wertfreien Staunens über das Leben ein. *Ich begegne jedem Moment des Lebens in Staunen.*
- Seien Sie bereit, das, was Sie wissen müssen, von der Vorwahrscheinlichkeitsebene zu empfangen. *Ich bin bereit, das anzunehmen, was ich wissen muss.*

Schließen Sie Ihre Augen und üben Sie diese Gedanken. Wiederholen Sie sie einige Augenblicke lang in derselben Reihenfolge. Dann lesen Sie langsam weiter. Machen Sie wieder nach jedem Satz eine Pause, um ihn in Ihr Bewusstsein sinken zu lassen.

In dieser mystischen Haltung haben wir die Fähigkeit, das zu manifestieren, was wir von der Vorwahrscheinlichkeitsebene brauchen. Dort liegen die Informationen, die uns helfen, unsere eigene Bestimmung, Aufgabe und Berufung zu definieren. Mit diesem

Wissen bereiten wir uns darauf vor, die Informationen von der Vorwahrscheinlichkeitsebene abzurufen. Das tun wir so:

- Nehmen Sie Ihre bewussten Absichten und entlassen Sie sie ins Universum.
- Lassen Sie Ihr Ego aus dem Spiel. Gleich, wie schwierig das auch erscheinen mag: Es ist eine wesentliche Vorbedingung. Wenn Sie sich selbst dabei ertappen, dass Sie sich Fragen über die Wirkung eines Gedankens oder einer Handlung stellen und über den Gewinn, den Sie daraus ziehen könnten, treten Sie zurück, beobachten Sie sich und diese Fragen und lassen Sie sie vorüberziehen.
- Schließen Sie die Augen und üben Sie diese Gedanken. Wiederholen Sie sie einige Augenblicke lang in derselben Reihenfolge.
- Üben Sie vor allem, sich nicht mit dem Ergebnis zu beschäftigen.

Die Meditation der Berufung

Suchen Sie sich einen Freund, der Ihr Führer bei dieser Meditation sein soll. Das sollte jemand sein, der Ihnen nahesteht, dem Sie vertrauen und der Sie bei der Suche nach Ihrer Berufung unterstützt. Bitten Sie diesen Partner, die folgende Meditation sehr langsam und mit vielen Pausen zu lesen, bewusst und langsam zu artikulieren und seine Stimme nicht monoton klingen zu lassen. Bitten Sie diesen Partner, sich Zeit zu lassen, regelmäßige Pausen zu machen und Sie daran zu erinnern, dass Sie sich auf Ihre Atmung konzentrieren. Beginnen Sie mit der Meditation bitte erst, wenn die dafür notwendige Zeit ungestört zur Verfügung steht. Nachdem Sie begonnen haben, versuchen Sie bitte, in keiner Phase der Meditation irgendeine Eile zu entwickeln. Bitten Sie Ihren Führer, sich Ihres besonderen Bewusstseinszustandes jederzeit bewusst zu sein und für Ihre Sicherheit zu sorgen. Wenn Sie einen Meditationslehrer oder -meister kennen, bitten Sie ihn, dass er Sie durch diese Meditation begleitet.

Brechen Sie die Meditation ab, wenn Sie an irgendeiner Stelle das Gefühl haben, dass sie irgendwelche körperlichen, emotionalen

oder mentalen Probleme auslösen könnte, oder wenn sie Sie irgendwelchen medizinischen Risiken aussetzen könnte. Nach der Meditation ist es ratsam, sich eine Weile auszuruhen. Schreiben Sie in Ihr Tagebuch oder spüren Sie den Wahrnehmungen und Empfinden nach, die Sie überschwemmen werden und die Ihr Leben verändern könnten. Oder erleben Sie einfach ein köstliches Gefühl der Ruhe – was auch immer die Erfahrung bringt, lassen Sie es zu.

Suchen Sie sich zuerst einen bequemen Platz zum Sitzen. Wenn Sie regelmäßig meditieren, werden Sie wahrscheinlich eine Haltung mit gekreuzten Beinen bequem finden. Wenn nicht, setzen Sie sich auf einen Stuhl, die Füße flach auf dem Boden, den Rücken aufrecht und bei Bedarf an einen festen Halt gelehnt, damit die Energie frei und direkt ihre Wirbelsäule hinauf- und hinunter fließen kann. Legen Sie Ihre Hände mit den Handflächen nach oben auf Ihre Knie; damit laden Sie die universelle Energie ein, durch Sie hindurchzufließen.

Wenn Sie Musik hören wollen, die Ihre Seele beruhigt, stellen Sie sie sehr leise. Sorgen Sie dafür, dass die Musik eine Unterstützung im Hintergrund und keine Ablenkung ist und dass Sie nicht Ihre Meditation unterbrechen müssen, um die Lautstärke zu regulieren.

Wenn Sie das wollen und ohne Risiko tun können, zünden Sie eine Kerze an. Sorgen Sie dafür, dass es keine Ablenkung in Ihrer Umgebung gibt und dass Sie nicht gestört werden.

Hier beginnt nun der Text, den Ihr Partner oder Meditationslehrer Ihnen bei der Meditation vorliest. (9)

●

Nehmen Sie eine bequeme Haltung ein. Erlauben Sie Ihren Augen, sich zu schließen. Beginnen Sie jetzt die Meditation, indem Sie Ihre Aufmerksamkeit auf Ihren Atem richten.

Einatmen und ausatmen. Atmen Sie leicht und ohne Anstrengung ein. Atmen Sie leicht und ohne Anstrengung aus. Mit jedem Atemzug entspannen Sie sich mehr und mehr und fühlen sich immer wohler dabei. Jedes Geräusch von außen dient Ihnen nur als Impuls, tiefer nach innen zu gehen. Lassen Sie die

Geräusche eine Erinnerung daran sein, wie angenehm es ist, den Lärm und den Stress der Außenwelt hinter sich zu lassen, und reisen Sie in die Stille und in den Frieden ihrer eigenen inneren Welt.

Während Sie tiefer und tiefer in Stille und Leichtigkeit sinken, stellen Sie sich eine goldene Schnur vor, die auf der Rückseite Ihrer Wirbelsäule herunterfällt. Stellen Sie sich vor, dass die Schnur tief hinab bis ins Zentrum der Erde reicht. Stellen Sie sich vor, dass es dort etwas gibt, an dem Sie das Ende der Schnur befestigen können, sodass Sie sich fest mit der Erde verbunden fühlen, gleich wohin Ihre innere Reise Sie führt.

Während Sie sich tiefer und tiefer in einen Zustand der Entspannung hineinsinken lassen, denken Sie an einen Moment in Ihrem Leben zurück, als Sie an einem Teich oder einem See standen und dabei den Frieden und die Sanftheit der Stille erlebt haben. Mit Ihrem inneren Auge sehen Sie sich wieder an diesem Teich oder See stehen. Lassen Sie nun einen Stein ins Wasser fallen und betrachten Sie die Wellen, die sich kreisförmig ausbreiten. Eine Welle nach der anderen gleitet nach außen, immer weiter. Die Wellen werden langsamer, und ihr Abstand vergrößert sich, bis sich das Wasser beruhigt und wieder still und friedlich ist.

Stellen Sie sich vor, dass Ihr Körper wie der Körper des Wassers ist. Lassen Sie einen Atemzug – wie den Stein ins Wasser – in Ihren Körper fallen. Wenn Sie einen Atemzug in das Zentrum Ihres Körpers fallen lassen, erleben Sie, wie die Wellen der Entspannung sich nach außen hin entfalten. Wellen der Entspannung fließen durch Ihren Körper, durch Ihren Rumpf hinauf in die Brust, die Schultern und den Rücken. Sie fließen durch die Wirbel hinauf und breiten sich in jeden einzelnen Muskel Ihres Rückens und Ihres Nackens aus. Die Wellen fließen durch Ihre Schultern und Arme, nach oben durch Ihren Hals, Ihr Kinn, Ihr Gesicht, Ihre Kopfhaut. Genießen Sie diese Wellen, während Sie Ihren Körper entspannen, während Ihre Muskeln loslassen und sanft und locker werden. Fühlen Sie jetzt die kleinen Wellen der Entspannung zum unteren Teil Ihres Rumpfes fließen, durch Ihren Unterbauch und Ihr Becken, weiter nach unten durch Ihre Oberschenkel, Waden und Fußgelenke, Füße und Zehen. Mit jedem Atemzug, den Sie in die Mitte Ihres Körpers fallen lassen, werden Sie entspannter. Und während Sie entspannen, werden Sie merken, dass Sie immer stiller und ruhiger werden.

(Pause)

Bleiben Sie mit der Aufmerksamkeit ganz bei Ihrem regelmäßigen Atem.

(Pause)

Dies ist eine Meditation über Intentionalität. Also beginnen wir mit der Intention, Ihren Körper zu heilen, den Tempel Ihrer Seele.

(Pause)

Bleiben Sie weiter bei Ihrem Atem.

(Pause)

Denken Sie einen Moment an jene Dinge, über die Sie sich zurzeit ärgern.

(Pause)

Bleiben Sie mit der Aufmerksamkeit weiter bei Ihrem Atem, der regelmäßig ein- und ausströmt.

(Pause)

Lassen Sie jetzt diese Dinge los, über die Sie sich ärgern. Entlassen Sie sie sanft aus Ihren Gedanken. Bleiben Sie mit der Aufmerksamkeit weiter bei Ihrem Atem.

(Pause)

Sprechen Sie in Gedanken langsam den Satz: „Ich lade die Göttliche Gegenwart des Schöpfers ein." (Der Schöpfer ist die

Höhere Präsenz, wie Sie sie verstehen.) Wiederholen Sie das mehrere Male: „Ich lade die Göttliche Gegenwart des Schöpfers ein." Wiederholen Sie diesen Satz vier oder fünf Minuten lang weiter.

(Pause)

Bleiben Sie mit der Aufmerksamkeit ganz bei Ihrem Atem.

(Pause)

Jetzt denken Sie einen Moment lang an die Dinge, vor denen Sie zurzeit Angst haben.

(Pause)

Kehren Sie mit der Aufmerksamkeit zurück zu Ihrem Atem, der regelmäßig ein- und ausströmt.

(Pause)

Lassen Sie all die Dinge los, vor denen Sie Angst haben. Entlassen Sie sie sanft aus Ihren Gedanken. Bleiben Sie mit der Aufmerksamkeit bei Ihrem Atem.

Wiederholen Sie langsam den Satz: „Ich lade die Göttliche Gegenwart des Schöpfers ein." Wiederholen Sie das wieder mehrere Male: „Ich lade die Göttliche Gegenwart des Schöpfers ein."

(Pause)

Kehren Sie mit der Aufmerksamkeit zurück zu Ihrem Atem, der regelmäßig ein- und ausströmt.

(Pause)

Tasten Sie sehr langsam Ihren Körper mit Ihrem dritten Auge ab. Bringen Sie dabei Ihr mentales Geplapper zum Schweigen. Konzentrieren Sie Ihre Energie innerhalb des physischen Körpers. Wenn Sie sich gesammelt haben, lassen Sie Ihre Aufmerksamkeit langsam von der Spitze Ihres Kopfes bis zu den Zehenspitzen wandern. Halten Sie bei jedem Körperteil einen Augenblick inne und betrachten Sie ihn mit Ihrem inneren Auge. Entspannen

Sie ganz sanft jeden Muskel, in dem Sie noch Verspannung finden. Vergessen Sie nicht Bereiche wie Ihre Kehle, Ihre Wangen, Ihre Augenbrauen, Ihren Kiefer und Ihre Zunge, Ihre Brust und Ihren Bauch, Ellbogen, Arme und Hände, Knie, Waden, Füße und Zehen – und auch jeden Knöchel und jedes Gelenk.

(Pause)

Gehen Sie mit der Aufmerksamkeit zurück zu Ihrer tiefen Atmung und wiederholen Sie: „Ich lade die Göttliche Gegenwart des Schöpfers ein."

(Pause)

Lenken Sie Ihre Aufmerksamkeit zu Ihrem Herzen hin und werden Sie sich seines Schlagens bewusst, mit dem es die Lebenskraft durch Ihren Körper schickt. Während Sie mit der Aufmerksamkeit bei Ihrem Herzen sind, entspannen Sie sich und lassen Sie es zu, dass Ihr Herzschlag allmählich langsamer wird und sich beruhigt.

(Pause)

Bleiben Sie mit der Aufmerksamkeit bei Ihrem regelmäßigen Atem, der sich zusammen mit Ihrem Herzschlag verlangsamt.

(Pause)

Lenken Sie Ihre Aufmerksamkeit auf den Strom des Blutes in Ihrem Körper und werden Sie sich der lebenserhaltenden Rolle bewusst, die Ihr Herz dabei spielt. Betrachten Sie alle Bereiche in Ihrem Körper, in denen es Schmerzen gibt. Konzentrieren Sie sich einen Moment lang auf diese Stellen und bringen Sie Wärme dorthin. Werden Sie sich des Prickelns und der Wärme bewusst, die Sie spüren, wenn das in diese empfindsamen Bereiche fließt und die Temperatur ansteigt.

Atmen Sie weiter langsam und tief in einem gleichmäßigen Rhythmus.

(Pause)

Lassen Sie jeden noch übrig gebliebenen Ärger los.

(Pause)

Während Sie tief atmen, heilt Ihr Körper, und Ihr Geist klärt sich von allen anderen Dingen.

(Pause)

Bleiben Sie mit der Aufmerksamkeit ganz bei Ihrem Atem.

(Pause)

Bringen Sie nun die Aufmerksamkeit zu Ihrer Leidenschaft – zu dem, was die größte Freude in Ihr Leben bringt. Jetzt stellen Sie sich die höchsten Fähigkeiten, das höchste Können vor, das Sie entfalten könnten, wenn Sie diese Leidenschaft zum höchsten Glanz erblühen ließen. Stellen Sie sich Ihre Leidenschaft als eine Berufung vor, und stellen Sie sich vor, wie Sie selbst diese Berufung auf dem höchsten Niveau praktizieren, das Menschen je erreichen können. Stellen Sie sich vor, dass Sie Ihre Berufung in Perfektion betreiben.

Fassen Sie dieses Bild in eine Kugel aus weißem Licht und behalten Sie es in Ihrem Herzen. Atmen Sie weiter ruhig und tief und wiederholen Sie den Satz: „Ich lade die Göttliche Intervention des Schöpfers ein."

Während Sie Ihr Bild in der Kugel weißen Lichts im Herzen halten, reisen Sie nun auf die Vorwahrscheinlichkeitsebene, wo alles Wissen, das Sie für Ihre Berufung brauchen, als reines Potenzial ruht. Bringen Sie Ihre Aufmerksamkeit zu dem Punkt zwischen Ihren Augen, zu Ihrem dritten Auge. Stellen Sie sich vor, dass da eine helles weißes Licht brennt. Stellen Sie sich das intensive Weiß dieses Lichts zwischen Ihren Augen vor. Stellen Sie sich jetzt vor, dass dieses helle Licht ein Strahl wird, der sich hinaus in den Raum erstreckt. Folgen Sie dem Strahl, wenn er das Gebäude verlässt, in dem Sie sitzen, und wenn er über Ihre Stadt hinausgeht. Er bewegt sich weiter und immer weiter weg. Jetzt können Sie die ganze Landschaft in Ihrer Umgebung sehen, und jetzt das ganze Land. Reisen Sie immer weiter in den Raum und achten Sie auf die Krümmung der Erde. Wenn Sie immer weiter und weiter in den Raum reisen, finden Sie sich von der Sanftheit und der Stille des Raums umhüllt. Beachten Sie unter sich die große blaugrüne Kugel der Erde und die weißen Wolken, die sie streicheln. Nehmen Sie sich einen Augenblick Zeit, um sich über diesen Anblick zu freuen. Reisen Sie immer weiter, bis es nichts mehr zu sehen gibt, nur die Leere. Dies ist die „Quanten-Leere". Sie sind jetzt auf der Vorwahrscheinlichkeitsebene – dem Platz des Wissens, wo alle Informationen bereitliegen, die Sie brauchen, um reine Meisterschaft in Ihrer Berufung zu erlangen.

(Pause)

Bleiben Sie mit der Aufmerksamkeit ganz bei Ihrem Atem.

(Pause)

Bereiten Sie sich darauf vor, alle Anleitung zu bekommen, die Sie brauchen, um Ihre Berufung zu finden. Sagen Sie sanft und lautlos zu sich selbst: „Ich bin bereit zu empfangen." Wiederholen Sie diesen Satz vier oder fünf Minuten lang. Bleiben Sie mit der Aufmerksamkeit bei Ihrem Atem, der rhythmisch, tief und gleichmäßig sein soll.

Verharren Sie noch ein paar Augenblicke in Stille an diesem Platz der absoluten Leere.

(Pause)

Bleiben Sie mit der Aufmerksamkeit bei Ihrem Atem.

(Pause)

Kehren Sie jetzt langsam von der Vorwahrscheinlichkeitsebene zurück, indem Sie auf einem Bogen von Licht zurück zu der weißen Kugel in Ihrem Herzen gleiten und so die Zukunft mit der Gegenwart verbinden.

(Pause)

Bleiben Sie mit der Aufmerksamkeit bei Ihrem Atem.

(Pause)

Es ist jetzt Zeit, Ihre Intentionalität wieder loszulassen, die Sie hinaus in das Universum gestellt haben. Ihre Wünsche werden sich in der Realität von Raum und Zeit manifestieren – da gibt es keinen Zweifel. Nur der Zeitpunkt ist ungewiss; er liegt in den Händen des Universums. Wiederholen Sie still: „Ich vertraue dem Universum."

(Pause)

Bleiben Sie mit der Aufmerksamkeit bei Ihrem Atem.

(Pause)

Bereiten Sie sich darauf vor, langsam in einen wachen Zustand zurückzukehren. Lassen Sie die Augen geschlossen.

(Pause)

Bleiben Sie bei Ihrer Atmung.

(Pause)

Wenn Sie so weit sind, kehren Sie langsam in den gegenwärtigen Augenblick zurück. Nehmen Sie sich Zeit. Ohne die Augen zu öffnen, reiben Sie Ihre Hände aneinander, damit sie warm werden. Legen Sie dann die hohlen Hände über Ihre Augen, ohne sie zu berühren. Spüren Sie die Wärme und die Energie, die von Ihren Händen ausgeht. Wenn der Moment für Sie richtig ist, öffnen Sie sanft die Augen, aber halten Sie die Hände weiter über den Augen, ohne sie zu berühren. Schauen Sie aufmerksam in die Wärme und Dunkelheit Ihrer hohlen Hände. Dann lassen Sie sie langsam sinken.

Ruhen Sie sich jetzt aus. Schreiben Sie in Ihr Tagebuch, wenn Sie das Bedürfnis dazu haben. Lassen Sie die Meditation Wirkung zeigen, indem Sie ganz in der Gegenwart sind, in diesem Moment, ohne sich stören oder ablenken zu lassen. Lassen Sie die Erfahrung, die Sie gerade gemacht haben, ihre Wirkung tun, indem sie Ihnen Zauber und Heilung und neues Bewusstsein bringt.*

* *Wenn Sie sich inspirieren lassen wollen von den persönlichen Leitsätzen über Bestimmung, Aufgabe und Berufung, die andere Leser, Klienten und Teilnehmer an Workshops, Seminaren und Retreats formuliert haben – oder wenn Sie gern Ihre eigenen Statements einsenden wollen –, dann gehen Sie bitte auf die Website des Secretan Centers: www.secretan.com/inspire.*

Kapitel
9

Schritt vier: Bringen Sie Bestimmung, Aufgabe und Berufung in Einklang

Nachdem er Klarheit über seine Bestimmung gewonnen, seine Aufgabe gefunden, sich zu seiner Berufung bekannt und andere ermuntert hat, auch ihre Berufung zu erkennen, geht der Higher Ground Leader den vierten Schritt: Er stellt einen Einklang her zwischen Bestimmung, Aufgabe und Berufung aller Beteiligten, damit seine Mitarbeiter die ganze Energie ihrer Berufung in den Dienst der gemeinsamen Aufgabe stellen können. Wenn Mitarbeiter von der Aufgabe hören und sich zu ihr hingezogen fühlen, fragt der Higher Ground Leader jeden einzelnen: „Was ist Ihre Berufung?" – und er hilft jedem, dieser Berufung zu folgen und Meisterschaft darin zu entwickeln. Auf diese Weise stellen die Mitarbeiter eine nahtlose, leidenschaftliche Verbindung zwischen ihrer Berufung und der Aufgabe her und nutzen beides, um ihre Bestimmung zu leben.

Nahtlose Übereinstimmung herstellen

Bisher haben wir Bestimmung, Aufgabe und Berufung (unser *Warum – Sein – Tun*) als drei eigenständige Ideen betrachtet – aber in Wirklichkeit sind sie eins. Wenn sie in unserem Inneren vereint sind, können wir ein tiefes Gefühl von Freude erleben – weil wir unser Leben ganz *auf ein Ziel hin* leben.
Inspirierte Menschen wollen fünf Dinge über ihre Arbeit wissen:

1. Wie hilft die Arbeit dabei, meine Lebensaufgabe zu verwirklichen?
2. Kann ich in dieser Arbeit meine tiefsten kreativen Gaben nutzen?
3. Hat meine Arbeit in der Welt eine Wirkung, wird sie Sinn stiften, und wird sie die Welt zu einem besseren Ort machen?
4. Wie erfüllt die Arbeit meine spirituellen Bedürfnisse?
5. Möchte ich so im Universum sein?

Dies sind Fragen, über die Führungskräfte neuen Typs häufig nachdenken; denn sie wollen sichergehen, dass sie für jede von ihnen eine befriedigende Antwort gefunden haben. Sie wissen, dass man die Herzen anderer eher bewegen kann, indem man auf Fragen wie diese zukunftsweisende Antworten gibt, als mit Plänen und Zielvorgaben. Das soll nicht heißen, dass Letztere unwichtig wären – aber sie führen uns auf den Weg der *Motivation*, während wir hier den Weg der *Inspiration* finden wollen. Führungskräfte neuen Typs unterstützen jeden Mitarbeiter mit aller Kraft darin, dass er seine Arbeit mit seiner persönlichen Aufgabe in Einklang bringen kann – denn sie sind auf der Suche nach einem nahtlosen Zusammenspiel zwischen der Arbeit und der Berufung und der Aufgabe eines jeden Individuums. Wir können nicht unsere Bestimmung leben, wenn wir nicht diese grundlegende Übereinstimmung leben. Nur dann können wir authentisch werden.

Laut *USA Today* hatte der internationale Zweig des Tabakkonzerns Philip Morris der tschechischen Regierung einen Bericht vorgelegt, in dem behauptet wurde, dass das Land im Jahr 1999 dank der „indirekten positiven Effekte“ des Rauchens rund 30 Millionen Dollar einsparen konnte. Wenn Menschen frühzeitig an

Krankheiten sterben, die durch Rauchen verursacht werden – so argumentierte der Bericht – spare der Staat Geld ein, das sonst für Gesundheitsversorgung, Renten und Mieten verbraucht worden wäre. 2001, als tschechische Medien von dem Bericht erfahren hatten, verbreitete die Nachricht sich schnell um die ganze Welt, und als Reaktion auf die öffentliche Erregung musste der Vorstandsvorsitzende John Nelson einräumen, dass die Kritiker Recht hätten, die in dem Bericht „eine gefühllose und zynische Missachtung grundlegender menschlicher Werte" sähen. Übereinstimmung und Authentizität waren hier in Frage gestellt: Philip Morris hatte 150 Millionen Dollar pro Jahr für eine Werbekampagne ausgegeben, um zu beweisen, dass es ein verantwortungsbewusstes Unternehmen sei und dass die Öffentlichkeit seinen Stellungnahmen in Gesetzgebungsverfahren und seiner Einschätzung der Gesundheitsrisiken neuer Tabakprodukte vertrauen könne. (1) Nach dem Eklat in Tschechien hat Philip Morris sich den neuen Namen Altria Group gegeben.

Wir alle sehnen uns nach mehr Übereinstimmung als in diesem Fall. Wir sehnen uns danach, innerlich kongruent zu sein und unsere Werte, Überzeugungen und Träume in Einklang zu bringen; nur dann erfüllen wir unsere Bestimmung, Aufgabe und Berufung. Eine große Aufgabe stellt die innere Verbindung, die wir zu unserer Arbeit und zur Welt haben, auf eine höhere Ebene. Sie verschiebt unser Bewusstsein so entscheidend, dass wir unsere Arbeit aus einer gänzlich neuen Sicht betrachten und sie nicht länger als eine langweilige funktionale Tätigkeit sehen, sondern als ein brillantes spirituelles Betätigungsfeld, das uns mit dem Göttlichen und mit dem Dienst am Nächsten verbindet. Dieser Blickwinkel verschiebt Arbeit vom Profanen hin zum Inspirierenden. Bill Pollard, früher Chairman der Firma ServiceMasters, formuliert es so:

> „Wir haben die Erfahrung gemacht, dass Menschen für eine Aufgabe arbeiten wollen, nicht nur für ihren Lebensunterhalt. Wenn die Aufgabe der Firma und die Berufung ihrer Mitarbeiter miteinander in Einklang sind, wird eine kreative Kraft freigesetzt, die zu hoher Qualität im Kundendienst und zum persönlichen Wachstum der Service-Mitarbeiter führt. Menschen finden Sinn in ihrer Arbeit. Die Aufgabe wird zum Organisationsprinzip und erzeugt Effizienz. Warum ist

Shirley, eine Putzfrau in einem städtischen Krankenhaus mit 250 Betten, nach 15 Jahren immer noch von ihrer Arbeit begeistert? Sie hat bestimmt manche Veränderung erlebt. Sie reinigt heute mehr Zimmer als noch vor fünf Jahren. Arbeitsgeräte und Reinigungsmittel sind verbessert worden. Aber Bäder und Toiletten sind immer noch die gleichen. Der Schmutz hat sich nicht verändert, die Arroganz einiger Ärzte auch nicht, und die Patienten verschütten ihren Tee noch genauso oft. Was also inspiriert Shirley? Hat sie bei ihrer Arbeit eine Mission? Ist ihr Job nur das Säubern des Bodens, oder ist sie Teil eines Teams von Menschen, das kranken Menschen hilft, gesund zu werden? Weiß sie, dass sie gebraucht wird und einen wichtigen Beitrag leistet?

Shirley sieht, dass ihr Job sich auf das Wohlergehen des Patienten im Bett erstreckt, und dass sie Teil eines Teams ist, das die Arbeit der Ärzte und Krankenschwestern unterstützt: Sie hat eine Aufgabe – eine Aufgabe, die die Gesundheit und das Wohlergehen anderer Menschen betrifft. Als Shirley vor mehr als 15 Jahren zu uns kam, suchte sie zweifellos nur einen Job. Aber sie kannte ihr Potenzial und hatte den Wunsch, etwas Bedeutendes zu leisten. Als ich mit Shirley über ihre Arbeit sprach, formulierte sie ihre Aufgabe: ‚Wenn wir uns beim Putzen nicht um Qualität bemühen', sagte sie, ‚können Ärzte und Krankenschwestern ihre Arbeit nicht machen, und wir könnten den Patienten nicht dienen. Dieses Haus würde Dichtgemacht, wenn es keine Putzfrauen gäbe.' Shirley hat damit bestätigt, dass unsere Aufgabe etwas sehr Reales ist."

Wenn Sie John Dornan fragen, was die Vision oder die „Mission" des SAS Institute ist, wird er Ihnen sagen, dass es keine gibt, dass es nie eine gegeben hat und wahrscheinlich nie eine geben wird. Er wird einfach anmerken, dass SAS sich immer bemüht habe, für die Mitarbeiter das Richtige zu tun, und wenn man das tue, übersetze es sich in effektive Dienstleistungen und Lösungen für die Kunden. Wie Jim Goodnight, der Mitgründer der Firma, gern sagt: „Wenn man Mitarbeiter so behandelt, als seien sie die Firma, dann handeln sie auch so." Das klingt wie ein besserer Plan, als die üblichen Firmen-Mantras es sind. Wenn man Menschen gut behandelt und ihnen hilft, zu wachsen und ihre Berufung zu finden – davon ist Jim Goodnight überzeugt –, dann sind sie inspiriert und werden sich von sich aus um die Kunden kümmern. Dies ist eine Philosophie, die von Unternehmen wie Southwest Airlines, Timberland oder Baptist Health Care of Pensacola geteilt wird.

Die größten Führungspersönlichkeiten der Geschichte haben eng mit anderen zusammengearbeitet, um festzustellen, ob sie ihre wahre Berufung gefunden hatten. Wenn sie sich darin sicher waren, halfen sie den anderen, ihre Meisterschaft zu steigern, zu erweitern und außerordentliche Herausforderungen anzugehen. Sie waren transformative Vorgesetzte – Führungskräfte, die Menschen verändern und ihnen helfen zu wachsen.

Ich habe bei Manpower Limited für eine solche Führungskraft neuen Typs gearbeitet. Jim Scheinfeld vertraute mir die Leitung eines ganzen Unternehmens an, als ich 27 Jahre alt und ein blutiger Anfänger war. Er verbrachte die nächsten 14 Jahre damit, mich zu lehren, zu ermutigen, zu unterstützen, wenn nötig auch zu verteidigen – und mich dabei immer zu inspirieren. Ihm habe ich das Gefühl zu verdanken, dass ich keinen einzigen Tag in meinem Leben gearbeitet habe – ich habe immer nur meine Berufung erkannt und bin ihr gefolgt. Ich habe die Menschen geliebt, mit denen ich arbeitete, und ich habe meine Berufung immer in Einklang gebracht mit der Aufgabe, mit der ich meine Bestimmung leben konnte. Nach 14 Jahren verließ Jim das Unternehmen, und ein neuer Chairman übernahm die Führung, der andere Werte hatte und keine klare, mitreißende Aufgabe. Zum ersten Mal seit Jahren hatte ich das Gefühl, dass meine Berufung nicht mehr zur Aufgabe des Unternehmens passte, und daher war ich nicht länger inspiriert. Leider ließ der Konflikt sich nicht lösen, und ich trat zurück. Aber Jims Geschenk an mich als eine Führungskraft neuen Typs war nicht umsonst, denn ich hatte das Glück erlebt, das ich fühle, wenn meine Berufung mit einer Aufgabe im Einklang ist – und bis heute habe ich mich nie wieder mit etwas Geringerem zufrieden gegeben. Wenn wir ein authentisches Leben führen wollen, können wir nicht ohne Einklang mit unserer Bestimmung, Aufgabe und Berufung leben.

Im Einklang mit einer edlen Aufgabe

Die Monsanto Corporation, deren Firmenmotto lautet: „Nahrung – Gesundheit – Hoffnung“, ist eines der weltweit führenden Biotechnologie-Unternehmen und ein Pionier in der Entwicklung von genetisch veränderten Pflanzen. Sie stellt Saatgut her, das Pestizide und Herbizide gut verträgt, und zwar für unterschiedliche Kulturpflanzen von Mais bis Canola (eine Rapsart). Seit Tausenden von Jahren haben Bauern überall in der Welt gesät, geerntet und einen Teil der Früchte behalten, um daraus neue Samen zu gewinnen. Für mehr als eineinhalb Milliarden Menschen, vor allem arme Bauern, sind diese selbst erzeugten Samen der Grundstock für die Saat des nächsten Jahres. Um ihre aufwendige Forschung besser refinanzieren zu können, forderte Monsanto die Bauern auf, kein Saatgut aufzubewahren, und verlangte dafür sogar vertragliche Zusagen. Aber die Bauern waren nicht leicht zu überzeugen, vor allem in Entwicklungsländern. Also entwarf Monsanto einen Plan, um sicherzustellen, dass die Bauern nicht anders handeln konnten. Die Firma entwickelte einen neuen Stamm gentechnisch veränderten Saatguts, der zwar gesunde Früchte lieferte, dessen Samen aber nach der Reife steril und zur Fortpflanzung unfähig wurden. Kritiker dieser Taktik haben eine Bewegung gebildet und über das Internet eine Debatte entzündet. Sie nannten diese Gensorte *Terminator* und verbreiteten düstere Vorhersagen über Saatgutmonopole, bankrotte Subsistenz-Bauern und giftige Wolken von Pollen, die von diesen „Supersamen" verbreitet werden und große Teile der Vegetation unfruchtbar machen könnten. (2)

Im Angesicht dieser weltweiten Opposition gab Monsanto 1999 seine Technologie der *Terminator*-Samen wieder auf. Hope Shand, Forschungsdirektor der Rural Advancement Foundation International, einer internationalen Nonprofit-Organisation mit Sitz in Winnipeg (Kanada), sagte: „Das Unternehmen hat schließlich erkannt, dass *Terminator* niemals öffentliche Akzeptanz finden wird. Monsanto hätte niemals das profitbringende Potenzial steriler Samen nur deshalb aufgegeben, weil es eine unmoralische Technologie ist. *Terminator* war ein Synonym für unternehmerische Gier geworden und hatte deshalb überall in der Welt Widerstand ausgelöst."

Unabhängig von diesen Argumenten wirft der Fall Fragen nach Einklang, Kongruenz und Führungsprinzipien auf. Vor allem: „Was ist die *Aufgabe* von Monsanto?" Hat diese Aufgabe wirklich mit „Nahrung – Gesundheit – Hoffnung" zu tun, wie behauptet?

Hilft sie, die Welt zu ernähren, das Leben der Bauern zu verbessern und die Armen zu befreien, oder geht es nur darum, den Börsenwert und die Dividende zu steigern, die Konkurrenz zu schlagen und den Markt zu beherrschen? Wenn ich für eine Organisation oder für Führungskräfte arbeite, die Methoden, Strategien und innere Haltungen dieser Art an den Tag legen – wie wollen sie mir dann helfen, meine Bestimmung zu verwirklichen? Mitarbeiter lassen sich meist nicht lange von Gier und selbstbezogenen Zielen inspirieren. Um Menschen auf lange Sicht zu inspirieren, müssen wir dafür sorgen, dass die gemeinsame Aufgabe in etwas Höherem als Selbstinteresse verwurzelt ist – in etwas, das über persönlichen oder Firmen-Gewinn hinausgeht, in etwas, das einen höheren Sinn anerkennt und anspricht. Inspiration wird erzeugt, wenn Mitarbeiter verstehen, wie ihre Berufung zu diesem höheren Zweck passt und ihm dient und wie diese Harmonie in ihnen weiterklingt. Inspiration wird durch eine perfekte Übereinstimmung von Bestimmung, Aufgabe und Berufung erzeugt – aber die Aufgabe muss dabei sinnvoll oder edel sein. Monsanto hat eine Chance verpasst, weil das Unternehmen Menschen verschreckt hat, statt ihre Bedürfnisse in eine edle Aufgabe zu fassen und sie so zu inspirieren.

> ! Jeder Mensch sollte sich bemühen, noch vor seinem Tod zu erkennen, vor was er davonläuft, wohin und warum.
>
> *James Thurber*

Leidenschaft wecken und in Einklang bringen

In der frühen Aufbauphase von Manpower Limited – einem Teil des Konzerns, der heute der größte Arbeitgeber der Welt ist – war ich der CEO eines Teams, das sich der Aufgabe verpflichtet hatte, eines der inspiriertesten, beseeltesten und am konsequentesten auf den Menschen ausgerichteten Unternehmen der Welt aufzubauen. Einer der Gründe, weshalb wir so erfolgreich wurden, war unsere vollkommene Hingabe an Menschen und an die Würdigung der Berufung jedes Einzelnen. Statt „Funktionen" einzustellen – Branchenmanager, Controller, Technische Direktoren und so weiter – war es uns wichtig, einfach das beste Team der Welt aufzubauen. Ich hatte gelernt, dass es relativ leicht war, gut ausgebildete, fähige Arbeitskräfte zu finden. Viel schwieriger war es offenbar, Menschen mit *Leidenschaft* zu finden. Wir wussten, wenn wir talentierte, aber zugleich auch inspirierte und leidenschaftliche Menschen mit einer starken inneren Verpflichtung an Geist und Werte fänden, wären wir in der Lage, erfolgreiche Betriebe um sie herum aufzubauen. Es waren die Leidenschaft, der Geist und die Werte, auf die wir ein Unternehmen bauen mussten, nicht eine Ansammlung von Aufträgen oder Funktionen.

Eines Tages nahm ein ehemaliger Hubschrauberpilot mit uns Kontakt auf. Er hatte von unserer Aufgabe gehört und wollte Teil unserer Träume sein. Als wir ihn kennenlernten, spürten wir sofort, dass er unser Team menschlich perfekt ergänzen würde. Er hatte die Leidenschaft, die wir brauchten, und wir waren alle der Meinung, dass wir gern etwas mit ihm zusammen machen würden – aber wir hatten keine Ahnung, was. Also fragten wir ihn nach seiner Berufung. Er sagte uns, er liebe das Fliegen, und dass er ein begabter Pilot sei. Wir mochten ihn sehr, und ihm ging es mit uns genauso. Also fingen wir an, Ideen zu sammeln, wie wir seine Berufung mit unserer Aufgabe in Einklang bringen könnten. Er erzählte uns, wie er in der boomenden Gründerzeit der Nordsee-Ölindustrie Personal vom schottischen Festland zu den Bohrinseln geflogen hatte. Inzwischen gebe es viele neue Firmen in diesem Geschäft, sagte er, aber sie seien unterversichert und gefährlich, es fehle ihnen an Organisation und Führung. Mit seinem Know-how gründeten wir ein neues Unternehmen zur Wartung von Helikopterflotten in der Erdölindustrie. Er wurde der Präsident des neuen Geschäftsbereichs, und durch seinen Einsatz wurden wir Marktführer auf diesem Gebiet. Wir waren immer auf der Suche nach leidenschaftlichen Menschen – „Hubschrauberpiloten" nannten wir sie –, um unser Geschäft zu inspirieren.

Während meiner 14 Jahre bei Manpower wiederholten wir diesen Ansatz viele Male. Wir fanden viele wunderbare Menschen – nicht Funktionen –, die sich zu unserer Aufgabe hingezogen fühlten, und wir halfen diesen „Hubschrauberpiloten", ihre Berufung in Einklang mit unserer Aufgabe zu bringen, so dass sie für sich reizvolle Karrieren schaffen konnten, während sie zugleich ihre Leidenschaft in unsere gemeinsame Aufgabe investierten.

Wir wurden der größte Verbund von Lkw-Fahrern in Kanada, wir halfen, einige der wichtigsten Fernstraßen zu planen, wir waren das erste Unternehmen unserer Branche, das einen Vertrag mit einer Gewerkschaft unterzeichnete, und wir waren Pioniere bei der Erprobung von und der Ausbildung für Informationstechnologie. Die Firma wurde zu einem international beachteten Fallbeispiel für menschenzentriertes Wachstum und wertezentrierten Führungsstil („Values-centered Leadership"®). Das Unternehmen war sehr profitabel und wurde entsprechend bewundert. Wir hatten ein eigenes Team, das die Besucher empfing, die täglich bei Führungen durch das Unternehmen die „Geheimnisse" unseres Führungsstils kennenlernen wollten. Unsere „Hubschrauberpiloten" inspirierten diesen Erfolg, indem sie ihre Bestimmung, Aufgabe und Berufung in Einklang brachten.

Als ich kürzlich vor 1.100 Ingenieuren bei Pratt and Whitney sprach – dem Hersteller von Düsentriebwerken, die mehr als die Hälfte der kommerziellen Fluglinien der Welt antreiben –, fragte ich sie, ob sie ihr Herz und ihre Seele in ihre Maschinen legten. Weil ich drei- oder viermal die Woche mit ihren Triebwerken fliege, hatte ich mehr als nur ein flüchtiges Interesse an der Sache. Ich sagte, dass es mich sehr beruhigen würde, wenn ich wüsste, dass jedes Triebwerk mit dem Geist und der Leidenschaft jedes Mitarbeiters versehen ist – wie bei den japanischen Zimmerleuten, die stolz ihre Initialen in jeden Balken schnitzen, obwohl dieses Zeichen später unsichtbar in der Struktur des Hauses verborgen sein wird. Ich hätte ein anderes Gefühl gegenüber ihren Triebwerken, wenn ich wüsste, dass sie nicht nur das Ergebnis des berühmten Ingenieurtalents von Pratt and Whitney seien, sagte ich, sondern auch das Ergebnis der liebevollen Sorgfalt eines jeden Mitarbeiters. Von den Ingenieuren erfuhr ich später, dass die Mitarbeiter bei Pratt und Whitney jeden Passagier, der mit ihren Triebwerken reist, als ein kostbares, heiliges Wesen ansehen und so dazu inspiriert sind, die besten Düsentriebwerke der Welt zu bauen. Das ist Führerschaft neuen Typs in Aktion – und in diesem Fall eine inspirierende Information für einen Vielflieger wie mich.

Setzen Sie die Musik in sich frei!

Heute leite ich eine weltweit tätige Beratungsfirma. Unsere erste Frage an potenzielle Mitarbeiter, die unser Konzept anwenden und lehren wollen, lautet: „Was ist Ihre Berufung?" Manche geben jene banalen Antworten, die wir alle von Unternehmensberatern kennen: „Ich arbeite gern mit Menschen." „Ich möchte Menschen helfen." Oder: „Ich möchte etwas bewirken." Aber diese Antworten wirken wie Schlaftabletten. Manche Menschen haben Angst davor, zu der Sehnsucht ihres Herzens zu stehen, und wenn sie sterben, haben sie die Melodie ihres Lebens immer noch nicht gespielt. Sie sind eingeschüchtert, ängstlich oder nicht bewusst und verpassen so die Gelegenheit, das Einzigartige in sich zu leben. Aber wir drängen sie, die Wahrheit zu formulieren.

Ein sehr erfolgreicher Managementberater sehnte sich privat danach, ein klassischer Pianist zu sein, aber er hatte Angst davor, das in einem beruflichen Umfeld auszusprechen. Er dachte, dass es in einer Welt, in der nur Ergebnisse zählen, für sein Talent keine Verwendung gäbe. Ich erzählte dem Berater von einem Workshop, den ich miterlebt hatte, in dem ein Pianist – ausgebildet an der Julliard School of Music – sich an einen Flügel setzte und Franz Liszts Liebestraum Nr. 3 in a-Moll spielte. Dann stand er auf, um vor dem Publikum von leitenden Angestellten zu sprechen. Die Zuhörer applaudierten wild für den talentierten Auftritt als Musiker. Aber ihm ging es ebenso ums Geschäft wie um die Musik.

„Liszt war ein Entrepreneur", begann er. „Er schrieb Musik, die auf keinem der Instrumente zu spielen war, die es zu seiner Zeit gab. Seine Musik war einfach zu schnell für die damaligen Tasteninstrumente. Also baute die Instrumentenindustrie eins für ihn. Es wurde als das Pianoforte bekannt, das wir heute Klavier nennen – ein Instrument, das bestimmt war für das Tempo, das Liszt sich in seinem Geist vorgestellt hatte. In der Mitte des 19. Jahrhunderts belebte Liszts Erfindungsgabe eine ganze Industrie – genauso wie Unternehmergeist das heute tut. Heute ist es das Gleiche: Softwareentwickler konzipieren Programme, für die es noch keine Hardware gibt – Hersteller von Rechnern und Mikroprozessoren reagieren auf diese Herausforderung mit neuen Chips und

Maschinen. Unternehmergeist und Kreativität bestimmen immer die Richtung des Marktes, nicht umgekehrt. Liszt war von den Grenzen verfügbarer Technologie nicht entmutigt, er war ein origineller Denker."

Mithilfe dieser musikalischen Analogie konnte der Redner vermitteln, was er sagen wollte, und zwar auf eine lebendige und unterhaltsame Weise, die seine Zuhörer nicht vergessen werden. Er zeigte auf, dass Liszt ein bahnbrechender Denker war, der sich von Grenzen der verfügbaren Technologie nicht einschränken ließ. Der Pianist verband sein musikalisches Wissen und Talent mit einer Metapher über moderne Technologie, um zu vermitteln, was er über Geschäftsstrategie und Führungsverhalten sagen wollte. Ich fragte nun jenen Berater: Wenn es sein Traum sei, Pianist zu werden, warum könne dann nicht auch er über den Tellerrand hinausdenken und seine musikalischen Fähigkeiten nutzen, um Prinzipien der Führung zu lehren? Wenn er Interesse daran verspürte, seiner Berufung bei uns zu folgen, könnten wir von seinen Fähigkeiten profitieren: Er könnte uns helfen, Werte und Spiritualität am Arbeitsplatz zu lehren und andere Menschen zu inspirieren, wenn er den Wunsch verspürte, seine Berufung im Dienst unserer Aufgabe zu verwirklichen.

Ich habe kürzlich von einem Pfarrer in Colorado gehört, der eine Leidenschaft für Filme hat. Jede Woche wählt er passende Filme aus, um die herum er die Themen seiner Sonntagspredigten entfaltet. Seine Berufung (abgesehen von seinem Priesteramt) hat mit Filmen zu tun; seine Aufgabe ist es, die christliche Botschaft zu verkünden, und er hat beides erfolgreich in Einklang gebracht. Seine Gemeinde ist begeistert und wächst, während andere Gemeinden in der Nachbarschaft mit sinkenden Besucherzahlen zu kämpfen haben. Ja, das kann Leidenschaft bewirken: Der Einklang Ihrer Berufung mit einer hohen Aufgabe mit Blick auf eine Bestimmung setzt Energie, Kraft und Begeisterung frei, die Menschen inspiriert, die sie erleben.

Sie sehen: Es geht darum, eine Verbindung herzustellen. Wenn ich Pianist sein möchte und wirklich glaube, dass das meine Berufung ist – dass es das ist, wozu ich geboren wurde –, dann muss ich die Frage stellen: „Wie kann mein Klavierspielen die Welt verändern? Was wird es anderen bedeuten? Wie wird es ihnen dienen und die Welt zu einem besseren Ort machen?“ Wenn ich Geistlicher bin und Filme liebe, muss ich fragen: „Wie kann ich meine Leidenschaft für Filme – also meine Berufung – nutzen, um der Aufgabe zu dienen, der ich verbunden bin?“ Oder kürzer: „Wie dient meine Berufung der Aufgabe?“ So verleihen wir unserer Berufung Gültigkeit.

Ein Kunde von uns – eines der größten Pharmaunternehmen der Welt – erfuhr davon, dass eine Mitarbeiterin ihre Berufung als Taucherin statt als Chemie-Ingenieurin fortsetzen wollte. Einer Führungskraft alten Typs wäre es nicht gelungen, hierzu eine Verbindung herzustellen oder sich auch nur auf diese tiefe Sehnsucht nach Authentizität bei einem Mitarbeiter einzulassen. Aber diese Angestellte hatte das Glück, eine Führungskraft neuen Typs als Mentor zu haben: Er gab ihr den Hinweis, dass ein Zweig des Unternehmens Chemikalien herstellt, die Muscheln von Schiffsrümpfen fernhalten. Er fragte sie, ob sie im Auftrag dieser Abteilung Unterwasserforschung in Puerto Rico machen wolle!

Während eines der Higher Ground Leadership Retreats für Mount Carmel bekannte die Leiterin der Finanzbuchhaltung sich dazu, dass zu ihrer Berufung Musik gehöre, denn sie ist eine leidenschaftliche Pianistin. Also kaufte ihr Vorgesetzter, der Finanzvorstand, ein gebrauchtes Klavier, ließ es überholen und stellte es in der Lobby des Bürogebäudes auf. Seitdem unterhält die Finanzdirektorin in der Mittagszeit Angestellte und Besucher mit ihren Darbietungen und verleiht ihrer neu entfachten Leidenschaft Ausdruck – zur Freude aller. Auf diese Weise praktiziert und entwickelt sie ihre Berufung und trägt zugleich zu der Aufgabe von Mount Carmel bei: *jede Seele mit liebevollem Dienst würdigen.*

Die Phantasie darf keine Grenzen kennen, wenn es darum geht, Berufung und Aufgabe in Einklang zu bringen – wir müssen einfach lernen, Ja statt Nein zu sagen. So inspirieren wir Menschen.

Entfalten Sie Ihre Talente ...

In meinem Buch *Reclaiming Higher Ground: Creating Organizations that Inspire the Soul* habe ich dargelegt, dass Meisterschaft einer der wichtigsten Werte herausragender Führungskräfte ist. (3) Ich definiere Meisterschaft als: „Tun Sie alles, was immer Sie tun, auf dem höchsten Niveau, zu dem Sie fähig sind.“ Ein Bonus für alle Anhänger dieser Idee ist, dass sie – wenn sie etwas besser machen als andere – ansehnliche Belohnungen für sich und ihre Umgebung ernten werden. Das ist ein wunderbares Gesetz des Lebens. Wenn Sie besser Rad fahren als andere – wie Lance Armstrong –, oder Eishockey spielen wie Wayne Gretzky, oder Golf wie Tiger Woods, oder tanzen wie Nurejew, oder singen wie Pavarotti – oder wenn Sie Ihr Unternehmen führen wie Jeffrey Swartz bei Timberland, Andrea Jung bei Avon, John Thompson bei Symantec, Colleen Barrett bei Southwest Airlines, Joseph Swedish bei Centura Health oder Joe Calvaruso bei Mount Carmel Health System –, werden Sie nicht nur selbst spirituellen und materiellen Reichtum sammeln: Die Energie ihrer Bestimmung, Aufgabe und Berufung wird auch Arbeitsplätze und Entfaltungsmöglichkeiten für andere schaffen, und die Einnahmen des ganzen Unternehmens werden steigen – wie die genannten Beispiele belegen.

Tiger Woods gewann das Masters Turnier, als er 20 war, und zog mit einem Rekord-Vorsprung von zwölf Schlägen an den besten Golfspielern der Welt vorbei. Zu dem Zeitpunkt sahen viele in ihm schon den größten Golfer aller Zeiten. Während die meisten Spieler sich jetzt damit zufrieden gegeben hätten, weiterhin das zu tun, was so gut funktioniert hatte, entschied Tiger Woods sich dafür, wahre Meisterschaft und ‚kaizen‘ anzustreben. Er sagte seinem Trainer, er wolle seine Schlagtechnik verbessern.

„Ich wusste, dass ich während des Masters beim Abschlag nicht die beste Körperhaltung hatte“, sagte Woods, „aber mein Timing war toll, deshalb habe ich es geschafft. Und mir gelang fast jeder Putt. Du kannst so eine wunderbare Woche haben, auch wenn dein Schwung nicht stimmt. Aber kannst Du mit diesem Schwung in der Weltspitze spielen, wenn dein Timing nicht so gut ist? Kann das auf Dauer gut gehen? Die Antwort auf diese Fragen war: Nein – bei der Technik, die ich hatte. Ich wollte das ändern.“ (4) Tiger Woods kannte seine Stärken und sein Potenzial, und er wusste, dass er durch größere Meisterschaft die Maßstäbe noch höher legen konnte, als seine Bewunderer dachten. In Kapitel 7 haben wir die Wichtigkeit von Klarheit, Entscheidung und innerer Verpflichtung untersucht. Tiger Woods hat diesen Weg gewählt – den Weg der

Klarheit (er wusste, was er tun wollte), der Entscheidung (er entschied sich, es zu tun) und der inneren Verpflichtung (mit seinem Trainer Butch Harmon schmetterte er Hunderte von Übungsbällen, analysierte immer wieder Videoaufnahmen seines Abschlags und wiederholte das alles so lange, bis er seinen Stil neu erfunden hatte) –, und er hat damit eine neue, höhere Ebene von Meisterschaft erreicht.

... und setzen Sie Ihre Gaben sinnvoll ein

Manchmal vergessen wir, was unsere wirklichen Gaben sind. Wir sind abgelenkt oder nicht fokussiert, und wir verlieren den Blick dafür, wie wir die magische Kraft unserer Berufung zum Wohle anderer Menschen anwenden können. Manchmal verwechseln wir die Prozesse unserer Arbeit, die Produkte, die wir herstellen, oder die Funktionen, die wir ausüben – also die Mittel – mit dem Sinn und Zweck unserer Tätigkeit. Der Zweck – *warum* wir etwas tun, unsere Bestimmung und Aufgabe – ist weit wichtiger als die Mittel, mit denen wir ihn erreichen.

Vor vielen Jahren fand kurz vor Weihnachten eine Vorstandssitzung bei Manpower Limited statt. Als Präsident des Unternehmens schlug ich ein Aktionsprogramm vor, mit dem wir uns sehr direkt in unserer Stadt engagieren konnten. Im Zentrum des Planes stand die Idee, dass wir in den wichtigsten Stadtteilen, in denen die Firma ansässig war, materiell weniger gut gestellte Familien persönlich besuchen und ihnen ein Weihnachtsessen bringen sollten.

Die Reaktion auf meinen Vorschlag überraschte mich. Der leitende Angestellte, der für Sonderaktionen zuständig war, hob die Augenbrauen, sah mir direkt ins Gesicht und fragte: „Bist du verrückt?"

Was antworten Sie jemandem, der fragt, ob Sie verrückt seien, wenn Sie gerade einen Akt menschlicher Großzügigkeit vorgeschlagen haben? Ich murmelte etwas, um Zeit zu gewinnen, während ich meine Gedanken sammelte.

Er sah mir noch immer direkt in die Augen und gab mir den Rat: „Wir haben aus dem Nichts ein Unternehmen aufgebaut, das heute 72.000 Menschen beschäftigt – vor zehn Jahren gab es diese

Jobs nicht. Sehr wahrscheinlich hat jeder dieser 72.000 Mitarbeiter mindestens einen Menschen, den er ernährt, und einen Freund. Damit profitieren von den Jobs, die wir geschaffen haben, direkt oder indirekt mindestens 200.000 Menschen. Mehr als 70.000 Jobs zu schaffen, war das Beste, das wir für die Allgemeinheit tun konnten. Warum sollten wir unser Talent von diesem guten Werk ablenken, um etwas zu tun, für das wir weder ausgebildet noch vorbereitet sind?"

Das war ein Argument.

Die meisten von uns möchten wohltätige Projekte unterstützen, und es ist gut, dass wir das tun. Aber das ist nicht die einzige Möglichkeit, etwas zu geben. Wenn Führungskunst Ihre Berufung und Ihre größte Meisterschaft ist, dann kann sie eine bessere Gabe sein als Bargeld, weil sie mit sehr viel Wirkung eingesetzt werden kann. Die wertvollste Gabe von allen ist Ihre Zeit und Ihr Talent, und wenn wir das geben, geben wir anderen unser Bestes. Wie Lao-Tse im sechsten Jahrhundert v. Chr. sagte: „Gib einem Menschen einen Fisch, und Du ernährst ihn einen Tag. Lehre einen Menschen fischen, und Du ernährst ihn ein Leben lang."

Seit mein Kollege mich diese Lektion gelehrt hat, habe ich die meisten (aber nicht alle) Anfragen nach Geldspenden für wohltätige Zweck höflich abgelehnt. In meinem besonderen Fall (ich sage nicht, dass das für jeden gilt) ist Geld spenden wie den Fisch zu geben. Was immer ich an bescheidenen Talenten habe, liegt im Führen von Organisationen – und darin, andere zu lehren und zu inspirieren, damit sie selbst führen können –, und ich bin mehr als bereit, dieses Talent und meine Zeit für eine lohnende Sache einzusetzen, oder anders gesagt: meine Gaben mit einer lohnenden Aufgabe in Einklang zu bringen.

Ein großer Konzertpianist könnte gebeten werden, eine Tagesgage für einen guten Zweck zu spenden. Aber dem guten Zweck wäre mehr gedient, wenn ihm die Zeit und das Talent des Pianisten für einen Tag zugute kämen. Mit dieser Gabe könnte ein Benefizkonzert organisiert werden, dessen Einnahmen dem wohltätigen Zweck zugute kommen. Der Beitrag des Pianisten bliebe derselbe, aber der Nutzen für den wohltätigen Zweck wäre weit größer. Wir sind immer größer, wenn wir Bestimmung, Aufgabe und Berufung miteinander in Einklang bringen.

Das Streben nach Meisterschaft im Dienst der Menschheit ist einer der größten Beiträge, die wir auf diesem Planeten leisten können. Wir alle sind aufgefordert, uns unserer Gaben bewusst zu werden und sie zum Besten anderer und so wirksam wie möglich einzusetzen. Dann wird unsere Berufung uns eine Freude sein, weil sie anderen Freude bringt und mit einer Aufgabe in Einklang steht.

Kapitel

10

So überprüfen Sie den Einklang zwischen Bestimmung, Aufgabe und Berufung

Einige klärende Fragen

Nachdem Sie jetzt zu einer gewissen Klarheit über den göttlichen wie auch den praktischen Sinn Ihres Lebens gekommen sind, ist es wichtig zu prüfen, wie gut die einzelnen Teile aufeinander abgestimmt sind. Denn nichts gibt Ihnen einen besseren Rückhalt als die sichere Gewissheit, dass Ihr Leben einen Sinn hat, dass Sie *auf ein Ziel hin* leben. Die Erfahrung von Freiheit und Ganzheit, die dieser Einklang hervorruft, kann sehr erhebend sein.

Solange wir unsere eigene *Bestimmung* nicht klar erkennen und ihr folgen – solange wir sie nicht in die Wirklichkeit umsetzen, indem wir eine *Aufgabe* definieren und ihr folgen und dazu unsere *Berufung*, unsere Gaben, unsere Fähigkeit zum Dienen einsetzen und entfalten –, so lange können wir keine authentischen Führungskräfte sein. So lange können wir anderen Menschen nicht dabei helfen, ihren eigenen wahren Weg zu erkennen und ihm zu folgen. Führungskräfte neuen Typs haben ein klares Verständnis von Ihrer Bestimmung, ihrer Aufgabe und ihrer Berufung. Sie haben eine intime Beziehung zu ihrem persönlichen Lebenssinn und zu dem Weg, der sie inspiriert.

Eine Methode, wie wir den Einklang dieser Elemente überprüfen können, besteht einfach darin, die Reihenfolge umzukehren und ihre innere Verbindung zu testen (siehe Tafel 10.1). Fragen Sie sich:

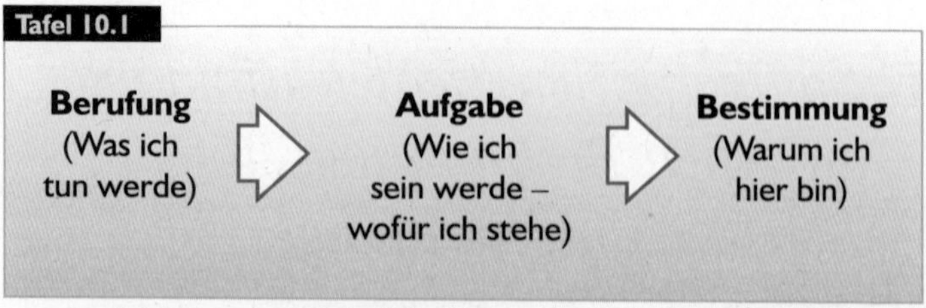

Tafel 10.1: Von der Berufung über die Aufgabe zur Bestimmung

1. Wenn ich meine wahre Berufung gefunden habe, diese einzigartige Verbindung von Talent und Leidenschaft, und wenn ich sie mit außerordentlicher Meisterschaft lebe – wird mir das dabei helfen, meine Aufgabe zu erfüllen?
2. Und wenn ich erfolgreich bei der Erfüllung meiner Aufgabe bin, wird das eine Wirkung in der Welt zeigen, wird es zur Erfüllung meiner Bestimmung beitragen?

Wenn wir unsere Bestimmung, Aufgabe und Berufung miteinander in Einklang bringen, dann ist das ein wichtiger Schritt zur Bestätigung und Vertiefung unseres Lebens. Es ist eine Bestätigung dafür, dass das neue Gefühl von Klarheit, das wir erleben, keine Illusion ist – dass die erfolgreiche Suche nach unserer Bestimmung, Aufgabe und Berufung nicht nur eine „Übung" war, sondern ein *reales* Ankommen auf einer neuen Stufe unseres persönlichen Wachstums.

Eine eindeutige Methode, mit der Sie Ihre Bestimmung, Aufgabe und Berufung aufeinander abstimmen können, besteht darin, dass Sie sich selbst einige klärende Fragen stellen – Fragen, die klarstellen können, wie und wem Sie dienen und wie die Welt dadurch, dass Sie Ihre Berufung ausüben, zu einem besseren Ort werden könnte.

Dazu könnten Sie sich fragen:

1. Warum ist meine Berufung so, wie ich sie beschrieben habe?
2. Wie wird meine Berufung meiner Aufgabe dienen und daher zu einer besseren Welt führen?
3. Wie wird meine Aufgabe dazu beitragen, dass ich ein edles Erbe hinterlassen werde?
4. Wenn meine Aufgabe erfolgreich erfüllt ist, wird das dann zur Verwirklichung meiner Bestimmung führen?

Beantworten Sie diese Fragen still für sich selbst.

(Pause.)

Besinnen Sie sich.

Dann stellen Sie sich diese Fragen noch einmal. Machen Sie das langsam, besonnen und mit achtsamem Anfragen, Zuhören und Verstehen. Wenn wir den Sinn und das Wissen aufnehmen, die sich einstellen, wenn wir uns auf diese Weise besinnen, dann gelangen wir immer näher zum Kern dessen, warum wir hier auf dieser Erde sind – zu unserer Bestimmung. Wir kommen immer näher heran an einen wahren Einklang zwischen den Tätigkeiten, die wir jeden Tag tun (unserer Berufung), der Art, wie wir unsere Fähigkeiten im Interesse anderer einsetzen und wie wir unsere Zeit auf der Erde nutzen (unserer Aufgabe als dienende Führungskraft) und dem göttlichen Grund, warum wir hier auf diesem Planeten sind und diese Aufgabe erfüllen (unserer Bestimmung). (1)

Es geht darum, sicherzustellen, dass die heilige Praxis unserer Berufung, wenn wir sie in Meisterschaft und als Dienst ausüben, unweigerlich zur Verwirklichung unserer Aufgabe beitragen und uns damit zu unserer Bestimmung führen wird.

> Vergib, oh Herr,
> die kleinen Witze,
> die ich über Dich
> mache – dann vergebe ich den großen,
> den Du Dir mit mir
> erlaubst.
>
> *Robert Frost*

Die drei „Warums?"

Eine alte Technik, um die Logik einer Annahme zu prüfen, besteht darin, dass man dreimal „Warum?“ fragt. Das geht so:

Beginnen Sie mit dem Kernsatz Ihrer Bestimmung, lesen Sie ihn langsam und stellen Sie dreimal nacheinander die Frage „Warum?“. Fragen Sie einmal „Warum?“ und beantworten Sie die Fragen ausführlich und vollständig – bevor Sie in der zweiten Runde die Antworten der ersten Runde mit „Warum?“ hinterfragen. Und so weiter, je dreimal für Ihre Bestimmung, Aufgabe und Berufung.

Hier geht es darum, die innere Logik Ihrer Formulierungen zu überprüfen. Wenn Sie zum Beispiel Ihre Bestimmung so formuliert hätten wie Diane Hoover, eine Lehrerin aus unserem Mitarbeiterstab am Secretan Center – nämlich *Geist auf der Erde zu erzeugen* –, dann würden Sie sich die Frage „Warum?“ in diesem Sinne stellen: „Warum glaube ich, dass es eine gute Idee ist, Geist auf der Erde zu erzeugen?“ „Was würde auf der Erde geschehen, wenn mehr Geist erzeugt würde?“ „Wohin würde es führen, wenn mehr Geist auf der Erde erzeugt würde?“ Sie könnten etwa Folgendes antworten: „Die Menschen würden einander mehr lieben, die Welt wäre friedlicher, und wir hätten mehr Respekt voreinander und vor der Natur.“ So würden Sie diese Antwort aussprechen (oder in Ihr Tagebuch schreiben). Es kann hilfreich sein, einen Freund zu bitten, dass er Ihr Lernpartner wird, Ihnen die Frage stellt und Ihre Antworten wörtlich und ohne Kommentar aufschreibt.

Wenn Sie diese Runde beendet haben, wiederholen Sie den Prozess mit der Frage „Warum?“ auf der nächsten Ebene. Warum ist es wichtig und was wären die wohltätigen Ergebnisse, wenn – um bei dem Beispiel zu bleiben – „die Menschen einander mehr liebten, die Welt friedlicher wäre und wir mehr Respekt voreinander und vor der Natur hätten“? Denken Sie über Ihre Antworten nach und bitten Sie vielleicht wieder einen Freund oder Lernpartner, die Frage zu stellen und Ihre Antworten aufzuschreiben.

Jetzt wiederholen Sie den Prozess noch einmal, indem Sie die Frage „Warum?“ auf die Antworten der zweiten Runde anwenden. Fragen Sie wieder, warum es so wichtig wäre, wenn jene positiven

Wirkungen einträten, die Sie in jenen Antworten beschrieben haben. Welche Verbesserungen würden sich für das Universum ergeben? Denken Sie sorgsam darüber nach und notieren Sie Ihre Antwort, sei es allein oder mithilfe Ihres Lernpartners.

Diese Übung wird Ihnen helfen, die innere Logik, die Ziele und Absichten und die sprachliche Formulierung Ihrer Bestimmung, Aufgabe und Berufung zu glätten. Sie wird Ihnen helfen, alle drei miteinander in Einklang zu bringen, so dass sie einander dienen und zur Verwirklichung aller drei führen. Vielen Menschen fällt es leichter, andersherum zu beginnen, indem sie mit dem „Warum?" bei ihrer Berufung anfangen. „Warum würde ich diese Meisterschaft praktizieren?" „Zu welchem höheren Zweck wird sie führen?" „Wie wird die Vision, die ich habe, die Aufgabe, für die ich lebe, durch das Praktizieren meiner Berufung gefördert?" Dann kann man wieder „Warum?" fragen: „Wie wird meine Aufgabe, wenn erfüllt, zur Verwirklichung meiner Bestimmung führen?" „Wie wird meine Aufgabe dazu beitragen, dass die Bedrohungen der Erde abgewendet werden?" Achten Sie darauf, dass es eine solide logische und spirituelle Verbindung gibt, die von Ihrer Berufung zu Ihrer Aufgabe und zu Ihrer Bestimmung fließt: „Wenn ich meine Berufung wirklich gut praktiziere, wird sie zur Erfüllung meiner Aufgabe führen, und wenn meine Aufgabe erfüllt ist, werde ich meiner Bestimmung gemäß leben."

> ! Wer ein „Warum" hat, für das er lebt, kann fast jedes „Wie" ertragen.
>
> *Friedrich Nietzsche*

Schlafen Sie eine Nacht darüber

Ihre Bestimmung, Aufgabe und Berufung zu formulieren, ist keine geringe Leistung. Es ist unwahrscheinlich, dass etwas so Wichtiges in Ihrem Leben schnell und ohne längere Besinnung bewerkstelligt werden kann. Teri Watson, Vizepräsidentin für Marketing bei Mount Carmel, beschreibt ihre Reise so:

> „Als ich an dem Higher Ground Leadership Retreat mit den Secretan-Lehrern teilnahm und wir anfingen, unsere Bestimmung, Aufgabe und Berufung zu definieren, bekam ich erst einen Schreck. Ich dachte:

‚Oh nein, jetzt kommt das ganze philosophische Zeug über den Sinn des Lebens auf uns zu.' Eine unserer ersten Übungen bestand darin, eine Liste von Wörtern zu lesen und diejenigen auszuwählen, die uns etwas sagten. Ich saß also da und dachte über jedes Wort nach und versuchte zu beurteilen, ob das etwas wäre, wofür ich gern bekannt wäre, ob es ein gutes Wort sei und so weiter. Das war sehr frustrierend. Schließlich beschloss ich, einfach intuitiv mit dem *Fluss der Dinge* zu gehen. Ich fing also von Neuem an und las jedes Wort, ohne nachzudenken. Bald hatte ich eine Liste von Worten, die mir spontan etwas sagten, obwohl ich nicht genau wusste, warum. Am Ende des Abends hatte ich zwar keine endgültige Bestimmung, Aufgabe und Berufung gefunden, aber ich hatte das angenehme Gefühl, diesem Ziel näher zu kommen. Und während dieses Prozesses hatte ich eine wichtige Einsicht. Ich erkannte: Auch wenn ich nicht in direktem Kontakt mit Patienten arbeite, fühle ich mich doch zur Krankenpflege und zum Gesundheitswesen hingezogen. Es ist eine Möglichkeit, wie ich meine Fähigkeiten in Planung und Marketing nutzen kann, um Menschen zu helfen. Ich hätte auch ins Marketing für Zahnpasta, Waschmittel oder Unterwäsche einsteigen können. Aber das hatte ich nicht getan. Ich war ins Gesundheitswesen berufen worden (auch wenn mir das damals nicht klar war), weil ich dort anderen Menschen helfen kann, indem ich neue Dienstleistungen und Programme zur Gesundheitspflege plane oder Menschen über Behandlungsmethoden, Gesundheitsvorsorge und Dienstleistungen des Krankenhauses informiere. Und das gibt mir ein gutes Gefühl – während Marketing sonst oft schlecht angesehen ist, weil es angeblich Menschen verführt oder Einstellungen manipuliert.

Nach dem Retreat dachte ich einige Monate lang wenig an meine Bestimmung, Aufgabe und Berufung. Dann holte ich eines Tages meine Aufzeichnungen hervor und sah sie durch. Ich spielte eine Weile mit Worten und dachte darüber nach, was mir wirklich Spaß macht. Erstens: Informationen auf eine Weise kommunizieren, dass sogar schwierige Botschaften leicht verstanden werden. Zweitens: Dinge gestalten – ob es Nähen, Malen oder eine Powerpoint-Präsentation ist. Und drittens: Anderen dabei helfen, herauszufinden, was sie tun sollten. Ich spielte mit diesen Gedanken, und es dauerte nicht lange, dann hatte ich eine Formulierung, die, glaube ich, der endgültigen Version ziemlich nahe kam. Bestimmung: *Klarheit und Mut in die Welt bringen*. Aufgabe: *Anderen helfen, kluge Entscheidungen zu treffen und durch unsichere Gewässer zu navigieren*. Berufung: *Durch kreatives Denken, Kommunizieren und Handeln anderen dienen*. Meine Arbeit hatte mir immer Spaß gemacht, aber diese Übung, meine Bestimmung, Aufgabe und Berufung zu erforschen, gab mir ein tieferes Bewusstsein dafür, in welcher Hinsicht meine Arbeit wichtig ist und wie ich meine Talente nutze, um in der Welt etwas zu bewirken. Ich möchte jedem Mut machen, seine Bestimmung, Aufgabe und Berufung zu erforschen. Es kann sich als eine sehr wertvolle Erfahrung erweisen!"

Wenn Sie diesen Teil des Buches beendet haben, suchen Sie sich ein besonderes Stück Papier – einen Bogen Pergament oder eine Karte, die eine besondere Bedeutung für Sie hat, oder vielleicht Ihr Tagebuch. Schreiben Sie die drei Kernsätze für Ihre Bestimmung, Ihre Aufgabe und Ihre Berufung so auf, wie Sie sie in dieser Phase formulieren können – und zwar auf diesem speziellen, für Sie wertvollen Schreibmaterial. Legen Sie die Sätze heute Abend unter Ihr Kopfkissen und schlafen Sie diese Nacht darüber. Sie haben etwas sehr Beachtliches getan – etwas, das nur wenige Leute jemals tun: Sie haben den Sinn Ihres Lebens geklärt und damit die Wahrscheinlichkeit beträchtlich erhöht, dass Sie ein erfülltes Leben führen werden – ein Leben, das das Wohlergehen anderer Menschen und unseres Planeten fördert und das *auf ein Ziel hin,* also mit einem Sinn gelebt wird.

Morgen früh schauen Sie sich Ihre Bestimmung, Aufgabe und Berufung mit den Augen eines neuen Tages an. Klingen sie in Ihnen wieder? Sind Sie aufgeregt? Bewegt? Herausgefordert? Fühlen Sie sich ganz und klar? Wenn Sie sich vollständig fühlen, dann ist dieser Teil der Aufgabe, Ihr Leben zu verändern, vorerst getan. (Ich sage „vorerst", weil Selbstfindung in der Praxis niemals abgeschlossen sein wird.) Sie haben Ihre Fähigkeit, andere zu inspirieren und der Welt zu dienen, sehr gestärkt.

Lesen Sie weiter!

Kapitel

11

Schritt fünf: Dienen Sie Ihren Mitarbeitern

Nachdem sie Klarheit über ihre Bestimmung gewonnen, ihre Aufgabe gefunden, ihre Berufung in die Tat umgesetzt und andere angeleitet haben, ebenfalls ihre Berufung zu erkennen und mit der gemeinsamen Aufgabe in Einklang zu bringen, werden Führungskräfte neuen Typs die Menschen in ihrer Umgebung aus der Tiefe heraus fragen: „Was kann ich für Sie tun? Wie kann ich Ihnen dienen?" Mehr als alles andere sehnen wir uns nach Führungspersönlichkeiten, die uns wirklich dienen wollen; denn das ist ein Zeichen von Liebe – und Liebe inspiriert.

Der alte Weg ist eine Falle

Wir provozieren Gewalt, wenn wir selbst Gewalt ausüben. Die negativen Handlungen, die wir bei anderen beobachten, sind manchmal die Antwort ihres unbewussten Selbst auf unser bewusstes Verhalten. Führungskräfte alten Typs richten den größten Teil ihrer Energie darauf, Ziele zu erreichen, die die Bedürfnisse ihrer Persönlichkeit befriedigen. Ihre selbstbezogene Orientierung an Budgets, Zielen und Quoten, Leistungskriterien, Plänen und Strategien ruft selbstbezogenes Verhalten als Reaktion in ihrer Umgebung hervor. Gewalt und Liebe sind die entgegengesetzten Enden eines Kontinuums: Selbstbezogenheit steht an einem Ende, Dienst aus Liebe am anderen. Was wir geben auf dieser Skala, das werden wir zurückbekommen. Dies ist eine Grundlage von Higher Ground Leadership.

Ihre Neigung, viel Zeit auf ihre eigenen Bedürfnisse zu verwenden – darauf, ihre eigenen Ziele und Strategien durchzusetzen –, kann Führungskräfte alten Typs dazu bringen, dass sie blind für die Bedürfnisse anderer werden. Selbstbezogene Menschen richten oft ihre ganze verfügbare Energie auf den Versuch, andere zu motivieren oder zu manipulieren oder sich Anreize auszudenken, die andere dazu bringen könnten, ihre eigenen Bedürfnisse zu erfüllen. Sie behaupten, dass dieses Verhalten ihre Fähigkeit beweise, sich auf ein Ziel zu konzentrieren. In Wahrheit tun sie das, weil sie selbst es so brauchen – selbstbezogenes Handeln hat nicht die Inspiration anderer zum Ziel. Es führt im Gegenteil dazu, dass Menschen sich benutzt, entfremdet und ignoriert fühlen. Wenn wir selbstbezogen sind, vermitteln wir anderen immer wieder die Botschaft, dass ihre Bedürfnisse weniger wichtig sind als unsere eigenen. So eine Umgebung nährt Ablehnung, denn jeder spürt, dass solche Beziehungen rein funktional sind, dass Menschen nur als Mittel zum Zweck betrachtet und motiviert werden.

Der dienende Führungsstil

Die erste Priorität von Führungskräften neuen Typs ist das Dienen. Die dienende Führungskraft weiß, dass Menschen sich danach sehnen, gehört und miteinbezogen zu werden – nicht in einer förmlichen Debatte, sondern im echten Dialog, nicht von Verstand zu Verstand, sondern von Herz zu Herz, kurz: in einem Dialog, der von Liebe bestimmt ist und daher inspiriert.

Dienen ist die Daseinsberechtigung für einen Higher Ground Leader. Wenn wir anderen Menschen dienen, dienen wir uns selbst am besten. Wenn wir erst einmal unsere Bestimmung, unsere Aufgabe und unsere Berufung definiert und sie miteinander in Einklang gebracht haben, können wir fragen: „Was kann ich *für Sie* tun?“

Robert Greenleaf, der diesen Begriff geprägt hat, beschreibt die Rolle der dienenden Führungskraft so:

> „Die dienende Führungskraft ist zuerst Diener. (...) Es beginnt mit dem natürlichen Impuls, dass man dienen möchte, dass man vor allem dienen möchte. Dann erst führt eine bewusste Entscheidung den Betreffenden dahin, dass er oder sie führen will. So ein Mensch ist völlig anders als jemand, der zuerst Führungskraft ist, vielleicht aufgrund eines ausgeprägten Machttriebs oder aus dem Bedürfnis heraus, materiellen Besitz zu erwerben. Für so einen Menschen kommt die Entscheidung, zu dienen, erst später – nachdem seine Führungsposition etabliert ist. Der Mensch, der erst Führungskraft ist, und der, der zuerst dienen möchte, sind zwei entgegengesetzte Typen. Dazwischen gibt es Übergänge und Mischungen, die zur unendlichen Vielfalt der menschlichen Natur gehören.
>
> Der Unterschied zeigt sich in der Priorität und Sorgfalt, mit der jene, die zuerst Diener sind, sich um die Bedürfnisse anderer Menschen kümmern. Der beste, aber schwer anzuwendende Test ist die Frage: Wachsen die, denen die Führungskraft dient – seien es Mitarbeiter, Kunden oder Geschäftspartner –, *als Menschen*? Werden sie gesünder, klüger, freier oder autonomer, und wird es wahrscheinlicher, dass sie selbst Diener werden? Und wie wirkt sich das auf die Benachteiligten in der Gesellschaft aus? Profitieren sie von diesem Dienst, oder werden sie wenigstens nicht weiter verarmen?“ (2)

! Anderen Menschen zu dienen, ist die Miete, die wir für unseren Aufenthalt auf diesem Planeten zahlen.

Marian Wright Edelman (1)

Vor einiger Zeit hatte ich einen Klienten, der Hauptteilhaber einer sehr großen Zahnarztpraxis war. Ich riet ihm: „Eröffnen Sie bitte morgen früh Ihr Management-Treffen damit, dass Sie jedem Einzelnen die folgende Frage stellen: ‚Was kann ich für Sie tun?‘ Sie finden das vielleicht ein bisschen komisch, aber versuchen Sie es einfach und schauen Sie, was passiert.“ Am nächsten Tag rief er an und berichtete über das Ergebnis. Er sagte: „Sie hätten ihren Gesichtsausdruck sehen sollen! Ihre Kinnladen fielen herunter, und sie starrten mich nur an. Sie hatten mich noch nie so etwas sagen hören. Bisher wollte ich immer etwas von ihnen. Und jetzt bot ich an, ihnen zu dienen. Sie waren fassungslos. Nachher sagten sie mir, es habe die Dynamik und die Chemie des Teams total verändert. Es war ganz erstaunlich."

Nachdem ich eines Tages die American Heart Association* beraten hatte, kam die Regionaldirektorin in Kalifornien – Tina Zarifes – auf mich zu und fragte mich, wie sie den berühmten Talk-Show-Moderator Larry King dazu bringen könne, in jenem Jahr die Schirmherrschaft beim Griffith Park Heart Walk in Los Angeles zu übernehmen. Ich schlug ihr vor, sie solle nicht wie üblich vorgehen, nämlich ein schmissiges, wasserdichtes Konzept entwerfen und ihm Argumente „verkaufen", warum er Schirmherr des Marsches werden sollte. Stattdessen sollte sie ihm Fragen wie diese stellen: „Was können wir für Sie tun? Wonach suchen Sie, wenn Sie mit Benefizveranstaltungen und Sponsorentätigkeit zu tun haben? Was möchten Sie in Ihrem Leben erreichen? Wie kann die American Heart Association Ihnen helfen, einige dieser Ziele zu erreichen? Was kann ich für *Sie* mithilfe der Heart Association tun?" Ein paar Tage später rief sie an und ließ mich wissen, dass sie meinem Rat gefolgt sei und dass Larry King zugestimmt habe, das Ehrenamt zu übernehmen.

Joseph Swedish von Centura Health formuliert es so:

> „Ich frage ständig Menschen: ‚Was kann ich für Sie tun?' – es ist so einfach, und die Wirkung ist grandios! Wenn ich diese Frage am Ende eines Gesprächs stelle, wird sie als eine sehr konstruktive Nachfrage aufgenommen, vor allem, weil sie sich nicht um meine Bedürfnisse dreht. Sie eröffnet einen echten Dialog, den es sonst nicht gegeben hätte. Als leitender Angestellter bin ich vor allem damit beschäftigt, Probleme zu lösen. Da ist es sehr entwaffnend, wenn es mit jemandem ein Problem gibt und ich das Augenmerk auf die Bedürfnisse des anderen hinlenken kann, indem ich frage: ‚Was kann ich für Sie tun?' Ein Mensch mit einem Problem handelt oft aus einer Haltung der Frustration heraus. Da gibt es einen Konflikt, da ist Angst. Wenn man das Gespräch sozusagen umdreht, indem man fragt: ‚Was kann ich für Sie tun?', dann beseitigt man diese Last, geht an die Wurzel des Problems und stellt die Bedürfnisse des anderen über die eigenen. Es gibt bei Centura viele Erfolgsgeschichten von Führungskräften neuen Typs, die aus diesem Ansatz gelernt haben und jetzt mehr erreichen als früher, weil sie ihn anwenden. Unsere Verpflichtung, anderen zu dienen, hat sie inspiriert, über die Grenzen des Gewohnten hinauszugehen."

* *Gesellschaft zur Vorsorge gegen Herz- und Kreislauferkrankungen in den USA*

Die idealen Eltern: Dienende Führer in Reinkultur

Eltern gehören zu den wichtigsten Vorbildern in unserer Gesellschaft. Für manche von uns ist die Erfahrung der Eltern-Kind-Beziehung stark mit Macht und Kontrolle, mit Anfrage und Genehmigung, mit Geben und Nehmen verbunden. Als Ergebnis werden diese Menschen zu emotionalen Waisen – ihre Eltern wissen nicht, wer sie sind. Die Firma, der Arbeitgeber, die Regierung, der Polizist, der Priester, der Lehrer oder der Arzt nehmen alle ähnliche „Elternrollen" ein, wenn wir von ihnen erwarten, dass sie für Kontrolle sorgen, ihre Macht ausüben und Antworten liefern, obwohl sie uns nicht wirklich kennen. Vielleicht haben wir die falschen Schlüsse gezogen und aus dem Rollenmodell unserer Eltern die falschen Lektionen gelernt.

Irgendwo tief in unseren Herzen verlieren wir nie das Bedürfnis, umsorgt zu werden. Wenn ich an Momente reiner Freude in meinem Leben zurückdenke, haben viele damit zu tun, genährt und unterstützt zu werden – wenn jemand mich verteidigt, mir einen Kuchen backt, mir über den Rücken streicht, mich umarmt, mir eine Geschichte erzählt, mir meinen Pullover glatt streicht oder sich um mich sorgt, wenn es mir nicht gut geht. Werden wir jemals so „reif" sein, dass uns diese wunderbaren Gesten einer sorgenden Seele nicht mehr bezaubern können? Wohl kaum! Gibt es hier nicht eine wichtige Lektion zu lernen? Sollten wir nicht alle ein wenig von dem Zauber freundlicher und umsorgender Mütter und Väter lernen?

> ! Wer ein Führer sein will, wird frustriert sein, denn wenige Menschen wollen geführt werden. Wer danach strebt, ein Diener zu sein, wird niemals frustriert sein.
>
> *Frank F. Warren*

Im Idealfall bieten Eltern ihren Kindern bedingungslose Liebe, klare Kommunikation, Unterstützung, Loyalität und Hingabe, auch wenn sie Disziplin und Ordnung verlangen. Sie stiften Gemeinschaft und innere Bindung in der Familie. Sie sorgen für Wachstum und Entwicklung, Gesundheit und Sicherheit, Ethik und Moral, Schönheit und Komfort, Nahrung und Ausgeglichenheit, Geist und Werte. Sie lehren und inspirieren, und das immer auf liebevolle Art. Sie sind Förderer, die loben und ermutigen. Sie kuscheln und dienen. Sie stiften Frieden, sorgen für Weisheit, Vision und Hoffnung. Sind das nicht die wahren Qualitäten jeder inspirierenden Person? Daher ist das Modell idealer Eltern wohl das erste und das beste Beispiel für dienende Führerschaft, das wir alle erfahren können. Welche wichtigeren Eigenschaften könnten wir bei einem Coach, Mentor, Freund oder Abteilungsleiter suchen?

Menschenflüsterer

Häufig kommen unsere Eltern-Instinkte besonders klar in unserer Beziehung zu Tieren zum Ausdruck: Wir möchten sie nähren, beschützen, ihnen dienen und sie lieben. Wirkliche Tierliebhaber haben sich nie allein auf die Theorien von Iwan Petrowich Pawlow (1849–1936) verlassen, dem russischen Biologen und Nobelpreisträger, der unter anderem für seine Studien zum konditionierten Reflex bekannt ist. Berühmt wurde er für seine lineare Theorie der Motivation: Versagen soll man bestrafen, bis es aufhört, Erfolg soll man belohnen, um seine Wiederholung zu stimulieren. Im Laufe der Zeit hat Pawlows Philosophie sich zu einer Art Metatheorie entwickelt; aus ihr ist unter anderem die behavioristische Schule der Psychologie hervorgegangen, die von John Watson entwickelt wurde und die unsere Theorien von Führungsverhalten stark beeinflusst hat. Tier-Dressur beruht meistens auf diesem Prinzip, wie viele andere Systeme, die mit Belohnung und Strafe arbeiten. Auch die meisten Theorien von Führungsverhalten und Motivation folgen Pawlowschem Denken.

Menschen, die eine liebevolle innere Verbindung zu ihren Haustieren genießen, haben dagegen immer gespürt, dass solche groben Techniken vielleicht dem Lehrer gefallen, aber dem Schüler wenig bringen. Einen Hund zu schlagen, wenn er auf den Teppich pinkelt, ist keine liebevolle Handlung. Für die Nase eines Hundes, die hundertmal empfindsamer ist als die eines Menschen, ist ein Schlag mit einer zusammengefalteten Zeitung wie für den Menschen ein Schlag mit der Stahlrute.

Ähnlich gewaltsame Methoden werden oft benutzt, um Pferde auszubilden. Pferde werden „gebrochen“, sagt man. Es ist in der Tat schrecklich: Pferde werden „gebrochen“, indem man ihnen die

Augen verbindet, sie schlägt und peitscht, ihre Beine fesselt und sie an Pfähle bindet – alles, um ihren Willen zu brechen. Cowboys heißen im Volksmund auch „bronco busters" – Pferde-Brecher.

Dieses Verständnis von Motivation passt nicht in eine liebevolle Beziehung. Betrachten wir noch einmal das Eltern-Modell für dienenden Führungsstil. Wenn ein Baby laufen lernt, bestrafen wir es nicht. Wenn ein Baby hinfällt, sagen wir nicht: „Meine Güte, bist Du dumm. Ich glaube nicht, dass Du das jemals schaffst. Ich glaube nicht, dass Du das Potenzial hast, gut zu laufen. Eine Chance geb' ich dir noch, aber dann war's das. Los jetzt!" Wenn Ihr Kind zum ersten Mal versucht, sich vom Boden hochzuziehen, und nach zwei Sekunden wieder hinfällt, nehmen Sie es hoch, klopfen ihm den Staub vom Strampelanzug, sagen ihm, wie schön und toll es ist und wie lieb sie es haben, und dann fängt alles von vorn an. Eltern wiederholen diesen Prozess auf eine liebevolle, unterstützende Weise, bis sie und ihre Kinder mit jenen magischen „ersten Schritten" belohnt werden. Wir loben sie und lieben sie, sprechen zu ihren Seelen und knuddeln sie zum Lernen.

> ! Es gibt keine höhere Religion als den Dienst am Menschen. Für das Allgemeinwohl zu arbeiten, ist das größte Glaubensbekenntnis.
>
> *Woodrow Wilson*

Das nenne ich Inspiration: ein erfolgreiches System, das auf Liebe, nicht auf Zuckerbrot-und-Peitsche-Formeln beruht. Kinder, die in so einer nährenden und unterstützenden Kultur aufwachsen, werden ganzheitliche Erwachsene. Meine Frau und ich sind hervorragende Beispiele für diese Theorie. Ihre liebevollen Eltern lobten und inspirierten sie zu ihren Erfolgen, während ich von meinen abwechselnd belohnt und herumgestoßen wurde, je nachdem, wie gut ich ihren stetig wachsenden Erwartungen entsprach. Sowohl meine Frau als auch ich lieben unsere Eltern, aber mir kommt es so vor, als müsse ich härter an mir arbeiten als sie, um die Last meiner frühen Jahre abzuwerfen. Wenn meine Frau mit glatten Einsen und einer Zwei im Zeugnis nach Hause kam, lobten ihre Eltern sie und ermutigten sie. Wenn ich dasselbe tat, schimpften meine Eltern wegen der einen schlechteren Note. Ich habe Jahrzehnte gebraucht, um zu begreifen, dass ich nicht nach eines anderen Menschen Maßstab perfekt sein muss, um ein vollständiger, spiritueller Mensch zu sein. Meine Eltern liebten mich und taten das Beste, was sie wussten – in einer Zeit, als es üblich war, die Pawlowsche Theorie auf Kindererziehung anzuwenden. Viele Eltern scheinen es heute noch nicht besser zu wissen.

Die Theorie des Führungsverhaltens hat sich von diesem Grundmodell nicht weit entfernt – weder zu Hause noch im Berufsleben. Wir arbeiten immer noch mit der Methode von Lohn und Strafe. Wir belohnen Verhalten, das wir fördern wollen, mit Anreizen, Prämien, Gehaltserhöhungen, Beförderungen oder anderen Vergünstigungen, und wir bestrafen das Verhalten, das uns weniger gefällt, mit Beförderungsstopp und Nullrunden beim Gehalt, mit Budgetkürzung, schlechten Arbeitszeugnissen oder sogar mit Kündigung. Viele Menschen greifen auch im Privatleben zu einem ähnlichen Stil. Unsere Führungspraxis hat sich in den hundert Jahren, seit Pawlow seine Thesen formuliert hat, nicht viel weiterentwickelt.

Solange wir Sklaven des Pawlowschen Konzepts von motivationsorientierter Führung bleiben, wird es uns nicht gelingen zu inspirieren. Für unsere Zeit gibt es ein besseres Modell: Die Arbeit der Pferdeflüsterer liefert uns ein ideales Vorbild. Pferdeflüstern ist eine jahrhundertealte Technik, die lautlose Kommunikation und Körpersignale vorzieht, um Pferde auszubilden und sich mit ihnen zu verständigen. Pferdeflüsterer lenken das Verhalten eines Pferdes mit Gesten der Hände und mit sanften Körperbewegungen, statt an den Zügeln zu reißen oder Sporen und Gerte einzusetzen. Sie benutzen Berührung und Gestik, um eine spirituelle Verbindung mit dem Pferd herzustellen, und vermitteln dabei eine klare Botschaft von Liebe.

Pferdeflüstern ist in den letzten Jahren sehr populär geworden – vor allem nach der Veröffentlichung des Buches von Monty Roberts, *The Man Who Listens to Horses*, und nach dessen viel beachteter Verfilmung mit Robert Redford, die in Deutschland unter dem Titel *Der Pferdeflüsterer* in die Kinos kam. Als Ergebnis verändert sich langsam die alte Art des Pferdetrainings. Dasselbe muss mit Menschen geschehen.

Wir brauchen *Menschenflüsterer*.

Genau wie das alte Konzept von Führung durch Motivation ist auch die alte Art, Pferde an Sattel und Reiter zu gewöhnen – indem man ihren Willen bricht –, ein Führungsstil alten Typs. Ein Pferdeflüsterer hingegen ist ein Higher Ground Leader, der inspiriert, statt zu motivieren, und der es vermeidet, ein Pferd zu bestechen oder es zu erpressen, indem er ihm das Futter kürzt. Stattdessen ahmt er die Bewegungen der Mutterstute nach, die die anderen Pferde dazu bringt, zur Seite zu treten, wenn sie mitten durch sie hindurchgeht – eine Lektion, die Eltern kennen.

Kent Williamson, ein Pferdeflüsterer aus Millarville (Alberta), sagt: „Wenn ein Mensch ein Pferd mit Ziehen oder Zwang führt, lernt es vom ersten Tag an, Widerstand zu leisten und gegen den Druck anzugehen. Von da an muss man das Pferd immer dazu bringen, etwas zu tun – statt dass man anfragt und dann aus echter Bereitschaft bekommt, was man möchte." Monty Roberts argumentiert, dass niemand das Recht habe, ein Lebewesen dadurch zu motivieren, dass man ihm sagt: „Du musst, oder ich tue dir weh."

! Führe und inspiriere Menschen – versuche nicht, sie zu verwalten oder zu manipulieren. Lagerbestände kann man verwalten, Menschen muss man führen.

Ross Perot

Das gilt auch für Menschen. Wir müssen das Verhalten, das wir wollen, aus Liebe inspirieren. Dazu gehört, dass wir auf eine Weise kommunizieren, die auf Empathie mit anderen beruht. Wir kommunizieren spirituell mit ihnen und geben ihnen spirituelle Macht – das ist Higher Ground Leadership in Aktion. Das Ergebnis ist ein Akt der *Konspiration* – von *con* (lateinisch „mit") und *spirare* („atmen"), also „zusammen atmen". Miteinander zu konspirieren heißt, einander zu dienen, wie Pferdeflüsterer das tun, wenn sie den Bedürfnissen des Pferdes dienen und wenn sie mit ihm konspirieren. Wir atmen so zusammen, dass wir beide zu unserem vollen Potenzial wachsen.

Williamson demonstriert diese Philosophie, wenn er seinen Körper auf einen der Druckpunkte eines Pferdes zubewegt – auf die Hüfte –, damit es aus dem Weg geht. Wenn er sich dann umdreht und weggeht, folgt ihm das Tier. Es geht darum, den Geist des Tieres anzusprechen und einzubeziehen, nicht ihn zu brechen. Monty Roberts drückt das so aus: „Das Ziel des Lehrers ist es, eine Umgebung zu schaffen, in der der Schüler lernen kann."

Diese neue Logik von Sanftheit vor Gewalt und Inspiration vor Motivation hat das U.S. Bureau of Land Management veranlasst, in mehreren Bundestaaten der USA ein Programm names Wild Horse Inmate Program (WHIP) aufzulegen. Dort erleben Gefängnisinsassen die Techniken des Pferdeflüsterns und lernen, wilde Hengste mit Liebe und Sensibilität statt mit Aggression und Gewalt zu coachen, und oft übertragen sie diese Haltung auf ihr eigenes Leben. Wenn abgebrühte Kriminelle auf diese Weise lernen können, Terror durch Vertrauen zu ersetzen und gewalttätige Gewohnheiten abzulegen zugunsten von Beziehungen, die auf Mitgefühl und Anteilnahme beruhen, dann kann das auch unseren Führungskräften in jeder Art von Organisation gelingen.

Michael saß seine dritte Haftstrafe in einem Gefängnis in Kalifornien ab; dieses Mal waren es 20 Monate wegen Drogenbesitzes und Angriffs auf einen Polizeibeamten. „Du musst dir Zeit lassen mit einem Pferd", sagte er auf der WHIP-Ranch. „Ich war irgendwie nervös, als ich zum ersten Mal hierher kam. Aber es hat keinen Zweck, mit einem Wildpferd zu kämpfen. Du kannst nicht gewinnen – eher bringt es Dich um."

Die spirituelle Verbindung, die er mit Pferden erleben konnte, hat Michael in der Tiefe berührt. „Etwas Besseres hätte mir nicht passieren können", sagte er später. „Ich habe hier eine Menge gelernt, und ich möchte raus aus dem Gefängnis. Jedes Pferd, das ich ausgebildet habe, würde ich gern mit nach Hause nehmen." Michael war gelernter Klempner, aber er beschloss, nach seiner Entlassung mit Tieren zu arbeiten – in der Hoffnung, eines Tages selbst Pferde besitzen und trainieren zu können.

Wir können eine Führungskraft fürchten oder respektieren – aber die, die wir lieben, sind dienende Führungskräfte. Das sind die, die mit Liebe lehren, die mit uns lernen und wachsen, die zuhören und mitfühlen und uns aus der Tiefe ihrer Seele achten und auf diese Weise eine spirituelle Verbindung schaffen. Sie sind Menschenflüsterer.

Wie Higher Ground Leadership lernt man Pferdeflüstern durch Erfahrung, als Lehrling bei einem Meister (sie erinnern sich: Jim Scheinfeld war mein Lehrmeister als dienende Führungskraft). Pferdeflüstern ist eine Gabe, die weitergegeben wird wie die Weisheit der Alten. Einer der bekannteren Pferdeflüsterer in Nordamerika ist Buck Brannaman aus Sheridan (Wyoming): Er hat bei einem Kollegen namens Ray Hunt gelernt, der in seiner Pferdeklinik in Ribera (New Mexico) „geistige Harmonie mit Pferden" lehrt. Hunts eigener Lehrer wiederum war ein legendärer Meister namens Tom Dorrance, der noch heute eine Technik lehrt, die er „wahre Harmonie" nennt. Sie sehen, wie sich all diese Techniken und Metaphern leicht auf Menschen übertragen lassen. Statt von der „freiwilligen Kommunikation zwischen Pferd und Mensch" zu sprechen, könnten wir ebenso gut die „freiwillige Kommunikation zwischen Mensch und Mensch" empfehlen.

> ! Ich will die Erde in einem besseren Zustand verlassen, als ich sie vorgefunden habe – besser für Pferde und auch für Menschen. Das ist das Ziel meines Lebens.
>
> *Monty Roberts*

Es ist vielleicht mehr als Zufall, dass viele Pferdeflüsterer mit Erfahrungen von Missbrauch aufgewachsen sind. Brannaman, Hunt und Dorrance stammen alle aus einem Umfeld mit Misshandlungen, Alkoholismus, physischer Gewalt oder Verwahrlosung. Dieser persönliche Hintergrund der drei legendären Pferdeflüsterer hat vielleicht ihre Philosophie von Leben und Führung geprägt: Sie haben auf die harte Tour gelernt, dass es bessere Wege gibt. Monty Roberts Vater Marvin, ein Pferdetrainer in Salinas (Kalifornien), schlug seinen Sohn mit Stallketten und behandelte Pferde ähnlich roh. „Ich dachte, es müsse bessere Möglichkeiten geben", sagte Roberts, und er beschloss, sie zu finden.

Brannaman, der in Whitehall (Montana) aufwuchs, sagt: „Ich hatte immer irgendwie Angst vor meinem Vater. Zu Kindern war er ziemlich böse. Ich erinnere mich, dass alle Schüler zum Mittagessen nach Hause gingen, und danach hat meine Mutter mich wieder an der Schule abgesetzt, während sie zur Arbeit fuhr. Sie war Kellnerin in einer Stadt etwa 50 Meilen entfernt. Ich weiß noch genau: Seit ich acht oder neun Jahre alt war, habe ich sie angefleht, nicht jeden Tag zur Arbeit zu gehen, weil ich Angst davor hatte, abends nach der Schule vier oder fünf Stunden mit meinem Vater allein zu Hause zu sein."

Ein häusliches Erbe von Gewalt, Aggression, Strafe, Kontrolle und Machtmissbrauch kann unterschiedliche Folgen haben. Manche Menschen nehmen ihre familiären Erfahrungen ungefiltert mit und machen sie durch Projektion zu negativen Modellen von Erziehung oder Unternehmensführung. Die Erfahrungen werden als Wut im Unterbewussten gespeichert und in Form von Gewalt oder Aggressivität freigesetzt – kurz: Sie bleiben im Schatten. Später finden diese Menschen sich in eigenen Familien und Organisationen wieder, die so dysfunktional sind, wie die Familien ihrer Kindheit es waren; denn ihre Philosophie von Führung folgt ihren Erfahrungen mit dem Führungsverhalten, mit dem sie aufgewachsen sind. Viele Menschen erkennen die Pathologien ihrer Elternhäuser in ihren Unternehmen wieder.

Andere Führungskräfte haben ähnliche Erfahrungen gemacht, ziehen daraus aber andere Lehren. Ein Vorgesetzter, der in der Anfangszeit meines Berufslebens eine Rolle spielte, war so paranoid wie sonst niemand, den ich je kennengelernt habe. Einmal heuerte er sogar einen Privatdetektiv an, um festzustellen, was die Mitglieder meines Verkaufsteams in ihrer Freizeit taten. Aber wir lernen aus jeder Erfahrung, und ich habe von diesem Lehrer gelernt, was man *nicht tun* sollte.

! Von jetzt an behandle jeden, dem Du begegnest, so, als müsse er noch heute sterben. Gib ihm alles an Fürsorge, Freundlichkeit und Verständnis, was Du aufbringen kannst, und tu es ohne einen Gedanken an Belohnung. Dein Leben wird nicht mehr dasselbe sein.

Og Mandino

Einige Pferdetrainer haben ihre Macho-Erlebnisse auf ihre Arbeit übertragen – das sind die „bronco busters“. Pferdeflüsterer haben aus der gleichen Lebenserfahrung andere Konsequenzen gezogen. Sie haben gelernt, dass Pferde „angeregt“, nicht „gebrochen“ werden sollten, weil wir von einem intelligenten Pferd so viel zu lernen haben wie das Pferd von uns. Das ist das Erbe des Pferdeflüsterns, wie es von Tom Dorrance an Ray Hunt und Buck Brannaman weitergegeben wurde. Ray Hunt sagt dazu: „Du arbeitest nicht mit dem Pferd, Du arbeitest an dir selbst.“ Vor Jahren fragte Ray Hunt Tom Dorrance, woher er sein Können habe.

Dorrance antwortete: „Ray, das hab' ich von den Pferden gelernt." Das ist universelle Weisheit. Wir lernen von unseren Mitarbeitern.

Die Metapher des Pferdeflüsterns kann man leicht auf die Arbeit einer dienenden Führungskraft übertragen. Führungskräfte neuen Typs übertragen Verantwortung an Mitarbeiter, so wie ein Pferdeflüsterer das mit seinem Pferd tut. Das Ergebnis ist ein Einklang zwischen beiden, der wie Magie wirkt, wenn man ihn erlebt. Der tiefe gegenseitige Respekt, den Pferdeflüsterer und Menschenflüsterer durch Dienen erweisen, ist entscheidend. Jeder von uns muss wissen, dass wir für andere heilig sind. Dann werden wir inspiriert.

Freundlich sein statt Recht haben

Wer eine dienende Führungskraft sein will, kann sich oft an der einfachen Frage orientieren: „Wem diene ich jetzt gerade – meinem Ego oder der Seele eines anderen Menschen?" Wenn unsere Beziehungen sich verstricken und unsere Kommunikation entgleist, dann liegt das oft daran, dass wir dem Bedürfnis unseres Egos folgen und Recht haben wollen. Das nächste Mal, wenn Sie mit einem Zulieferer, Kunden oder Kollegen – oder mit Ihrem Ehepartner oder Ihren Kindern – in eine hitzigen Auseinandersetzung geraten, halten Sie einen Moment inne und stellen sich selbst eine Frage, die für Führungskräfte neuen Typs wesentlich ist: „Wie kann ich freundlich sein, statt im Recht zu sein?"

Recht zu haben dient dem Ego, Freundlichkeit dient der Seele. Recht zu haben dient mir, Freundlichkeit dient allen. Freundlichkeit führt unvermeidlich zu der Frage: „Was kann ich für Dich tun?"

Anderen zu dienen und liebevolle Freundlichkeit zu zeigen, ist nicht das Konzept, das uns als erstes in den Sinn kommt, wenn wir über Führungskräfte in Unternehmen nachdenken. Das kann daran liegen, dass wir Führungskräften unbewusst Aggressivität beibringen. Als die Cornell University 250 Wirtschaftsstudenten fragte, welche Eigenschaften ihrer Meinung nach einen großen Manager ausmachten, stand „ergebnisorientiert" an der Spitze der Liste, und 60 Prozent sagten, sie bewunderten Führungskräfte wie Al „Kettensäge“ Dunlap, der seine Belegschaften im Stil einer Brandrodung verkleinerte. (3)

Jack Welch, der frühere CEO von General Electric, galt als der meistbewunderte Unternehmensführer in Amerika. Vier oder fünf Jahre lang wurde er von der Zeitschrift *Industry Week* zum „angesehensten“ CEO des Jahres gewählt. (4) Zugleich war er bei denen, die ihn kannten, für seine Härte und Rücksichtslosigkeit bekannt. Das Magazin Fortune berichtete, dass Jack Welch „Sitzungen so aggressiv leitet, dass die Leute zittern. Er greift mit seinem Intellekt fast physisch an – kritisiert, macht lächerlich, demütigt.“ Unter der 20-jährigen Herrschaft von „Neutronen-Jack“ Welch (der Spitzname bezieht sich auf die damals viel diskutierte Neutronenbombe) wurden bei General Electric, in einem unablässigen Streben danach, die Nummer eins oder zwei in jedem für den Konzern interessanten Marktsegment zu sein, 200.000 Mitarbeiter wegrationalisiert. Routinemäßig feuerte Welch die leistungsschwächsten zehn Prozent jedes Teams. In Welchs Biografie *At Any Cost: Jack Welch, General Electric and the Pursuit of Profit* beschreibt Thomas O'Boyle General Electric als ein Unternehmen, das „eher mit Drohung und Einschüchterung als mit Ermutigung gemanagt wird“. (5)

Wenn wir dem aggressivem Auftreten und der Einschüchterung Tribut zollen und sie feiern und sie als Qualitäten vorbildlicher Manager hochhalten, welche Botschaft geben wir dann den gegenwärtigen und den zukünftigen Führungskräften? Welches Modell legen wir ihnen nahe? Bei vielen Unternehmen, die nach alter Art geführt werden, weisen die zahlreichen Arbeitskämpfe, finanziellen Notlagen und Firmenskandale darauf hin, dass der Führungsstil alten Typs unvermeidlich zum großen Widerspruch unserer Zeit beiträgt: Die Profite sind hoch, aber den Menschen geht es schlecht.

Stellen Sie diesem aggressiven Stil bitte das Führungsverhalten neuen Typs gegenüber, wie es zum Beispiel von Joe Calvaruso bei Mount Carmel praktiziert wird. Er sagt:

> „Ich frage mich oft, wie wir den Krankenschwestern und dem Pflegepersonal mehr Liebe, mehr dienende Führerschaft vorleben können. Sie sind so überfordert, sie sind so müde, sie haben so

viele Patienten. Zwei meiner Kollegen sagten: ‚Lasst uns einen Dienst einrichten, zu dem sich Leute freiwillig melden, um in ihrer freien Zeit – in der Mittagspause oder wann auch immer – die Mitarbeiter auf den Stationen zu entlasten. Dafür sollen die Angestellten sich eintragen.' Ich habe selbst einige freiwillige Einsätze mitgemacht und jeweils eine Stunde lang in der Notaufnahme ausgeholfen. Ich sagte: ‚Okay, Sie gehen essen und machen eine Pause. Ich nehme Ihnen ein paar Dinge ab.' Zum Beispiel die Wäschekörbe ausleeren und die schmutzige Wäsche zum Transportschacht bringen, Patienten fahren oder Essen austeilen, damit die Krankenschwestern selbst zum Essen gehen können. Die Freiwilligen stocken die Vorräte in den Patientenzimmern auf, füllen ihre Wasserflaschen und erledigen eine Menge anderer kleiner Aufgaben, für die das Pflegepersonal wenig Zeit hat. Wir nennen diese Gruppe Freiwilliger, die sonst in anderen Abteilungen des Krankenhauses arbeiten, ‚Provide A Loving Service' – kurz PALS.** Im PALS-Programm sind im vergangenen Jahr 4.000 Stunden freiwillig gearbeitet worden – als liebevolle Geste gegenüber dem Pflegepersonal. So leben wir unsere Aufgabe, *jede Seele mit liebevollem Dienst zu würdigen.*"

! Das Wichtigste an Kommunikation ist, zu hören, was nicht gesagt wurde.

Peter F. Drucker

Heiliges Zuhören

Ich habe oft über die subtilen Botschaften gestaunt, die in der englischen Sprache verborgen sind. Haben Sie zum Beispiel bemerkt, dass die Worte ‚sacred' (heilig) und ‚scared' (ängstlich) dieselben Buchstaben haben? Macht Ihnen – wenn Sie englisch sprechen – das Wort ‚sacred' Angst? Was hat 'sacred' für Sie mit ‚scared' zu tun? Man braucht Mut, um sich vom alten Paradigma in ein neues zu bewegen, das Heiligkeit in allem sieht. Sind wir zu ängstlich, um das zu tun?

Die Wörter ‚listen' (zuhören) und ‚silent' (still, schweigend) sind auch identisch, abgesehen von der Reihenfolge der Buchstaben. Wir können nicht wirklich zuhören, wenn wir nicht still sind. Schaffen Sie es, ihr mentales Geplapper, Ihre inneren Kritiker

** *„Pals" heißt in der amerikanischen Umgangssprache auch: Kameraden.*

und geistigen Ablenkungen zum Schweigen zu bringen, so dass Sie anderen und sich selbst besser zuhören können? Wir können erst hören, wenn wir still sind, wenn wir unsere Meinungen, Argumente und Urteile außer Kraft setzen und wirklich in uns aufnehmen, was wir hören. Und wir können anderen nicht dienen, wenn wir ihnen nicht zuhören und erfahren, wie wir ihnen am besten dienen können. Unser Potenzial als inspirierende, dienende Führungskräfte liegt in unserer Bereitschaft, still zu sein und zuzuhören und keine Angst vor der Heiligkeit zu haben, die in jeder Beziehung liegt, und sich mit anderen auf das einzulassen, was ich heiliges Zuhören nenne.

Ich habe vor Kurzem einem Auditorium von fast 1.500 Zuhörern gesagt, wenn ich jemals zaubern könnte, würde ich alle Systeme von Leistungsbewertung abschaffen. Sie werden allgemein von den Bewertern genauso gehasst wie von den Bewerteten. Oft werden sie nur als Macht- und Kontrollinstrumente benutzt. Zwar, fügte ich hinzu, haben Organisationstheoretiker uns ermutigt, Leistungsbewertung von Gehaltsverhandlungen zu trennen, und das ist jetzt gängige Praxis in den meisten Unternehmen. Trotzdem seien nur wenige Menschen so naiv, zu glauben, dass schwache Leistung sich nicht in einer späteren Gehaltsrunde auswirken würde. Die Zuhörer brachen in spontanen Applaus aus, der sich zur Standing Ovation steigerte.

In der Pause nahmen die Spitzenmanager des Unternehmens mich zu einem privaten Gespräch beiseite. „Dieses Unternehmen hat gerade ein kleines Vermögen für Berater ausgegeben, die unser Leistungsbewertungssystem überprüft und durch ein neues ersetzt haben. Das wollen wir die nächsten Jahre benutzen, daher wären wir Ihnen dankbar, wenn Sie nicht über andere Ideen sprechen würden“, ermahnten sie mich. Es war klar, dass sie nicht wirklich zugehört hatten. Ich fragte die Geschäftsführerin, ob ihr bewusst sei, dass es einer empirischen Untersuchung gleichkomme, wenn 1.500 Angestellte applaudierten – dass die Mitarbeiter damit die Botschaft ausgesandt hätten, dass sie anderer Meinung seien. Die Managerin zuckte mit den Schultern, sprach von Wettbewerb, von der Notwendigkeit, Leistung zu steigern, Kosten zu senken und Führungskräfte nicht so darzustellen, als hätten sie keinen Kontakt zur Realität (was aber offensichtlich der Fall war).

Wir dienen am besten, indem wir zuhören und dann mit konstruktivem Handeln auf das antworten, was wir gehört haben. Wir entfremden Menschen, wenn wir glauben, dass wir „es besser wissen“ als sie. Ein Higher Ground Leader weiß: Mitarbeiter sind die Kunden der Führungskräfte – mein Job ist es, die Bedürfnisse meiner Mitarbeiter-Kunden genauso zu erfüllen, wie wir gelernt haben, die Bedürfnisse unserer Käufer-Kunden zu erfüllen.

Wir können auch auf uns selbst hören, wenn wir uns selbst Fragen stellen und unserer inneren Stimme zuhören. Wir können uns fragen: Ist das, was ich tue, gerade jetzt für andere inspirierend? Wenn ich mir selbst gegenüberstünde, würde ich mich dann von diesen Worten inspiriert fühlen? Wenn ich sage (oder tue), was ich vorhabe, wird sie das inspirieren? Wie kann ich, bevor ich mein Argument vortrage, sicher sein, dass ich damit inspiriere? Sind meine Kollegen inspiriert? Was inspiriert diese Menschen – was kann ich für sie tun? Wie soll ich leben, damit ich inspirieren kann?

! Es war unmöglich, ein Gespräch zu beginnen.
Alle redeten zu viel.

Yogi Berra

Der Higher Ground Leader als Mystiker

Wir können besser dienen, wenn wir einander mit Staunen betrachten, ohne Bewertung, mit dem Bewusstsein, dass in uns allen ein großes Potenzial liegt, das nicht immer offen sichtbar ist. Jeder ist auf seine eigene besondere Weise ein Geschenk und ein Wunder, und Führungskräfte neuen Typs vertrauen in das Potenzial des Universums – also auch des Anderen. Auf diese Weise ist ein Higher Ground Leader ein Mystiker; denn Inspiration und Mystik sind Zwillinge. Wenn wir die Schönheit im Gegenüber nicht sehen können, dann werden wir einander auch nicht wertschätzen können, und wo diese Wertschätzung fehlt, kann es auch keine Inspiration geben. Die Schönheit in anderen zu sehen, heißt, sie zu lieben, und aus Liebe fließt Inspiration. Jeder Mensch, der inspiriert ist, ist ein Mensch, der geliebt wird.

Wie kann man einen *Mystiker* beschreiben? Ein Mystiker ist ein Mensch, der in allem Lebendigen das Wunder sieht – der eine

Blume anschaut und über die Farben staunt, über den Schimmer, die Geometrie, den Duft, das Strahlen, die Poesie und die Liebe darin. Den Mystiker bewegt die Schönheit des Lebens. Für ihn liegen Wunder und Schönheit in jedem Stein, in den Hängen eines Hügels, in der Symphonie eines Singvogels, im Kauern einer Katze, in den Flanken eines Pferdes, im Wallen einer Wolke, im Schimmern eines Sterns, im Wogen der Wellen, im Rhythmus des Flusses, im Schwung eines Satzes, in der Wendung eines Witzes, im Lachen einer Liebenden. Wenn er einen glanzvollen Sonnenuntergang, eine stürmische Arie, ein hinreißendes Sonett oder ein brillantes Kunstwerk genießt, verliert ein Mystiker alles Gefühl von Zeit und Raum. Ein Mystiker sieht das Wunder auch in den Schattenseiten des Lebens – in den Slums, den Kriegsgebieten, den Seuchenherden und in dem Leiden, das uns umgibt. Wenn wir ohne Anstrengung mit dem Wunder des Lebens in Kontakt sind, die grenzenlose Schönheit des Universums spüren, dann leben wir ganz mit unserer Seele. Wenn wir die Wunder der Welt betrachten, schauen wir Gott. Das ist der Moment, in dem wir Mystiker werden. In diesem Augenblick werden wir in das Gewebe universellen Bewusstseins eingewebt. In diesem Moment sehen wir die Schönheit, das Potenzial, den Zauber und die Seele jedes Menschen. In diesem Moment atmen wir mit Gott – dies ist der Augenblick, in dem wir inspiriert werden und damit auch inspirierend.

Der Mystiker in der Wirtschaft sieht das Leben als Spiel, nicht als Arbeit. Die Natur arbeitet nicht – sie überlässt sich dem Spiel. Wenn wir die Aktivitäten der Natur als Arbeit sehen sollten, würden sie öde und langweilig, wie für viele Menschen ihre Arbeit öde und langweilig ist. Wenn wir die Aktivitäten der Natur oder die Aktivitäten unserer Arbeit aber als Spiel sehen können, wie ein Mystiker es tut, werden sie von Zauber erfüllt – sie werden mystisch. Das ist ein Begriff, den Mystiker der Wirtschaft in ihr Arbeitsleben einbringen – und das wirkt sich schlagartig auf die Energie aus, die sie um sich herum verbreiten.

Um Mystiker zu sein, müssen wir andere akzeptieren, wie sie sind, sie als heilig achten und sie nicht aus einer wertenden Perspektive beurteilen oder unsere Werte auf sie projizieren. Wir fällen über das Meer oder Felsen keine Werturteile – sie sind einfach. Wenn wir einander auch so betrachten, schätzen wir andere

Menschen als einzigartige Zeugnisse des Genies Gottes. Gott hat kein Unkraut geschaffen, keine Missgeburten, keine Verlierer und keine Versager. Wir alle sind heilig, und wenn jeder von uns im Licht eines anderen steht, der ihn so sieht, werden wir alle inspiriert und inspirierend sein. Wenn wir inspiriert sind, dann deshalb, weil wir die bedingungslose Liebe eines anderen Menschen spüren, seinen Rat als liebevolle Unterstützung annehmen, nicht als Kritik, und seine Lehren als heilende Weisheit. Ein Higher Ground Leader – also jemand, der liebt und geliebt wird – erzeugt inspirierte Partner, die ihrerseits lieben und geliebt werden.

! Es gibt zwei Arten, wie Du leben kannst. Entweder so, als sei nichts ein Wunder. Oder so, als sei alles ein Wunder.

Albert Einstein

Jede Umgebung und jede Beziehung ist eine Gelegenheit, diese Liebe zu geben und zu empfangen; denn wirklich jeder kann voller Liebe und Lachen sein. Wenn wir in der Lage sind, diese Botschaft in allen Menschen unserer Umgebung zu erkennen, können wir im Strom eines inspirierten Lebens bleiben. Und wenn Sie die Heiligkeit in allen Menschen sehen, dann können Sie nicht anders, als alle zu respektieren. Dann sind Sie ein Higher Ground Leader, der die Brillanz in anderen wecken und lenken kann – was ich im nächsten Kapitel beschreiben werde.

Sei der Wandel, den Du in der Welt suchst

„Moralische Vorzüglichkeit, Rechtschaffenheit, Güte: Dies sind die süßen Töne der Tugend. Sie ist das Band aller Vollkommenheit und das Herz aller Zufriedenheit im ganzen Leben. Tugend macht Menschen sensibel, wach, verständig, weise, mutig, rücksichtsvoll, freudvoll, wahrheitsliebend und hellsichtig. Tugend ist die Sonne unserer niederen Welt, der Himmel des guten Gewissens. Sie ist so schön, dass sie Wohlwollen bei Gott und Mensch findet. Es gibt nichts Schönes ohne sie, denn sie ist die Essenz der Weisheit, und alles andere ist Narretei. Größe muss in Begriffen der Tugend und nicht in Begriffen des Schicksals gemessen werden. Tugend allein macht einen Menschen liebenswert im Leben und erinnernswert nach dem Tod."

Baltasar Gracian

Wenn wir als Führungskräfte davon sprechen, dass wir anderen dienen wollen, dann zählt der Wille mehr als das Wort, und die Tat zählt mehr als die Absicht. Mitarbeiter sind mehr an unserer Integrität als an unseren Reden über Integrität interessiert, und ihre Antennen reagieren empfindlich auf jede Unstimmigkeit. Menschen, deren Seelen bei der Arbeit niedergetrampelt wurden, sehnen sich nach Führungskräften, die bereit sind, ihnen zu dienen. Sie wollen sicher sein, dass Führungskräfte, wenn sie die Wahl haben, das Wohl der Menschen vor den Profit stellen. In jeder Situation schätzen und lieben wir Kollegen, Freunde oder Verwandte, die lieber rechtschaffen handeln, als sich nur „richtig" zu verhalten, und die Freundlichkeit höher schätzen als Recht zu haben.

Unsere manchmal einseitige Konzentration darauf, Ziele und Vorgaben – also einen Zweck – zu erreichen, verdunkelt oft unser Urteilsvermögen, und wir übersehen den Mangel an Tugend in unseren Mitteln. Der alte Spruch, dass der Zweck die Mittel heilige, ist selten wahr. Kein Zweck lohnt sich, wenn wir zweifelhafte Mittel benutzen müssen, um ihn zu erreichen. Leben ist oft ein besserer Maßstab als Profit.

Wenn wir uns innerlich verpflichten, anderen zu dienen, ist das ein tugendhaftes Verhalten, weil es fast immer spirituell ist – *und auf lange Sicht wird es auch das profitabelste Verhalten sein*. Mit anderen Worten: Für den Higher Ground Leader bestimmen die Mittel *immer* den Zweck. Das führt zu einer Reihe praktischer Fragen. Erstens: Wie stellen wir sicher, dass unsere Strategie aus unseren Werten entspringt und nicht umgekehrt? Führungskräfte alten Typs beginnen mit der Strategie und wählen dann die Werte, die zu ihr passen. Führungskräfte neuen Typs finden erst ihre Werte und entwickeln dann Strategien, die zu ihnen passen.

> ! Wir müssen die Veränderung sein, die wir in der Welt sehen wollen.
>
> *Mahatma Gandhi*

Bevor wir also andere dazu einladen, eine Strategie mitzuentwickeln und umzusetzen, müssen wir uns unserer spirituellen Grundlagen sicher sein. Wir müssen schwierige Fragen stellen, um die Substanz unserer Werte zu prüfen: Verfolgen wir hohe Werte? Dienen wir anderen mindestens so sehr wie uns selbst, wenn nicht mehr? Gehen wir schonend mit dem Planeten um, und sind wir freundlich zur Umwelt? Erhöhen wir den Geist? Tun wir alles, was wir können, um die Beziehung zwischen unserer Spiritualität und unserer Arbeit zu klären? Werden wir ein edles Erbe hinterlassen? Ist das, was wir tun, sinnvoll, gerecht und liebevoll?

Eine Untersuchung durch Towers Perrin zeigt, dass die Dividende in Unternehmen, in denen Mitarbeiter sich eindeutig wohl fühlten, nach fünf Jahren bedeutend angestiegen war: Im Durchschnitt war bei den untersuchten Unternehmen die emotionale Zufriedenheit mit der Arbeit um 95 Prozent gestiegen, die Dividende aber um insgesamt 150 Prozent. (6) Eine dienende Führungskraft zu sein und Menschen zu inspirieren, ist gut für das Geschäftsergebnis.

Es ist ein Fehler zu denken, dass es ablenkt und zu schlechter Leistung führt, wenn man spirituelle Prinzipien in Unternehmen einführt. Im Gegenteil, es hilft Mitarbeitern und Unternehmen, sich auf das Wesentliche zu fokussieren. Vor ein paar Jahren habe ich für einen weltweit führenden Rückversicherer eine Studie durchgeführt. Ziel war es, die Gründe für die langjährige Loyalität ihrer 30 wichtigsten Kunden zu ermitteln. Präsidenten und Spitzenmanager dieser VIP-Kunden wurden aus aller Welt eingeflogen und zu einem Gespräch am Runden Tisch gebeten, in dem ihnen etwa 300 Fragen gestellt wurden. Ihre Antworten wurden mithilfe individueller Tastaturen anonym erfasst, in unseren Rechner eingespeist und sofort ausgewertet; anschließend wurden die Ergebnisse offen mit der ganzen Gruppe diskutiert. Das Unternehmen war in seiner Branche eines der technisch fortgeschrittensten, und das Management war mit Recht stolz auf die gewaltigen Investitionen in technische Spitzenqualität. Aber als diese wichtigsten Großkunden gefragt wurden, warum sie gerade dieser Firma Jahr für Jahr so viele Aufträge erteilten, nannten sie nicht das hohe technische Niveau, sondern die Beziehungen, die „Chemie" zwischen den Schlüsselpersonen auf beiden Seiten, die mit der Zeit aufgebaut und fleißig gepflegt worden waren. Der CEO dieses Rückversicherers bekannte sich leidenschaftlich zu einem dienenden Führungsstil, der intern wie extern zu tiefen menschlichen Beziehungen führt – und das schlug sich in den Ergebnissen nieder. Mitarbeiter, Kunden und Geschäftspartner liebten ihn und die Führungsprinzipien, die er beständig lebte und propagierte.

Da heute jedes Unternehmen mit entsprechenden Investitionen dasselbe Maß an technischem Können und professioneller Meisterschaft erreichen kann wie jeder Mitbewerber auch, ist das einzige Merkmal, mit dem Unternehmen sich wirklich voneinander unterscheiden, die Qualität ihrer Beziehungen – das heißt, wie gut sie Mitarbeitern, Kunden, Zulieferern und der Allgemeinheit dienen. Als ich an der Universität unterrichtete, pflegten meine Betriebswirtschaftsstudenten mich zu fragen, für welches Unternehmen sie arbeiten sollten. Ich gab ihnen immer denselben Rat: Such dir eine große Führungspersönlichkeit, für die Du arbeitest, nicht eine Firma. Für Warren Buffett zu arbeiten, den manche für den klügsten Investor der Gegenwart halten, ist etwas anderes, als für sein Unternehmen zu arbeiten. Derselbe Rat gilt auch für Kunden und Lieferanten. Dienende Führerschaft ist das entscheidende Qualitätsmerkmal.

Joanne Gordon schrieb in *Forbes*: „Was jene Manager betrifft, denen es immer noch völlig gleichgültig ist, wie ihre Mitarbeiter sich fühlen, stellen Sie sich einmal folgende Frage: Wenn Sie eine Herztransplantation bräuchten, würden Sie einen Chirurgen wählen, der sich bei seiner Arbeit wohl fühlt – oder einen, der sich über die Arbeitsbedingungen im Krankenhaus beschwert, während Sie in der Narkose sind? Es war nur eine Frage." (7)

> ! Vorbild zu sein, ist nicht das Wichtigste, wenn wir Einfluss auf andere nehmen wollen.
> Es ist das Einzige.
>
> *Albert Einstein*

Wie genügend Beispiele belegen, ist es keineswegs notwendig, Profit oder Leistung für einen dienenden Führungsstil zu opfern. Wir müssen am Ergebnis orientierte Leistung nicht aufgeben, wenn wir einen menschlichen, fürsorglichen und sensiblen Führungsstil einführen wollen, der anderen Menschen dient. Im Gegenteil: Wir können alles haben. Je mehr wir uns darauf konzentrieren, anderen zu dienen, um so engagierter werden sie nach Wegen suchen, das Ergebnis zu verbessern. Das eine ist die Ursache des anderen – nicht der Preis. Umgekehrt gilt das auch: Je mehr wir fordern und verlangen – immer mehr für immer weniger –, umso mehr schwächen wir die spirituelle Energie der Menschen und begrenzen ihre Inspiration, ihre Leistung und ihr Potenzial. Die Musiker und die Sportler, die man unter Druck gesetzt hat, sind auch die, die versagen; jene, denen man konzentriert gedient hat, steigen auf. Das eine ist die Kehrseite des anderen. Wir können nicht erwarten, dass Mitarbeiter den Kunden dienen, wenn wir den Mitarbeitern nicht zuerst dienen – und das mindestens so gut, wie sie den Kunden dienen sollen.

> ! Wenn wir uns nicht vornehmen, der Menschheit zu dienen – wem sollten wir dann dienen?
>
> *John Adams*

Wir dienen, wenn wir geben. Wir dienen am besten, wenn wir für das Verhalten ein Vorbild sind, das wir uns wünschen, indem wir zuhören und dann konstruktiv handeln. Dies ist mehr als eine Mission, eine Vision oder ein Wertekatalog – das ist unsere Bestimmung, Aufgabe und Berufung.

Lernen Sie, dienend zu führen

Wir wurden nicht geboren, um unser ganzes Leben lang unseren eigenen Bedürfnissen nachzujagen. Wir wurden geboren, um den Bedürfnissen anderer zu dienen und damit unser göttliches Potenzial zu verwirklichen. Der Führungsstil alten Typs lehrt uns, unsere Ziele und persönlichen Vorhaben so festzulegen, dass wir im Leben Erfolg haben. Dieser Ansatz ist zwar nicht ganz ohne Sinn, aber er schöpft das Potenzial bei Weitem nicht aus, das wir als Menschen bekommen haben, weil er meist von unserem Ego motiviert ist. Ein Führungsstil neuen Typs lädt uns dazu ein, unser wahres, volles Potenzial zu entfalten und uns des wichtigeren Grundes bewusst zu werden, warum wir geboren wurden – nämlich anderen zu dienen, indem wir unsere Bestimmung, Aufgabe und Berufung leben. Denken Sie an unsere Definition von Führung:

Führung (im wahren Sinne) ist eine dienende Beziehung zu anderen, die ihr Wachstum inspiriert und die Welt zu einem besseren Ort macht.

Das ganze Leben

Betrachten Sie die Begriffe unten in Tafel 11.1 und kreuzen Sie an: Welcher dieser Begriffe gilt nur in Ihrem Privatleben, in Ihrem Berufsleben, für beide oder für keins von beiden?

Ich habe Sie (in bester Absicht) aufs Glatteis geführt. Es kann keinen Unterschied geben! Wir sind der irrigen Auffassung, dass Arbeit und Leben voneinander getrennt seien und dass in diesen

Tabelle 11.1

Werte, die im Leben zählen.

Suche ich am meisten in meinem …	Privatleben	Berufsleben	Sowohl als auch	Weder noch
Liebe				
Seele				
Dankbarkeit				
Schönheit				
Geist				
Wahrhaftigkeit				
Weisheit				
Glückseligkeit				
Zufriedenheit				
Tugend				
Freude				
Heiligkeit				

beiden Bereichen unterschiedliche Werte und Verhaltensweisen von uns erwartet werden.

Schauen wir uns das näher an. In welchem zarten Alter haben Sie zum ersten Mal jene köstliche Inspiration erlebt, die von so magischen Begriffen wie Liebe, Seele, Gnade, Schönheit und Geist, Wahrhaftigkeit, Weisheit, Glück und Zufriedenheit, Tugend, Freude und Heiligkeit ausgeht? Ziemlich sicher haben Sie viele dieser emotionalen und spirituellen Genüsse gekostet, bevor

Tabelle 11.2

Wie werde ich dienen und wachsen?

Wie diene ich jetzt?	Wie könnte ich besser dienen?	Wie würde ich dabei wachsen?
Dient meine Berufung anderen?	Wie kann ich meine Berufung in den Dienst anderer stellen?	
Höre ich anderen wirklich zu?	Wie kann ich ein besserer Zuhörer werden?	
Inspiriere ich andere meistens?	Wie kann ich dafür sorgen, dass ich andere immer inspiriere?	
Wenn ich mit anderen Menschen zu tun habe, wessen Bedürfnisse haben dann die höchste Priorität?	Wie kann ich dafür sorgen, dass ich die Bedürfnisse anderer wirklich ernst nehme?	
Fühlen andere sich lebendig und wertgeschätzt in meiner Gegenwart?	Wie kann ich meine Berufung in einer Weise leben, die der Heiligkeit in allen Menschen gerecht wird?	

Sie fünf Jahre alt waren; sonst wäre Ihre Kindheit karger gewesen als bei den meisten Menschen.

Aber dann hat Ihnen jemand gesagt, dass diese Begriffe am Arbeitsplatz nichts taugen. Erinnern Sie sich daran, wer Ihnen zum ersten Mal diese bittere Lektion erteilt hat? Damit hat man Ihnen beigebracht, die freudigen Wunder Ihrer Jugend zu begraben.

Martin Luther King hat gesagt: „Die dringendste Frage des Lebens lautet: ‚Was tust Du für andere?'" Wenn andere Menschen spüren, dass Sie ihre Träume und Hoffnungen ernst nehmen, werden sie alles Notwendige tun, um Sie auf dem Weg zum Erfolg zu unterstützen.

Denken Sie einen Moment über die Fragen in Tafel 11.2 nach. Wie könnten Sie anderen besser dienen und auf diese Weise sowohl persönlich wachsen – als spirituelles Wesen, als tatkräftiger Mensch, als dienende Führungskraft – als auch einen größeren Beitrag im Universum leisten?

Kapitel

12

Schritt sechs: Wecken Sie Brillanz in Ihrer Umgebung

Der Ruhm der Freundschaft liegt nicht
in der ausgestreckten Hand
und nicht im freundlichen Lächeln,
noch in der Freude der Kameradschaft.
Er liegt in der spirituellen Inspiration,
die zu einem kommt, wenn man entdeckt,
dass jemand an einen glaubt
und bereit ist, einem zu vertrauen.

Ralph Waldo Emerson

Nachdem er Klarheit über seine Bestimmung gewonnen, sich zu seiner Aufgabe bekannt, seine Berufung verwirklicht und andere angeregt hat, ebenfalls ihre Berufung zu finden und sie mit der gleichen Aufgabe in Einklang zu bringen – und nachdem er gelernt hat zu fragen: „Was kann ich für Sie tun?" –, wird der Higher Ground Leader im sechsten Schritt darangehen, Brillanz zu wecken und in die richtigen Bahnen zu lenken.

Unternehmen brauchen Inspiration

Vor dreißig Jahren war Frederick Herzberg einer der populärsten Wirtschaftsautoren und Organisationstheoretiker Amerikas. Er war von Haus aus Psychologe und glaubte, dass schlechte seelische Gesundheit die größte Bedrohung für Amerikaner sei; deshalb entwickelte er ein starkes Interesse an Firmenkultur und untersuchte die Gründe dafür, dass so viele Menschen mit ihrer Arbeit unglücklich sind – und so wenige glücklich.

Einer seiner wichtigsten wissenschaftlichen Beiträge war die „Theorie der Motivationshygiene" (1), in der er die These aufstellt, dass Menschen von bestimmten Faktoren motiviert werden (die er „motivationale Faktoren" nennt), während die *Abwesenheit* anderer Faktoren zu Demotivation bei Mitarbeitern führt. Es war ein Schlag ins Gesicht der damals herrschenden Meinung, als er argumentierte, dass Einkommen, Status und Sicherheit Menschen nicht motivierten und diese Faktoren folglich keine Motivatoren seien – dass aber *ihre Abwesenheit sich fast immer als demotivierend herausstelle* und die seelische Hygiene gefährde. Er nannte diese Faktoren „Hygiene-Faktoren"; zu ihnen zählte er auch Firmenstrategie und Verwaltungsstil, Dienstaufsicht, gute Arbeitsbedingungen und zwischenmenschliche Beziehungen zu Kollegen und Führungskräften. Keiner dieser Faktoren, so Herzberg, könne effektiv genutzt werden, um Menschen zu motivieren, aber wenn sie fehlten oder den Bedürfnissen der Mitarbeiter nicht angemessen seien, wirke das fast immer demotivierend. Führungskräfte hätten dafür zu sorgen, dass alle Hygiene-Faktoren für die Belegschaft mindestens neutral seien.

Andererseits, stellte Herzberg fest, sind Mitarbeiter eher motiviert, wenn man ihnen Gelegenheit gibt, etwas zu leisten, und wenn sie für ihre Leistung anerkannt werden, wenn sie engagiert und an ihrer Arbeit interessiert sind, wenn sie sich durch mehr Verantwortung oder zusätzliche Aufgaben gefordert fühlen und wenn sie ermutigt werden, zu wachsen und eigenständiger zu handeln. Dies nannte er daher die „motivationalen Faktoren".

Es sei die Rolle der Führungskraft, argumentierte Herzberg, stets mit beiden Bällen – Hygiene-Faktoren und motivationalen Faktoren – zu jonglieren.

Springen wir zurück in die Arbeitswelt unserer Zeit. Vieles hat sich verändert, und viele dieser Annahmen gelten heute als veraltet. Dennoch könnte es klug sein, Herzbergs Theorien hervorzuholen und auf den neuesten Stand zu bringen.

Heute brauchen wir mehr als Motivation – heute wollen wir inspiriert sein. (Warum das so ist, habe ich in der Einleitung ausführlich erläutert.) Wir erwarten von Führungskräften weniger, dass sie uns motivieren, als dass sie unseren Geist erheben. Inspiration ist jetzt das Thema. Heute müssen wir uns die Frage stellen: „Tue ich alles, was ich kann, um jeden Menschen zu inspirieren, mit dem ich zu tun habe – *immer?*“

In einer Welt, in der echte Leistungsträger nicht leicht zu finden sind, ist es unsere Verantwortung, die richtigen Mitarbeiter oder Kollegen aufzuspüren und sie dann so zu inspirieren, dass sie nicht im Traum daran denken, unser Team wieder zu verlassen – dass sie stattdessen weitere Kollegen inspirieren, damit auch sie sich uns anschließen und das Potenzial unseres Teams steigern. Dieser Mechanismus ist eines der wichtigsten Merkmale jeder inspirierten Gruppe – im Privat- wie im Berufsleben.

Der Mythos von der strategischen Führung

Ein beliebter Mythos besagt, die großen Inspiratoren der Geschichte seien auch große Strategen gewesen. Einige waren es, viele andere nicht. Das Entscheidende war, dass sie brillante Mitarbeiter fanden und sie inspirierten – sie konzentrierten sich darauf, die Beiträge brillanter Menschen zu koordinieren. Sie zogen Könner ersten Ranges an, die die notwendigen Strategien entwickelten, um die gemeinsame Aufgabe zu erfüllen. Die Führungskraft neuen Typs ist vor allem dafür verantwortlich, die *Beziehungen* innerhalb und außerhalb ihrer Gruppe zu entwickeln, zu nähren und aufzubauen, die alle näher an die Aufgabe heranbewegen – für alles andere sind die Mitarbeiter verantwortlich.

Ich vereinfache hier, um das Entscheidende klar herauszuarbeiten; in der Praxis kann die Trennung nicht immer so scharf sein – aber der Grundsatz ist richtig, dass die Führungskraft Beziehungen aufbaut, die die Erfüllung der Aufgabe möglich machen, und dass andere die praktische Strategie entwickeln und umsetzen. Natürlich haben alle mit beiden Seiten zu tun. Oder, wie Mel Karmazin, CEO bei Viacom, es formuliert: „Viacom hat 137.000 Mitarbeiter, und trotzdem heißt es: ‚Mel Karmazin hat dies oder jenes gemacht'. Wenn die Dinge gut laufen, bekommen wir viel mehr Anerkennung, als wir verdienen – und wenn nicht, viel mehr Vorwürfe." (2)

Dennoch lassen sich in großen Organisationen, Gruppen, Teams und Gemeinschaften im Grundsatz zwei unterschiedliche Ebenen von Führungstätigkeit unterscheiden:

1. Die Aufgabe entwickeln und ihre Flamme anfachen – das ist die Rolle der Führungskraft neuen Typs.
2. Die Handlungen konzipieren und durchführen, die die Aufgabe zu einer Realität machen – das ist die Rolle der Mitarbeiter.

Die Herzen öffnen

Führungskräfte neuen Typs wissen, dass beides nur gelingen kann, wenn wir Herzen öffnen. Herzen öffnen wir in der Praxis, indem wir Verantwortung an Menschen delegieren, die ihre wahre Berufung gefunden haben – die die Fähigkeit, die Leidenschaft und das Talent besitzen, etwas erfolgreich umzusetzen. Wenn wir Herzen öffnen, inspirieren wir – und das tun wir manchmal, indem wir handeln, aber häufiger noch, indem wir gerade nicht selbst handeln. Wir inspirieren andere und öffnen ihr Herz, wenn wir sie dazu ermuntern, ihre eigene Kraft und ihre Talente voll zu nutzen. In einem Symphonieorchester definiert der Higher Ground Leader (der Dirigent) die Aufgabe (das Werk, das gespielt werden soll), und er wird zum Diener dieser Aufgabe. Die Musiker setzen die Strategie (die Partitur) um, die dazu führt, dass die Aufgabe verwirklicht wird. Der Dirigent sieht von persönlicher Umsetzung ab, er öffnet die Herzen und konzentriert sich darauf, die Beziehungen im Team und die Brillanz seiner Mitglieder so zu lenken, dass die Vollendung des Werkes (der Aufgabe) gelingt.

Der große Mythos, dass erfolgreiche Führungspersönlichkeiten immer brillante Strategien entwerfen, geht einher mit dem

Mythos, dass sie Strategien auch brillant umsetzen müssen. Das gibt allein der Führungskraft das Recht, Strategien zu formulieren und über ihre Umsetzung zu wachen – eine Idee, die nur dem Ego dient.

Unser wahrer Zweck im Verhältnis zu anderen Menschen besteht darin, ihre Herzen zu öffnen und es ihnen leicht zu machen, dass sie selbst eine brillante Strategie entwickeln und umsetzen können. Der erste Geiger des Symphonieorchesters versteht im Allgemeinen mehr vom Geigespielen, als der Dirigent in seinem ganzen Leben jemals lernen wird. Der Dirigent ist aber der Wahrer der Aufgabe – des Werks, das er aufführen will, der Art, wie es präsentiert werden soll, und des magischen Zaubers der Symphonie, der über den Zuhörern schwingen soll. Der Dirigent hat seine Bestimmung definiert, er hat die Aufgabe definiert und er ist seiner Berufung gefolgt. Dann hat er die Berufung des ersten Geigers mit der Aufgabe in Einklang gebracht, so dass dessen Gaben zu ihrer Verwirklichung beitragen.

Jetzt ist es für den Higher Ground Leader (den Dirigenten) an der Zeit, die Herzen des Geigers und der anderen Musiker zu öffnen, indem er ihnen dient – indem er für jede gewünschte persönliche und professionelle Unterstützung sorgt, die ihnen hilft, zu wachsen und gut zu spielen. Dies ist die Rolle eines Coaches, Mentors, Führers und Begleiters. Jetzt ist der Higher Ground Leader in der Lage, das Wichtigste zu tun – nämlich in den Hintergrund zu treten und nur noch die Brillanz zu koordinieren, die in jedem anderen Menschen steckt. Der Dirigent ermächtigt und befähigt den Geiger zu tun, was er am besten kann – wunderbar zu spielen, als Solist und als Mitglied des Ensembles, um die Aufgabe zu verwirklichen. Die Rolle der Führungskraft ist es, den Beitrag an Brillanz zu wecken und zu koordinieren, der im Herzen des ersten Geigers ruht und darauf wartet, befreit zu werden – genau wie die Brillanz, die in uns allen liegt.

> ! Die Fähigkeit, Anteil zu nehmen, ist das, was dem Leben tiefsten Sinn und tiefste Bedeutung gibt.
>
> *Pablo Casals*

Wir inspirieren Menschen zu Größe, wenn wir ihre Stärken ansprechen, nicht ihre Schwächen

Seit Langem werden wir gedrängt, uns „auf unsere Kernkompetenz zu konzentrieren". Tom Peters und Bob Waterman haben uns gesagt, dass erfolgreiche Unternehmen bei der Suche nach hoher Qualität „bei ihrem Leisten bleiben"; das heißt: Sie konzentrieren sich auf das, was sie am besten können, und lagern Funktionen aus, in denen sie schwach sind. (3) Eine ganze Reihe von Management-Gurus hat diese Ansicht in anderen Worten formuliert, aber es läuft alles auf eine einfache Theorie der Kernkompetenzen hinaus. Wenn wir uns auf das konzentrieren, was wir am besten können, werden wir darin noch besser – und das führt zu professioneller Meisterschaft. Die Kehrseite der Medaille ist, dass Unternehmen aufhören sollten, Dinge zu tun, die sie als Schwächen erkennen. Unternehmensführer haben diese Botschaft gehört, und das hat zu der weit verbreiteten Praxis geführt, Subunternehmer zu beauftragen, Aufgaben auszulagern oder strategische Allianzen mit anderen Unternehmen zu schmieden, deren Stärken die eigenen Schwächen ausgleichen.

Doch hier droht ein Widerspruch. Wenn das bei Unternehmen so gut funktioniert und wenn wir die Idee der Kernkompetenz so vollständig übernehmen, warum wenden wir dasselbe Prinzip nicht auf Menschen an? Wenn wir Mitarbeiter zu Brillanz führen wollen, müssen wir ihre Stärken ansprechen, nicht ihre Schwächen.

Als ich Präsident von Manpower Limited war, hatten wir einen Franchise-Nehmer namens John Harold. Bis heute habe ich keinen besseren Verkäufer kennengelernt als ihn. Er war absolut brillant. Aber wenn er der Leonardo da Vinci des Marketings war, war er der Dorftrottel in allen Verwaltungsdingen: Auch wenn es um sein Leben gegangen wäre, hätte er es nicht fertiggebracht, ein korrekt ausgefülltes Formular einzureichen. Wenn ich seinen Betrieb besuchte, war ich von seinen Verkaufserfolgen wie benommen, erging mich in Lobeshymnen über seine Marketing-Leistung – und pflegte dann etwa zu sagen: „John, seit anderthalb Jahren habe ich keinen Monatsbericht mit Deinen Verkaufszahlen bekommen. Würdest Du bitte anfangen, mir welche zu schicken?"

Er versprach es, dann ging ich zurück – und nichts geschah. Meine Besuche begannen, immer nach diesem Muster abzulaufen: Ekstase über seinen Absatz, Verzweiflung über seine Formulare. Irgendwann, nachdem ich wieder Applaus gespendet hatte für eine rekordverdächtige Verkaufsaktion, die für den Rest der Firma Maßstäbe setzte, fragte ich ihn aufgeräumt, ob er nicht wenigstens einmal im Vierteljahr eine Statistik schicken könne. Er willigte ein – und nichts passierte.

Ich war der Chef, und ich hätte der Coach und Lehrer sein sollen, aber ich fing an zu begreifen, dass John Harold *mir* eine Lektion erteilte. Schließlich verstand ich die Botschaft – ich musste sein Herz öffnen. Also ging ich eines Tages in sein Büro und sagte: „John, immer wenn ich Dich besuche, lobe ich Deinen Absatz, und dann beschwere ich mich über Deine Berichte. Ich bin hier, um dir zu sagen: Das wird nicht wieder vorkommen! Ich habe jemanden angeheuert – aus meinem Budget –, der künftig Deine Berichte schreibt. Ich werde Dir nie mehr damit auf die Nerven gehen. Wie kann ich Dir jetzt bei Deinen Verkäufen helfen? Was kann ich für Dich tun?" Wir haben nie wieder über Formulare gesprochen.

Wie war ich nur auf die Idee gekommen, ich könnte einen der besten Marketingleute, die ich je getroffen habe, in einen – bestenfalls – mittelmäßigen Buchhalter verwandeln? Und warum sollte ich das tun? Warum war ich so arrogant? Warum sollte ich versuchen, ihn zu einem Alleskönner-Klon zu machen? Er war ein anerkanntes Genie – und ich war drauf und dran, seine Begabung zu verschwenden und die Flamme seiner Inspiration auszulöschen. Wir können die Brillanz anderer Menschen nicht nutzen, wenn wir alle dazu bringen wollen, auf dieselbe Art zu handeln. Wir wecken die Brillanz anderer, wenn wir ihre Stärken ansprechen und ihre Größe hervorlocken – wenn wir ihre Gaben würdigen und es ihnen so leicht wie möglich machen, in dem brillant zu sein, was ihnen liegt. Man kann Idioten mit Einschüchterung dazu bringen, dass sie etwas in einer festgelegten Weise tun und dabei mäßige Leistung bringen. Genies machen alles auf eine Art, die ihren Stärken entgegenkommt, und zeigen daher brillante Leistung. Gleichmaß und Konformität sind leichter zu verwalten, aber der Preis sind Mittelmäßigkeit und Demotivierung. Brillanz zu koordinieren fühlt sich manchmal so an, als wollte man einem

Tausendfüßler Socken anziehen, aber es beschenkt die Seele – mit Inspiration.

Marcel Proust hat gesagt: „Die wahre Entdeckungsreise besteht nicht darin, neue Landschaften zu suchen, sondern darin, mit neuen Augen zu sehen." Wenn wir andere inspirieren wollen, werden wir an ihren Stärken arbeiten müssen, statt uns über ihre Schwächen zu beklagen. Wir müssen wissen, dass das Prinzip der Konzentration auf Kernkompetenzen – gemeinsam unsere Stärken zu entwickeln, statt einander die Schwächen unter die Nase zu halten – für Individuen genauso gesund ist wie für Unternehmen. Wir können die Stärken unserer Mitarbeiter fördern und Bereiche, in denen sie schwach sind, an jene outsourcen, die auf diesen Feldern ihre Stärken haben. Das ist ein Schlüssel dafür, wie man Menschen erleuchtet, ihre Seelen nährt und sie zu Größe inspiriert.

> ! Wer führen will, muss Praktiker und Realist sein, und doch die Sprache des Visionärs und Idealisten sprechen.
>
> *Eric Hoffer*

Brillanz und Gleichgewicht

Die beiden chinesischen Schriftzeichen, die das Wort „geschäftig" formen, sind – einzeln genommen – die Symbole für „Herz" und „Tod". Wenn wir die Brillanz anderer Menschen wecken und leiten wollen, müssen wir auch ein gewisses Maß an Ausgeglichenheit in ihr Leben bringen. Wenn das Tempo im Privat- und im Arbeitsleben zu hoch wird, werden wir von gestressten Mitarbeitern keine beständige Brillanz erwarten können. Das wäre unfair und unlogisch. Eine Führungskraft neuen Typs arbeitet sehr daran, Hindernisse aus dem Leben der Mitarbeiter zu entfernen, statt sie zu vermehren.

Angetrieben von unermüdlicher Zuversicht hat die Menschheit Jahrhunderte damit verbracht, die natürliche Welt zu unterwerfen und ihr Gleichgewicht zu stören. Wir haben auf Millionen unterschiedlichen Wegen versucht, die Natur zu zähmen, oft mit Erfolg. Aber die Gesetze der Natur sind unveränderlich, und sie geben dem Menschen nur zeitweise nach.

In der Region, in der ich lebe, sind die Steinmauern der Farmen, die vor hundert Jahren gebaut wurden, heute unter Brombeerranken und Gestrüpp kaum noch sichtbar. Ein aufgegebener Staudamm, dessen Kraftwerk einst Mühlen, Häuser und Hotels mit Strom versorgt hat, ist heute verfallen, während der Fluss die Gegend langsam aber sicher in ihren ursprünglichen Zustand zurückversetzt. Unser Ort war einmal eine blühende Gemeinde mit Bahnhof und drei Hotels; heute ist er ein stiller Flecken mit weniger als hundert Einwohnern.

Veränderungen, die wir der Natur aufzwingen, bleiben eine Illusion, weil die zugrunde liegenden Gesetze aktiv und in Kraft bleiben, auch wenn sie nicht sichtbar sind. Am Ende sind die Naturgesetze immer stärker, und ihre Energie arbeitet gegen uns, solange wir sie herausfordern. Das übergreifende Prinzip hinter den Gesetzen der Natur ist die Notwendigkeit, ein Gleichgewicht zu finden: Zu jeder Aktion gehört eine entsprechende, entgegengesetzte Re-Aktion. Dieses Yin und Yang der Natur ist das Gesetz des Universums.

Dasselbe Naturgesetz gilt auch in unserem Leben und besonders in unseren Beziehungen. Wenn wir Menschen über ihre Grenzen hinaus beanspruchen und gegen das Gleichgewicht des Lebens arbeiten – indem wir Leistung fordern, zu der die Betroffenen nicht fähig sind, indem wir zu viel anhäufen, indem wir mehr Ressourcen verbrauchen, als uns zusteht, indem wir danach streben, Konkurrenten zu ruinieren oder Märkte, Kunden, Mitarbeiter, Familie und Freunde zu beherrschen –, lösen wir eine unvermeidliche Gegenreaktion an negativer Energie aus. Wenn wir das Gleichgewicht im Leben erhalten wollen, das wir brauchen, um Menschen inspirieren und zu brillanter Leistung anregen zu können, dann müssen wir die Gesetze des Universums beachten.

In einer Ansprache, die Brian Dyson – damals CEO bei Coca-Cola – vor einigen Jahren hielt, sprach er von der Beziehung zwischen Arbeit und anderen Verpflichtungen im Leben. „Stellen Sie sich das Leben als ein Spiel vor, in dem sie mit fünf Bällen jonglieren. Sie nennen sie Arbeit, Familie, Gesundheit, Freunde und Geist – und Sie halten sie alle in der Luft. Sie werden bald merken, dass Arbeit ein Gummiball ist. Wenn Sie ihn fallen lassen, springt er wieder hoch. Aber die anderen vier Bälle – Familie,

Gesundheit, Freunde und Geist – sind aus Glas. Wenn Sie einen von ihnen fallen lassen, wird er irreparabel beschädigt oder gänzlich zersplittert sein. Er wird nie wieder wie vorher sein. Sie müssen das verstehen und nach Balance in Ihrem Leben streben."

Vollkommenes Gleichgewicht in unserem Leben erreichen wir, wenn wir für uns persönlich den Punkt der besten Ausgewogenheit finden, und das tun wir, wenn wir im Einklang sind mit unserer Bestimmung, Aufgabe und Berufung.

Das Gleichgewicht von Yin und Yang

Jeder auf Erden, der weiß,
dass Schönheit schön ist,
erzeugt Hässlichkeit.

Jeder, der weiß,
dass Güte gut ist,
erzeugt Bosheit.

Denn Sein und Nichtsein
entstehen gemeinsam;
Hart und Weich
vollenden einander;

Lang und Kurz
formen einander,
Hoch und Tief
sind abhängig von einander;

Ton und Klang
vereinen sich zur Musik;
Vorher und Nachher
folgen einander.

Darum wird die weise Seele
handeln, ohne etwas zu tun,
und lehren, ohne zu sprechen.

Die Dinge dieser Welt
existieren, sie sind;
Du kannst sie nicht beiseite schieben.

Trage, ohne zu besitzen;
handle, ohne etwas zu erwarten;
mach deine Arbeit und lass sie los:
Denn nur, was wir loslassen,
wird bei uns bleiben.

Tao Te Ching (4)

Die feinen Rhythmen des Lebens hängen von einem perfekten Gleichgewicht ab, dem Gleichgewicht von hell und dunkel, schön und hässlich, liebevoll und ängstlich, verständnisvoll und urteilend, männlich und weiblich – kurz: dem Gleichgewicht von Yin und Yang, die Kette und Schuss im Gewebe des Lebens sind. Leben kann sich ohne dieses Gleichgewicht nicht entfalten.

Wie jeder andere Mensch bin ich entschlossen, in Liebe, Mitgefühl, Freundlichkeit, Wahrheit und Dankbarkeit zu leben (also zu denken, zu handeln und zu kommunizieren). Auf der anderen Seite merke ich manchmal – wie viele andere Menschen auch –, dass ich aus Ärger, Feindseligkeit oder Vorurteilen heraus denke, handle oder kommuniziere. Ich fühle zwar, dass ich in diesem Punkt lerne und aufmerksamer werde, aber ich entdecke doch immer wieder dieses verschlagene kleine Rumpelstilzchen, das irgendwo in meinem Inneren lauert und oft genug meine guten Absichten zunichte macht.

Wenn wir der negativen Energie anderer, die mit uns kommunizieren, Gleiches entgegensetzen, überlassen wir ihnen unsere Macht. Das sind Momente, in denen wir wenig inspirierend sind, in denen wir vielleicht unseren Schatten nach außen projizieren oder unser Verhalten von ihm bestimmen lassen. Die Dynamik wäre ganz anders, wenn wir mit ausgleichender Energie reagieren könnten. Deshalb brauchen wir beides, auch wenn uns die Yang-Energie, die auf uns zukommt, hin und wieder vielleicht frustriert. Es ist hilfreich, wenn man die Yang-Energie als einen großen Lehrer sieht, der uns daran erinnert, welche Themen wir in unserem Leben bearbeiten müssen. Buddha hat gesagt, dass unsere Feinde uns geschickt worden sind, damit wir von ihnen lernen. Wenn wir mit Yang-Energie konfrontiert sind, haben wir die Wahl – wir können das Rumpelstilzchen in uns freilassen oder die Frage stellen: „Was soll ich von dieser Yang-Energie lernen?“

Wie die meisten von uns, kenne ich bei mir zwei Arten von Verhalten – Yang: durchsetzungsfähig, entschlossen, fokussiert und gerichtet; und Yin: liebevoll, dankbar, mitfühlend, freundlich und wahrhaftig. Wenn wir unsere Beziehungsmuster genau untersuchten, würden wir in der Praxis feststellen: Wenn wir Yang-Energie erzeugen, veranlassen wir meist andere dazu, mehr von derselben Energie zu erzeugen, und wenn wir Yin-Energie erzeugen, reagieren andere auch mit derselben. Obwohl wir alle eine Kombination von Yin- und Yang-Energien sind, tendieren manche Menschen dazu, mehr Yang-Reaktionen hervorzurufen, während andere auf sanfte Weise mehr Yin-Verhalten um sich herum hervorlocken.

Wenn wir auf andere Menschen uninspirierend wirken, liegt das daran, dass diese Energien nicht ausgeglichen sind. Wenn wir mit Aggressivität konfrontiert sind – einem Übermaß an Yang-Energie –, kann das schlafende Aggressivität aktivieren, die in unserem eigenen Schatten verborgen ist – also eine Reaktion von mehr Yang-Energie –, und das Ergebnis kann eine Eskalation von Yang-Energie sein, die eine Beziehung zerstören kann, wenn sie nicht gestoppt wird. Solchen Auseinandersetzungen fehlt die ausgleichende Yin-Energie, die nötig ist, um das Gleichgewicht in Dialog und Beziehung wiederherzustellen – und die wir brauchen, um inspirierend zu sein und mit positiver Energie Impulse zu geben. Nur wenn es gelingt, das richtige Gleichgewicht der Energien wiederherzustellen, können wir einander wieder inspirieren und die Brillanz in anderen wecken, indem wir ihre Herzen öffnen.

Wie in Kapitel 1 erwähnt, wird unser bewusstes Denken von unserem Schatten beeinflusst, von jenem unbewussten Teil in uns, der unsere verborgenen Wünsche, Erinnerungen, Ängste, Gefühle und Vorstellungen enthält. Unser Schatten wird von Menschen, die uns mit Yang-Energie ansprechen, allzu leicht zu einer Yang-Reaktion verlockt, und unsere Yin-Energie wird leicht und willig verführt, wenn sie mit Yin-Energie angesprochen wird. Es ist als könnten Besucher, die an unsere Tür klopfen, wählen, ob sie mit Yin oder mit Yang flirten wollen. Wenn der Besucher nach Yang fragt, dann Vorsicht, denn Yang wird kommen; und wenn er nach Yin fragt, wird eine sanfte Seele als Partner erscheinen. Sie wohnen beide im selben Haus, und beide sind zu einem Flirt bereit.

Wenn wir kommunizieren, besteht unsere Rolle darin, die Energie auszubalancieren, die wir empfangen, und mit der Energie oder der Kombination von Energien zu antworten, die die Situation erfordert. Wenn wir einen Überschuss an Yang-Energie empfangen, müssen wir mit einer angemessenen Mischung aus Yang und Yin antworten, um Gleichgewicht in die Kommunikation zu bringen, um sie quasi abzurunden und eine Beziehung herzustellen, die von Geist erfüllt ist. Für einige Menschen ist die Versuchung, mit noch mehr Yang-Energie zu antworten, sehr stark – unser Schatten drängt darauf, als Rumpelstilzchen in Erscheinung zu treten. Aber wenn wir daran denken, die Energie auszugleichen, wirkt das wie ein Zauber!

> ! Dem, der bei kleinen Dingen sorglos mit der Wahrheit umgeht, kann man die wichtigen Dinge nicht anvertrauen.
>
> *Albert Einstein*

Wenn wir das wissen, steht uns ein konstruktiver Ansatz zur Verfügung: Wir können jeden, mit dem wir zu tun haben, einladen, unser Yin anzusprechen. Tun wir das nicht, riskieren wir, dass er unser Rumpelstilzchen zum Flirt einlädt. Das Geheimnis, wie man in einer Yang-dominierten Welt inspirierende Beziehungen aufbaut und eine Führungskraft neuen Typs wird, besteht darin, dass wir die Energie in unseren Beziehungen und unseren Reaktionen, wann immer möglich, zwischen Yang und Yin ausbalancieren. Wenn wir das tun, erzeugen wir ein Gleichgewicht und auf diese Weise eine Partnerschaft mit anderen Menschen, einen echten Dialog, der unsere Beziehungen bereichert. Das führt zu Inspiration, und Inspiration ist der Schlüssel, wenn wir die Brillanz anderer wecken und ihre Beiträge in die gemeinsame Sache lenken wollen.

„Wie bringen wir sie dazu, sich zu ändern?"

Wenn wir die wahre Brillanz in anderen Menschen wecken und lenken wollen, müssen wir Beziehungen zu ihnen aufbauen, die über das Alltägliche hinausgehen, über das Äußerliche, mit dem wir es uns bequem gemacht haben, über die Zahlen und die

Leistungskriterien, über das Materielle und das Körperliche. Es verlangt von uns, dass wir auf eine spirituelle Weise miteinander in Kontakt treten, die an Werten orientiert ist und Herzen öffnet. Dazu gehört, dass wir die Art überdenken, wie wir mit Kommunikation und Beziehungen umgehen, dass wir mutig und authentisch sind, uns öffnen und uns Dankbarkeit erhalten. Bei meiner Arbeit höre ich oft den Einwand, dass es von Menschen zu viel verlangt sei, wenn sie das alles auf einmal verwirklichen sollen. Es sei ein zu großer Sprung, die Veränderung sei zu dramatisch. Jeder wisse, dass wir uns verändern müssten, aber das gehe nur schrittweise.

Kurz: Die Frage, die mir bei meiner Arbeit am häufigsten gestellt wird, lautet: „Wie bringen wir sie dazu, sich zu ändern?“ Zuhörer reagieren oft so, als seien diejenigen, die die Botschaft der Transformation wirklich angeht, gar nicht im Saal. Das ist ein klassischer Fall von Projektion. Wenn wir sagen, dass wir zwar verstehen, was es bedeutet, die Wahrheit zu sagen und Zusagen einzuhalten, Integrität, Vertrauen, Respekt, Werte und Geist zu leben, aber dass alle anderen es nicht verstehen – dann sagt eigentlich unser Schatten: „Ich verstehe es nicht“, und das kann für uns eine unbequeme Wahrheit sein. Wenn wir mit einem Finger auf jemanden zeigen, weisen drei Fingen zurück auf uns.

Das ist besonders misslich, wenn wir die Idee der kritischen Masse betrachten, die wir in Kapitel 2 untersucht haben. Immer mehr Menschen verstehen heute die Botschaft, und deshalb ist es jetzt wichtig, dass wir mit unserem Verhalten signalisieren, dass wir sie auch verstehen.

Das allerdings ist leichter gesagt als getan, daher lautet die am zweithäufigsten gestellte Frage, die ich höre: „Wie erreiche ich denn diese Transformation?“ Man erreicht sie, wenn man die folgenden sechs zentralen Werte lebt: Sie bilden ein Prinzip, das dem Führungsstil neuen Typs zugrunde liegt – das CASTLE-Prinzip.

Sechs Schlüssel zum CASTLE

CASTLE (zu deutsch: Schloss, Burg) ist die englische Abkürzung für sechs bekannte Werte, die den Higher Ground Leader von einer Führungskraft alten Typs unterscheiden, und die – wenn sie mit Leib und Seele gelebt werden – für andere sehr inspirierend sind. Dies sind Werte, die in uns allen schon leben, an die wir uns aber erinnern sollten. Diese sechs Prinzipien helfen uns, die Brillanz in unseren Mitarbeitern zu wecken und zu lenken.

Der Higher Ground Leader wird, im Privat- wie im Berufsleben, von diesen sechs Prinzipien geleitet:

1. Mut *(Courage)*: Nichts geschieht, solange wir nicht den Mut haben, über unsere gewohnten Paradigmen hinauszugehen. Wenn wir Angst haben, werden wir ineffizient, und unsere Leistung lässt nach. Ja, damit fängt alles an: Unser Paradigma alten Typs aufzugeben und die Reise zum Führungsstil neuen Typs anzutreten, verlangt großen Mut, aber Mut überwindet Angst und eröffnet neue Blickwinkel, aus denen man das Leben und die Arbeit angehen kann.
2. Die innere Verpflichtung zu *Authentizität.* Das heißt, sich zu zeigen und in allen Bereichen des Lebens ganz präsent zu sein, die Maske abzunehmen und ein realer, verletzlicher und berührbarer Mensch zu sein, eine Person, die echt und emotional und spirituell mit anderen verbunden ist.
3. Der Wunsch zu dienen *(Service)* – sich von einem selbstbezogenen, angstbestimmten Verhalten alten Typs zu lösen und sich auf die Bedürfnisse anderer Menschen zu konzentrieren, indem man ihnen zuhört, ihre Bedürfnisse erkennt und erfüllt und sie damit inspiriert.
4. Eine Leidenschaft für und eine innere Verpflichtung zur Wahrheit *(Truth)*: Gemeint ist die Weigerung, Abstriche an der eigenen Integrität zu machen oder universelle Wahrheiten zu verleugnen – auch wenn es in diesen schwierigen Zeiten auf den ersten Blick leichter zu sein scheint, die Wahrheit zu vermeiden.
5. *Liebe*: Aus ihr schöpft ein Higher Ground Leader die Fähigkeit, andere zu inspirieren. Und sie ist das Medikament gegen Angst, Stress und Wut, das – wenn es großzügig verabreicht wird – Menschen dazu bringt,
6. *Effizienz* in allen Aspekten des Lebens zu zeigen.

Mut

Der leichte Teil des Lebens besteht darin, anderen zu sagen, was sie tun sollen. Der schwere Teil ist: tapfer genug zu sein, um uns selbst neu zu erfinden – neu zu lernen, was wir über das Leben zu wissen glaubten, und es dann praktizieren. Dazu braucht man großen Mut. Aber es kann in der Tat keinen Fortschritt geben hin zu einem transformierenden Führungsstil neuen Typs, wenn wir nicht tief Luft holen, uns besinnen und den Entschluss fassen, anders zu sein. Und das unabhängig davon, wie sehr wir vielleicht kritisiert werden, wie sehr unser Ego vielleicht ramponiert werden könnte und wie viele Menschen uns auch sagen, dass Leistung und Umsatzzahlen zumindest am Anfang der Reise leiden werden (was sich fast immer als falsch herausstellt). Das alles ist eine notwendige Investition in Größe. Es gibt keine andere Möglichkeit.

> ! Mut ist die Kraft, das Vertraute loszulassen.
>
> *Raymond Lindquist*

Als Higher Ground Leader müssen wir Vorbild sein für das, was wir uns von anderen wünschen. Wir wissen alle, dass wir einander lieben und die Wahrheit sagen sollten (das ist der Kern des Konzepts von Higher Ground Leadership), und die meisten von uns wissen auch, wie man beides tut – wir brauchen aber jemanden, dem wir vertrauen, um diese Worte im Alltag wirklich auszusprechen und den Weg dorthin zu formulieren. Bis dahin bleiben diese Begriffe bloße Ideale, kaum mehr als schöne Theorien, die aus einer anderen Welt zu stammen scheinen als aus der, in der die meisten von uns leben.

Ohne Mut können wir nicht einmal diesen ersten Schritt gehen, weil wir darin so viel Risiko sehen. Wir haben Angst davor, abgelehnt zu werden und vielleicht herabsetzender Kritik zu begegnen. Die Seele versteht die Notwendigkeit und den Wunsch, etwas zu tun, um Kultur und Verhaltensweisen im Privatleben und bei der Arbeit zu verändern, aber das Ego ist im Weg.

Mut ist das Feuer, das unserer Klarheit, unserer Entscheidung und unserer inneren Verpflichtung Kraft verleiht. Solange wir nicht auf unsere innere Stimme, auf unsere Seele hören und unser Ego auffordern, in die zweite Reihe zu treten, werden wir diesen Mut nicht haben. Aber wenn wir das tun, wird der Mut sich einstellen und uns das vermitteln, was uns noch fehlt – nämlich Willen. Den Willen zur Veränderung, der unsere Leidenschaft entfacht und jeden Einzelnen von uns zu einem Instrument der Veränderung macht.

Mut vermittelt uns den Willen, zu tun, was nötig ist, um Veränderung zu bewirken und uns gegen die Einschüchterung zu wehren, der unsere Persönlichkeit ausgesetzt sein wird. Ohne Mut ist es unwahrscheinlich, dass wir unsere Bestimmung, Aufgabe und Berufung entdecken, geschweige denn leben.

Authentizität

Erst wenn wir mutig sind, können wir auch authentisch werden. Es erfordert Mut, wahrhaftig zu sein; denn Authentizität verlangt von uns, dass wir unsere innerste Wahrheit – also auch unsere Ängste, unsere Gefühle und unsere Verletzlichkeiten – offenlegen und, wenn nötig, anderen mitteilen. William Shed sagt: „Ein Schiff im Hafen ist sicher, aber dafür werden Schiffe nicht gebaut."

Sobald wir jemanden sehen, der Mitgefühl, Liebe und Dankbarkeit bei der Arbeit zeigt, öffnen sich unsere Herzen, und wir umarmen die authentische Person für ihren Mut und ihre Echtheit. Das ist Higher Ground Leadership in Aktion.

Die meisten von uns kennen nicht-authentische Menschen – Menschen, die das eine sagen und etwas anderes tun, die das eine fühlen, aber das andere sagen, die das eine denken, aber anders handeln. Authentizität ist das Gegenteil davon. Wenn wir authentisch sind, bringen wir unser Hirn, unsere Zunge, unser Herz und unsere Hände in Einklang – mit anderen Worten, wir denken, sagen, fühlen und tun dasselbe mit vollkommener Kongruenz. So werden wir wahrhaftig: Wenn wir dafür sorgen, dass das, was unser Kopf denkt, was unser Herz empfindet, was unser Mund spricht und was unsere Hände tun, identisch ist.

Authentizität erzeugt in den Herzen anderer Menschen vor allem Liebe, denn alle Seelen schreien nach Authentizität. Mitarbeiter sehnen sich nach Führungskräften, die authentisch sind und denen sie daher vertrauen können. Kinder sehnen sich nach authentischen Eltern, und wir alle sehnen uns nach authentischen

Freunden. Authentizität ist die Grundlage für Beziehungen und dafür, dass wir einander und unsere Familien, Freunde, Partner, Nachbarn, Kunden und Zulieferer inspirieren. Dass das auch zu mehr Leistung führt, ist offensichtlich. Was für ein Geschenk: Wir finden eine Lebensweise, die die Seele inspiriert *und* die Persönlichkeit befriedigt!

Dienen

Führungskräfte alten Typs sind wie Krieger. Aber wir sind alle der Gewalt in der Welt müde und haben Angst vor ihr. Wir sehnen uns nach menschlicher Nähe und Sensibilität – nach Menschen, die dienen. Angst und Konkurrenz haben uns erschöpft. Wir suchen nach einem neuen Führungsstil, der von Liebe und Wahrheit, Sinn und Erfüllung – von Qualitäten des Geistes – geprägt ist. Der Higher Ground Leader wird die Welt verändern, wenn er einem höheren Maßstab folgt: „Nährt dies oder jenes die Seele ebenso wie das Konto?" Dienender Führungsstil erfordert Gemeinschaft, Zusammenarbeit, Rücksicht und Bewusstsein. Die dienende Führungskraft achtet die Heiligkeit in anderen Menschen und in allem Leben. Die dienende Führungskraft ist eine liebevolle Führungskraft. Denken Sie an Mount Carmels Aufgabe: **Jede Seele mit liebevollem Dienst würdigen.** Wenn wir unsere wichtigste Verantwortung darin sehen, anderen Menschen zu Diensten zu sein, dann ist das Leben kein bloßes Projekt, in dem wir ohne Ende nach immer größeren persönlichen Erfolgen streben. Stattdessen fragen dienende Führungskräfte ihre Mitmenschen: „Was kann ich für Sie tun?"

> ! Einfachheit ist die höchste Verfeinerung.
>
> *Leonardo da Vinci*

Wahrheit

Wir leiden unter einem Verfall der Wahrheit. Aufsichtsräte, die in ihrem Herzen wissen, dass es Zeit für einen neuen Vorstand ist, haben Angst, ihre Wahrheit auszusprechen, und verfälschen deshalb die Tatsachen; Verkaufsleiter akzeptieren extrem hohe Planzahlen und verleugnen damit die Wahrheit, dass sie diese Vorgaben für unrealistisch halten; Börsenhändler raten ihren Klienten zu kaufen, während sie selbst verkaufen; Ärzte halten vor ihren Patienten die Wahrheit zurück; Unternehmen wissen, dass ihre Produkte mangelhaft, gefährlich oder schädlich sind, verleugnen das aber und führen Aufsichtsbehörden und die Öffentlichkeit in die Irre; Führungskräfte alten Typs wollen einen Mitarbeiter an der kurzen Leine halten, versprechen ihm aber das Blaue vom Himmel; Abteilungsleiter knausern mit ihren Budgets.

Die größte Ironie ist, dass wir all diese Phänomene in einen Mythos gehüllt haben: in die irrige Vorstellung, dass starke menschliche Beziehungen auf einer fadenscheinigen Basis von Täuschung aufgebaut werden könnten. Wie können wir Harmonie, Respekt, Integrität, Aufrichtigkeit, Inspiration oder Liebe auf einem Fundament aus Lügen aufbauen? Es gibt kein logisches Argument, das die Vorstellung stützen kann, wir könnten Ethik, Konsens und Gemeinschaft, Teamarbeit, hohe Leistung, persönliche und unternehmerische Transformation, persönliche und familiäre Beziehungen oder hervorragenden Kundendienst aufbauen, ohne erst das notwendige Fundament aus Integrität zu legen, das sie tragen kann. Warum glauben wir, auf einer Basis von Unaufrichtigkeit führen zu können? Warum sollten Mitarbeiter, Kunden oder Lieferanten irgendetwas besser machen, wenn wir nicht einmal Vertrauen zeigen und die Wahrheit sagen können? Walter Scott schrieb: „Oh, was für ein verwickeltes Netz weben wir, wenn wir anfangen zu betrügen."

Liebe

Wie kommen wir darauf, dass wir mit Gereiztheit, Aggressivität und Gewalt leichter bekommen, was wir wollen, als mit Liebe? Alle menschliche Kommunikation wird auf einer Skala gesendet und empfangen, die zwischen negativ und positiv liegt, zwischen Angst und Liebe. Unser Gehirn setzt unterschiedliche biochemische Substanzen frei, je nachdem, ob wir Schmerz und Angst oder Liebe und Inspiration erleben. Wenn wir Schmerz und Angst erfahren, versetzt das Gehirn den Körper in einen „Alarmzustand", indem es über das Limbische System Stresshormone ausschütten lässt. Wenn wir dagegen Liebe und Inspiration erleben, schüttet das Gehirn natürliche Endorphine aus, die Blutdruck, Pulsrate und Sauerstoffverbrauch senken. (5) Da Seele und Körper eins sind, beeinflussen unsere Erfahrungen von Liebe oder Angst uns unmittelbar bis in den Kern unseres Wesens – emotional, spirituell und eben auch körperlich. Liebe und Angst bestimmen, ob unsere Beziehungen mit anderen inspirierend sind oder nicht. Gewalt und Liebe – oder Selbstbezogenheit und Dienen – sind entgegengesetzte Extreme. Das eine baut auf, das andere zerstört.

> ! Es gibt mehr Hunger nach Liebe und Wertschätzung in dieser Welt als nach Brot.
>
> *Mutter Theresa*

Liebe fließt, wenn mein Herz Dein Herz berührt und das vermehrt, was Dich als Menschen ausmacht. Wir wissen, dass wir uns alle nach mehr Liebe in unserem Leben sehnen. Aber wir täuschen uns, wenn wir glauben, dass das nur für unser Privatleben gilt und nicht genauso wichtig für unsere Arbeitswelt wäre. Wir alle wollen mehr Liebe in unserem ganzen Leben – zu Hause und bei der Arbeit.

Effizienz

In Unternehmen wie im Privatleben gibt es die Notwendigkeit, hohen Leistungsanforderungen gerecht zu werden. Eine Führungskraft neuen Typs zu sein, heißt nicht, dass wir vor dieser Realität die Augen verschließen: Es geht darum, wie wir sie erreichen. Leistung und Gewinn sind unsere ökonomische Legitimation, wenn wir ein Unternehmen führen wollen. Aber allzu oft vergessen wir über kurzfristigen Zahlen jene Größe, die nur aus beständigen und geduldigen Investitionen in Mut, Authentizität, Dienen, Wahrhaftigkeit und Liebe wachsen kann. Nach der Studie von Towers Perrin / Gang and Gang, die schon in der Einleitung zitiert wurde, „... führen negative Gefühle gegenüber der Arbeit nicht nur zu höherer Fluktuation, sondern sie tragen auch zu jener Art von Siechtum am Arbeitsplatz bei, die Produktivität und Leistung materiell verringern kann. Umgekehrt entsprechen starke positive Emotionen einem besseren finanziellen Ergebnis im Unternehmen, wie belegt durch die Gesamtdividenden nach fünf Jahren." Die Studie kommt auch zu dem Ergebnis, dass Arbeitgeber sich zwar der weit verbreiteten Unzufriedenheit am Arbeitsplatz bewusst sind, dass sie die Ursachen aber zum Teil falsch einschätzen. „Gerade heute gibt es bei den Mitarbeitern eine enorme Diskrepanz zwischen der tatsächlichen Erfahrung am Arbeitsplatz und ihrem Idealbild. Die Mitarbeiter wissen, was sie wollen und brauchen, um sich zufrieden mit ihrer Arbeit fühlen zu können, aber leider bekommen viele es nicht", sagt Mark Mactas, Chairman und CEO bei Towers Perrin. (6)

Unsere Kunden am Secretan Center steigern meist ihre Erlöse um 50 Millionen Dollar und mehr, wenn sie einige Jahre lang intensiv mit ihren Führungskräften arbeiten, um die Prinzipien von Higher Ground Leadership im ganzen Unternehmen einzuführen. Wenn Führungskräfte ihren spirituellen Kompass wiederentdecken und ihn benutzen, um ihr Unternehmen zu leiten, transformiert das ihre Lebenskultur und hilft ihnen, denjenigen zu dienen, die sie führen. Das Ergebnis ist Inspiration für Mitarbeiter, Kunden und Lieferanten, und das führt zu höherer Effizienz.

Joseph Swedish sagt:

> „An unserer Reise, ein Unternehmen neuen Typs zu werden, ist besonders interessant, wie wir jetzt schwierige Themen effizienter und wahrheitsgemäßer angehen können. Zum Beispiel hatte eines unserer Krankenhäuser ernste Probleme mit der Kundenzufriedenheit. Wir haben darüber mit den Mitarbeitern aus der Perspektive der sechs CASTLE-Prinzipien gesprochen, die unsere gemeinsame Sprache sind, und sie haben das verstanden und sich zum Ziel gesetzt, besser zu werden. Vor unserer Reise zu Higher Ground Leadership wäre das ein viel schwierigeres, defensives Gespräch gewesen. Die CASTLE-Prinzipien helfen uns dabei, unsere Abwehrmechanismen beiseite zu legen und gemeinsam daran zu arbeiten, dass unser Unternehmen so effizient wie irgend möglich wird."

Zu unserer Rolle als Führungskraft gehört es, dass wir einander als heilig behandeln und uns gegenseitig so inspirieren, dass wir als Menschen effizient werden. Das sind keine Begriffe, die einander ausschließen. Der Grund, weshalb Führungskräfte neuen Typs effizient sind, besteht gerade darin, dass sie andere als heilig behandeln und sie permanent inspirieren.

Wenn wir nach den CASTLE-Prinzipien leben, vertiefen wir unser Bewusstsein. Der nicht bewusste Geist sieht die Welt als eine Ansammlung individueller Objekte, und die westliche Wissenschaft benutzt diesen intellektuellen Ansatz, um zu analysieren, das Überleben zu organisieren und das Universum zu verstehen. Ein Higher Ground Leader geht von der Absicht aus, die Ganzheit des Universums zu sehen und dem Leben einen Sinn zu geben, indem er die wechselseitige Verbundenheit aller Dinge und Wesen mit dem Ganzen würdigt. Bewusstsein in diesem Sinne ist die Erkenntnis, dass wir Teil eines wunderbaren, fließenden Ganzen sind – wie einzelne Wassermoleküle im Fluss des Lebens. Bewusstsein bedeutet, für die mystischen und nicht messbaren Aspekte des Lebens wach zu sein, eine höhere Macht anzuerkennen und dem inneren Wissen zu folgen, dass das Leben größer ist als jeder einzelne von uns, oder sogar als wir alle zusammen. Der nicht bewusste Geist sieht eine Welt von Knappheit und reagiert mit Angst. Das Bewusstsein sieht eine Welt der Fülle und antwortet mit Liebe. Das Nicht-Bewusste stempelt Mitgefühl und Anteilnahme als gefühlsduselig, sentimental oder weichlich ab. Der bewusste Geist sieht Mitgefühl und Anteilnahme als das Salz – oder sogar als Sinn und Notwendigkeit – des Lebens. Das Nicht-Bewusste argumentiert, dass ein Ungleichgewicht zwischen Arbeit und Leben ein notwendiges Übel sei. Das Bewusstsein versteht, dass alles im Universum, einschließlich des Berufslebens, eine Einheit bilden muss und dass es eine Zeit für alles gibt. Das öffnet Herzen, und auf diese Weise verändern wir die Welt.

Entkommen

Wenn wir aus dem gläsernen Gefängnis des Egos entweichen
und wie Schwalben fliehen aus dem Käfig der Persönlichkeit
und zurückkehren in die Wälder,
dann werden wir erschauern vor Kälte und Furcht,
aber Dinge werden mit uns geschehen,
so dass wir uns selbst nicht wiedererkennen.

Reines, untrügliches Leben wird uns überschwemmen,
und Leidenschaft verleiht unseren Körpern unbändige Kraft,
wir werden die Fäuste ballen mit neuer Macht,
und alte Gewohnheit wird von uns abfallen,
wir werden lachen,
und Konventionen werden zerbröseln wie verbranntes Papier.

D. H. Lawrence (7)

Kapitel

13

Schritt sieben – der magische Höhepunkt: Inspirieren Sie ein Team, das Sie inspiriert

Nachdem er Klarheit über seine Bestimmung gewonnen, seine Aufgabe gefunden, sich zu seiner Berufung bekannt und seinen Mitarbeitern geholfen hat, auch ihre Berufung zu finden und mit der Aufgabe in Einklang zu bringen – nachdem er ferner Brillanz geweckt und seine Mitarbeiter gefragt hat: „Was kann ich für Sie tun?" –, geht der Higher Ground Leader noch einen Schritt weiter: Er schafft eine Umgebung, die es seinen Mitarbeitern leicht macht, ihn selbst zu inspirieren. Jede Führungskraft braucht Inspiration, und die Mitarbeiter sind eine wesentliche Quelle dafür.

Sie sind kein Duracell-Hase!

Nach fast 40 Jahren Praxis, Forschung und Lehre erschüttert es mich, dass niemand in der Literatur und kein führender Theoretiker die Frage stellt: „Wer inspiriert den Inspirierenden?" Viel ist darüber geschrieben worden, wie wir inspirieren sollten – wie man Inspiration ausstrahlt –, aber wenig darüber, wie man sie empfängt. Die allgemeine Meinung scheint davon auszugehen, dass Führungskräfte so unerschöpfliche Ressourcen an Energie und Flexibilität besitzen wie der Spielzeughase aus der Duracell-Werbung, dessen Batterien länger halten als die aller anderen. Viele versuchen, nach diesem Mythos zu leben, und geben vor, sie seien unverletzlich oder könnten sich ohne Input von anderen regenerieren.

Wir alle wissen – ob wir es zugeben oder nicht – dass auch Führungskräfte, genau wie jeder andere Mensch, inspiriert werden müssen; denn auch Führungskräfte sind Menschen. Die wichtigste Quelle Ihrer Inspiration sind diejenigen, die sie inspirieren. Allerdings können wir als Führungskräfte Inspiration von anderen nicht einfach einfordern: Wir müssen die Umgebung schaffen, die diese Inspiration begünstigt. Ich nenne das die *Magische Zutat X,* weil sie in fast allen Theorien von Führungsverhalten und Beziehungen fehlt.

Man kann nicht alles messen

Inspiration ist oft einfach unerklärlich. Das ist für analytische Geister sehr frustrierend, die das Konzept der Inspiration am liebsten in eine mechanische Wissenschaft mit messbaren Größen pressen würden. Manches im Leben ist aber nicht messbar. Manchmal ist unser forschender Verstand der Aufgabe, zu analysieren, nicht gewachsen, und in diesen Fällen ist es am besten, wenn wir einfach dem Unerklärlichen vertrauen.

Zahlen, Maße und Leistungsmessung sind ein alltäglicher Teil unseres Lebens und ein unerlässlicher Bestandteil der Arbeitswelt. Aber das Leben besteht aus zwei Teilen – aus dem Teil, den man messen kann, und jenem, den man nicht messen kann.

In dem Film *Der Club der toten Dichter* spielt Robin Williams die Rolle des John Keating, des neuen Englischlehrers an einer privaten Jungenschule. In seiner ersten Englischstunde fordert er einen Schüler auf, Ausschnitte aus einem Buch von J. Evans Pritchard mit dem Titel *Understanding Poetry* vorzulesen. Der Schüler trägt Pritchards Theorie vor, der behauptet, man könne Dichtung mithilfe einer Matrix bewerten, wobei an der vertikalen Achse „Vollkommenheit" und an der horizontalen „Bedeutsamkeit" gemessen wird. Das Ergebnis könne dann „Größe" anzeigen. So könnte ein Gedicht von Byron auf der Vertikalen einen hohen Wert erhalten – meint Pritchard –, auf der horizontalen aber einen niedrigen, während Sonette von Shakespeare vertikal wie horizontal sehr hoch rangierten.

! In jedermanns Leben geht irgendwann das innere Feuer aus. Es flammt wieder auf durch die Begegnung mit einem anderen Menschen. Wir sollten für jene Menschen dankbar sein, die den inneren Geist wieder entfachen.

Albert Schweitzer

Als der Schüler fertig ist, wendet Keating sich an die Klasse und ruft aus: „Scheiße! Das sage ich zu J. Evans Pritchard. Wir verlegen keine Leitungen – wir sprechen über Dichtung!" Und zum Erstaunen der ganzen Klasse unterstreicht er seine Ansicht damit, dass er sie auffordert, das ganze Kapitel mit Pritchards Theorien aus ihrem Lehrbuch herauszureißen und in den Papierkorb zu werfen. Die verblüfften Schüler vollziehen das Ritual, während Keating sie vor den Gefahren warnt, das Nichtmessbare im Leben zu messen. „Eure Herzen und Seelen könnten daran zugrunde gehen", ruft er aus. „Heere von Akademikern rücken vor und messen Dichtung! Nein! So etwas wird es hier nicht geben. (...) In meiner Klasse werdet ihr lernen, wieder selbständig zu denken. Ihr werdet lernen, Worte und Sprache zu genießen. Egal, was man euch sonst erzählt: Worte und Ideen können die Welt verändern!"

Einige seiner Schüler seien wohl der Ansicht, dass die Literatur des 19. Jahrhunderts nicht von Nutzen sein könne für ihr künftiges Studium in Medizin oder Wirtschaftswissenschaften, fährt Keating fort, um klarzustellen: „Wir lesen und schreiben Dichtung nicht, weil es nett ist. Wir lesen und schreiben Dichtung, weil wir Menschen sind, und die menschliche Rasse ist voller Leidenschaft! Medizin, Jura, Wirtschaft, Ingenieurwissenschaft sind edle Beschäftigungen und notwendig, damit wir überleben. Aber Dichtung, Schönheit, romantische Gefühle, Liebe – sie sind das, *wofür* wir leben!" Dann zitiert er aus einem Gedicht von Walt Whitman: „Du bist hier, damit Leben existiert und Sein; damit das mächtige Schauspiel weitergeht, und Du darfst einen Vers dazu beitragen." Keating schaut eindringlich jedem Schüler ins Gesicht und fragt ihn: „Und was ist dein Vers?"

Ja, es gibt andere Methoden neben der rationalen Analyse, um die Erfahrungen des Lebens zu ermessen, und andere Wege, unsere Träume zu verwirklichen. Es gibt viele Aspekte des Lebens, die sich einfach nicht der üblichen Arithmetik fügen. Wie messen Sie, wie stark ein Sonnenaufgang Ihre Seele berührt? Was rührt sich in Ihnen, wenn Sie schöne Musik oder Dichtung hören? Wie messen sie die intensiven Empfindungen, wenn Sie barfuß im weichen Sand am Saum des Meeres entlangschlendern? Welche Kriterien würden Sie anwenden, um die tiefe innere Empfindung zu messen, die Sie spüren, wenn Sie ein neugeborenes Baby im Arm halten? Wie messen Sie den Zauber des Vollmonds oder die Schönheit der Mona Lisa? Was ist das quantitative Maß dafür, wenn man „im Fluss" ist oder wenn man sich in etwas verliert, das man richtig gern und so gut wie irgend möglich macht – für Meisterschaft? Welche Statistik zeigt an, dass man sehr verliebt ist? Gibt es eine Zehn-Punkte-Skala, um tiefe Dankbarkeit zu messen? Wie definieren wir den Moment, wenn wir uns eins mit dem Universum fühlen? Oder wenn wir leidenschaftlich glauben? Solche Momente berühren unsere Seele, und sie sind so real wie viele andere, messbare Erfahrungen im Leben, vielleicht sogar realer.

Die Gebäude, die in Hiroshima von Atombomben zerstört wurden, waren mit Ziegeln aus Lehm gebaut. Die Samen von Trompetenblumen, die in diesem Baumaterial eingeschlossen waren, wurden bei der Zerstörung befreit, und aus dem Schutt spross neue Flora. In Kanada kann die Jackson-Pinie ihre Samen nur in die Natur entlassen, wenn die Hitze eines Waldbrandes ihre Zapfen öffnet, damit die Samen auf fruchtbaren Boden fallen. Die Eichel ist ein Beispiel für Inspiration – in ihr ruht die Schönheit einer majestätischen Eiche, die darauf wartet, von Liebe und nährender Fürsorge erschlossen zu werden. Natürlich gibt es für all diese Wunder wissenschaftliche Erklärungen – aber in ihnen steckt viel mehr Majestät als Wissenschaft.

All das macht Inspiration zu einem Thema, das für Führungskräfte alten Typs schwer zu fassen ist – wir können sie einfach nicht mit quantitativen, wissenschaftlichen Methoden messen. Die Entwicklung von Absatzzahlen, Budgets, Umsatz und Renditen, Kosten, Überschüssen oder politischen Kampagnen können wir leicht messen. Maße für Glück, Freude, Schönheit, Liebe, Loyalität, Wahrheit, Würde, Respekt oder Segen zu entwerfen, ist schwieriger. Wir müssen verstehen, dass es Dinge gibt, die man mit Methoden konventionellen Managements nicht quantifizieren kann. Und doch wissen wir – und können zahlreiche Forschungsergebnisse als Indizien anführen –, dass inspirierte Menschen hervorragende Ergebnisse erzielen. Inspiration der Seele geht über Motivation und Mathematik hinaus, und obwohl die Konvention uns zwingt, viele Dinge auf reine Statistik zu reduzieren, kann es sehr inspirierend sein, wenn wir auch andere Wege nutzen, um die Erfahrungen der Seele einzuschätzen. Der Higher Ground Leader findet einen frischen, intuitiven und emotionalen Zugang, um unseren Grad an Verbundenheit mit dem Universum wahrzunehmen – bei der Arbeit und im Privatleben.

Wenn wir unsere Besessenheit für rationale Analyse betrachten, sollten wir uns die folgenden Fragen stellen. „Ist Analyse wirklich wichtig?“ Und: „Ist sie die beste Methode, um einen Wert zu bestimmen?“

Warum fühlen wir uns dazu gedrängt, alles zu messen? Und warum sind wir nur bereit, jene Dinge als real zu akzeptieren, die begrenzt, linear messbar und nach alter Art definiert sind? Was ist „konkret“? Warum verwerfen wir das Unbeschreibbare als „gefühlsduselig“ oder „Spinnerei“? Haben wir Angst vor dem Mysterium? Warum sind die größten, die inspirierendsten Erfahrungen der Menschheit mit „wissenschaftlichen“ Methoden nicht zu messen? Könnte es sein, dass sich nur das Banale messen lässt?

Jim Paquette, heute CEO bei Providence Health in Kansas City, erzählte von einer besonders turbulenten Woche vor vielen Jahren, als er ein neues Herzzentrum am St.-Vinzenz-Krankenhaus aufbaute – und sich gleichzeitig um die Folgen eines Hubschrauberabsturzes kümmern musste, bei dem der Pilot und einer seiner Patienten ums Leben gekommen waren. Als er am Freitagabend gerade nach Hause gehen wollte, klingelte das Telefon. Es war seine Direktorin, die Präsidentin der Health Service Corporation, Schwester Macrina Ryan. Sie fragte, wie es Jim gehe, und erkundigte sich auch nach seiner Familie. Dann fragte sie, wie es im Krankenhaus laufe. Er zählte die finanziellen Probleme auf, mit denen das neue Herzzentrum zu kämpfen hatte. Schwester Macrina sagte, ihr seien all diese Themen bewusst, und fügte hinzu: „Ich möchte, dass Sie wissen, dass wir für Sie beten und an Sie denken.“ Schwester Macrina hatte nicht nach den Zahlen gefragt. Sie hatte von Problemen gehört und gefragt, wie Jim sich fühle. Jim Paquette dachte kürzlich über diese Erfahrung nach: „Ich war mir ziemlich sicher, dass ein Bereichsleiter bei General Electric selten, wenn überhaupt, so einen Anruf von seinem Vorstandsvorsitzenden bekommt. Unser Unternehmen ist ein Unternehmen, das Anteil nimmt, und diese Anteilnahme beginnt ganz oben.“ Das ist Inspiration in Aktion.

> ! Der intuitive Geist ist ein heiliges Geschenk, und der rationale Geist ist ein treuer Diener. Wir haben eine Gesellschaft geschaffen, die den Diener ehrt und das Geschenk vergisst.
>
> *Albert Einstein*

Jim Paquette lebt sein eigenes Leben genauso: Er ist als ein hervorragender Higher Ground Leader bekannt, der Menschen dient und sie inspiriert. Deshalb lieben ihn seine Mitarbeiter.

Am Rande einer Konferenz im Oktober 1994, zu der das *CIO Magazine* eingeladen hatte, bemerkte Peter Drucker trocken, dass ein Orchester, das wie General Motors gemanagt würde, einen Dirigenten, einen Exekutivdirigenten, mehrere assoziierte Dirigenten und 32 Vizepräsidenten-Dirigenten haben müsste. Sie sehen: Das Geheimnis der Inspiration mit den Maßstäben der Management-Wissenschaft zu messen, dient nicht immer den Bedürfnissen der Seele – und es ist auch nicht unbedingt das Inspirierendste, das man für andere oder sich selbst tun kann.

Auf dem Weg zum Dream-Team

Niemand von uns kann sich vollständig den sozialen und emotionalen Turbulenzen der Welt entziehen. Manchmal fühlen wir uns zu schwer, um abheben zu können. Veränderung und Chaos sind unvermeidbare Tatsachen des Lebens. Wir alle können aber wählen, welcher Art von Team wir angehören möchten – und das versuchen die meisten von uns auch zu tun. Es ist sinnvoll, in einem Team zu sein, das Potenzial hat und mit dem die Arbeit Spaß macht, und nicht in einem, das dysfunktional ist. Dann können wir starten und in einer Zeit des Wandels sicher navigieren. Dream-Teams sind ziemlich leicht zu fliegen.

Ein Traumteam zu finden, das unsere spirituellen Hoffnungen erfüllt, ist für die Seele lebenswichtig und für unsere Inspiration wesentlich. Ohne ein solches Team bleiben wir spirituell heimatlos, und unter dieser Entfremdung leidet die Seele genauso, wie sie leidet, wenn wir unsere Berufung nicht erkennen und leben können.

In Kapitel 2 habe ich den Begriff des Tempels oder Heiligtums beschrieben. Ein Heiligtum ist ein Ort der Zuflucht, ein Schutzraum, eine sichere, beseelte Umgebung. (1) Ein Dream-Team ist so ein Heiligtum. Wir alle haben die Mittel und die Möglichkeit, Einfluss auf unser Team zu nehmen, seinen Charakter mit zu prägen und seine Werte, sein spirituelles Gewebe zu bereichern und zu stärken. Aufgrund dieser spirituellen Energie wird ein Team zum Heiligtum – zu einer Gruppe, die auf höherer Ebene zusammensteht. Die inspirierende Kraft eines Dream-Teams zu erleben, ist eine außergewöhnliche Erfahrung. Jeder, der einmal so einem Team angehört hat, kann davon berichten: Wenige Dinge im Leben können an die Freude heranreichen, die man empfindet, wenn man zu einem meisterhaften Team von Kollegen gehört, die man liebt und von denen man inspiriert wird – oder wenn man mit einem Partner verheiratet ist, mit dem man ein Ehe-Traumteam bildet. Führungskräfte werden von Dream-Teams inspiriert.

Verbessern Sie den Spirituellen Quotienten (SQ) Ihres Teams

Haben Sie einmal bemerkt, wie manche Menschen einem Team Kraft stehlen? Energie-Vampire nenne ich sie, und es gibt sie in vielen Teams. Sie ziehen kollektive Energie ab und treiben das Team von der Inspiration zur Erschöpfung. Die Seele welkt unter diesen Umständen dahin, und das Energiebarometer fällt. Denken Sie an die Menschen, mit denen Sie arbeiten, an Ihre Familie, an die Mitglieder Ihres Teams – was ist ihr „Spiritueller Quotient"?

Wir gehören vielleicht nicht immer zu einem Dream-Team, und selbst wenn: Alle Teams stoßen irgendwann auf Schwierigkeiten. Die Dinge laufen vielleicht nicht so, wie unser Ego sich das wünscht, und dann fangen wir an, Dampf abzulassen, zu tratschen oder uns zu beklagen, sehr oft auch übereinander. In einem Team, das ein Heiligtum geworden ist, in dem die spirituelle Aufmerksamkeit geschärft ist, weichen solche vom Ego geprägten Kommunikationsformen einem liebevolleren Stil der Kommunikation. Jeder Einzelne hat die Wahl, wie er kommunizieren und mit seinen Frustrationen umgehen will. In einem Heiligtum sind wir auch hinter dem Rücken der anderen loyal zueinander.

Es gibt einfach keine Entschuldigung für dysfunktionales Verhalten wie Zorn, Wutausbrüche, Gewalt, Grobheit, Schreien, Fluchen, Sarkasmus und Streitereien, aus Versammlungen zu stürmen, am Telefon einfach aufzulegen, mit Gegenständen zu werfen und so weiter. Es gibt auch keine Entschuldigung dafür, ein *Affenfrosch** zu sein. Für niemanden. Und doch höre ich in meiner Arbeit dauernd von Verhalten dieser Art – und das unter erwachsenen Menschen! Es gibt viel, was wir tun können, um einander von unserer Haltung als *Affenfrosch* abzubringen und dieses Verhalten zu überwinden. Dazu gehört, dass wir einander die Wahrheit sagen – auch darüber, wie *Affenfrosch*-Verhalten auf uns wirkt; dass wir professionellen Rat suchen und anbieten; dass wir einander im Alltag mit Dankbarkeit begegnen; dass wir einander lieben; dass wir versprechen, einander zu heilen; dass wir Verantwortung für Schmerz übernehmen, den unser Verhalten verursacht;

* *Siehe Kapitel 1*

dass wir offen für die Freundschaft und Unterstützung unserer Kollegen sind. Nicht akzeptabel sind Verhaltensweisen, die dem Team Energie entziehen und die Möglichkeit zerstören, aus dem Team ein inspiriertes Dream-Team zu machen. Und es ist auch nicht akzeptabel, dass wir wie *Affenfrösche* reagieren, wenn wir solche Verhaltensweisen beobachten. Wir müssen unsere innere Arbeit tun, Verantwortung für unser Verhalten übernehmen und anerkennen, dass es nur einen Grund gibt, warum Teams dysfunktional werden – nämlich weil die Mitglieder sich dysfunktional verhalten. (Das bedeutet gewöhnlich, dass *ich* mich so verhalte.)

Es liegt in der Verantwortung einer Führungskraft neuen Typs, dysfunktionales Verhalten beim Namen zu nennen und für Heilung zu sorgen. In uninspirierten Teams sehe ich oft das, was Jerry Harvey in seinem Buch *The Abilene Paradox* beschreibt. (2) Das ist die Geschichte einer Familie von *Affenfröschen*, die an einem heißen Sommernachmittag auf der Terrasse Karten spielt. Einer aus der Familie schlägt vor, sie sollten zum Dinner nach Abilene fahren. Er selbst will das gar nicht, aber er glaubt, die anderen hätten Lust dazu. Das Auto ist überhitzt, die Fahrt wird zur Tortur, das Essen ist schlecht – und alle leiden stumm, bis jemand gesteht, er wäre lieber zu Hause geblieben. Da stellt sich heraus, dass es allen so ergangen war, sie aber Angst gehabt hatten oder zu träge gewesen waren, das rechtzeitig zu sagen. Wir alle neigen dazu, so zu handeln: Wir wissen, wann ein Verhalten im Team uninspirierend ist, aber wir haben Angst oder sind zu träge, uns das einzugestehen und entsprechend zu handeln. Das verlangt Mut – das erste der sechs CASTLE-Prinzipien aus Kapitel 12.

Der Spirituelle Quotient (SQ) ist ein einfacher Test, der kein Messgerät erfordert außer Ihrem Einfühlungsvermögen. Sie können ihn auch auf Menschen anwenden, die sie nicht gut kennen. Wenn Sie über einen bestimmten Menschen nachdenken, wie erleben, wie empfinden Sie dann seine spirituelle Energie? Ist dieser Mensch spirituell bewusst, und trägt er spirituelle Energie zu dem Team bei, oder zieht er spirituelle Energie ab? Ist er ein Geber oder ein Nehmer? Plündert er die Energie des Teams oder vermehrt er sie? Fühlen Sie sich besser oder schlechter in seiner Gesellschaft? Inspiriert er oder zieht er runter? Praktiziert er die CASTLE-Prinzipien? Das alles soll keine Formel in der Art eines

Bewerbungsbogens sein, und es ist weder bewertend noch quantifizierend gemeint: Der „SQ“ soll uns eher bewusst machen, wonach wir in Teams suchen.

Es ist wichtig, dass wir uns immer wieder diese Fragen stellen, damit wir uns der spirituellen Entwicklung jedes Einzelnen im Team bewusst sind – mit dem Ziel, die spirituelle Energie des Teams zu vermehren und mit Menschen zu arbeiten, die auf derselben Reise sind wie wir selbst, auch wenn wir uns vielleicht auf unterschiedlichen Wegen oder an unterschiedlichen Punkten der Reise befinden. Es ist unser Interesse, dafür zu sorgen, dass Geist und Werte sich auf dem inneren Radarschirm eines Menschen zeigen und dass er als spirituelles Wesen wächst. Als Führungskräfte und Mitarbeiter möchten wir uns über andere im Klaren sein und wissen, ob sie die spirituelle Energie auf dem Konto des Teams vermehren oder abziehen, ob sie den kollektiven SQ fördern oder schwächen. Von Mitarbeitern mit einem hohen SQ beziehen Führungskräfte einen großen Teil ihrer eigenen Inspiration.

! Man kann alle quantitativen Daten nutzen, die man findet, aber man muss ihnen doch misstrauen und die eigene Intelligenz und Urteilskraft benutzen.

Alvin Toffler

Wenn wir uns trennen müssen

Oft aber sind wir mit schweren Entscheidungen konfrontiert. Das Team, zu dem wir gehören – oder das Unternehmen oder die Gemeinschaft –, entwickelt sich in einer Weise, dass wir seine Werte oder Methoden mit unseren nicht mehr in Einklang bringen können. Inspiration und geistiges Wachstum werden wir erst wieder finden, wenn wir dieses Dilemma angesprochen haben: Entweder verändert sich dann das Team, oder wir müssen über Konsequenzen nachdenken; denn von einem uninspirierenden Team können wir keine Unterstützung erwarten. Wenn wir die Energie auf diese Weise nicht verändern können, kann es so weit kommen, dass uns nur noch eine praktische Option bleibt: ein anderes Team zu suchen. Das ist manchmal leider der einzige Weg zur Authentizität –

dass wir aufhören, die Lüge einer Karriere oder einer Beziehung zu leben, in der zwar der materielle Gewinn hoch ist, aber der spirituelle Ertrag gleich null. Unter diesen Umständen zu bleiben, ist eine Zumutung für die Seele. In einer solchen Situation werden wir weder andere inspirieren noch selbst inspiriert werden.

Führungskräfte neuen Typs gehen mit solchen Situationen feinfühlig um und sorgen dafür, dass die Bedürfnisse der Seele immer ausreichend angesprochen werden. Führungskräfte alten Typs dagegen sprechen in Euphemismen wie Freistellung, Beurlaubung, Trennung, Strukturwandel, Gesundschrumpfen oder Verkleinern. Ein Beispiel aus jüngerer Zeit illustriert die Methoden alten Typs. Die Accident Group, eine Versicherung, die zur Luxemburger Amulet-Gruppe gehörte, schickte SMS-Nachrichten auf die Handys ihrer 2.500 Mitarbeiter mit der Aufforderung, eine bestimmte Telefonnummer anzurufen. Dort hörten sie eine Ansage der Insolvenzverwalter, dass „alle Angestellten, die weiter beschäftigt werden, heute informiert werden. Wenn man Sie nicht angesprochen hat, werden Sie daher freigestellt." (3) Wir alle haben die Möglichkeit, solche und ähnliche Situationen auf eine Art anzugehen, die inspirierend wirkt und die Betroffenen nicht weiter demoralisiert. Das gelingt, wenn wir die Herzen ansprechen und mutig, authentisch, dienend, liebevoll, wahrhaftig und somit effizient sind – also den CASTLE- Prinzipien folgen.

> ! Warnung an das Personal: Entlassungen gehen so lange weiter, bis sich die Moral verbessert.
>
> *Ironischer Aufkleber*

Wenn es wirklich keine andere Option mehr gibt als Trennung – wenn uns keine eleganten, inspirierenden Alternativen mehr einfallen –, dann ist der beste Weg der, sich auf eine anständige, Anteil nehmende und freundliche Art zu trennen, die die Seelen der Betroffenen achtet und sie als heilige Wesen behandelt – im Sinne jener sechs Prinzipien von Mut, Authentizität, Dienst, Wahrhaftigkeit, Liebe und Effizienz.

Jenseits von Therapie: Persönliche Verantwortung in Teams übernehmen

Heilung ist für uns alle ein notwendiger Übergangsprozess, aber kein permanenter Teil des Weges. Wir müssen das gegenseitige Bedürfnis nach Heilung mit Geduld, Verständnis und Mitgefühl achten. Wunden, die über lange Zeit entstanden sind, brauchen auch Zeit, um zu heilen. Auch wenn viele von uns im Laufe ihres Lebens eine Phase der Therapie brauchen, um ihre ererbten oder früher erlittenen Wunden zu behandeln, können wir doch nicht auf ewig dort verweilen. Wenn wir gelernt haben, unsere Verletzungen aus der Vergangenheit nicht mehr zu verleugnen oder zu verdrängen, müssen wir uns bemühen, diese Phase zu beenden, die vergangenen Erfahrungen zu einem Abschluss zu bringen und unserem eigenen wahren Weg zu unserer Bestimmung, Aufgabe und Berufung zu folgen. Wenn wir die dazu notwendigen Therapien hinter uns haben, sollten wir die größte Therapie von allen beginnen, die darin besteht, anderen zu dienen. Wenn wir das tun, wird auch uns gedient, wir werden geheilt und dadurch inspiriert. Das ist die besondere Gabe der Führungskraft neuen Typs ebenso wie eines inspirierten Mitarbeiters. Ein Higher Ground Leader wird selbst inspiriert werden, wenn er anderen hilft, ihre inneren Wunden zu heilen und zu einem neuen Leben von Erfüllung und Sinn zu finden.

Die Dynamik von Teams zeigt, dass wir reifen und nach vorn blicken müssen. Wenn wir in einem Team nur unsere Wunden lecken, ziehen wir Kraft voneinander ab, bauen Ressentiments unter Mitgliedern auf und schwächen das Team. (4) Wir lassen Giftstoffe einsickern, die die Chemie des Teams angreifen, und im Ergebnis sinkt der SQ. Wenn wir unsere Energie vom Opferverhalten zum inspirierenden Verhalten hin verschieben, verbessern wir dramatisch die Energie des ganzen Teams. Dies ist eines der Kennzeichen von Higher Ground Leadership. Jerry Chamales, dessen Lebensgeschichte ich in Kapitel 3 erzählt habe, sagt von sich: „Ich habe jahrelang meine Emotionen und Schmerzen weggesperrt und nicht einmal akzeptiert, dass ich einen Schatten hatte. Mein Leben veränderte sich, als ich meinen Schatten und das damit verbundene Verhalten bewusst betrachten konnte. Das war der Anfang meiner Reise in Richtung Authentizität." Wenn wir den SQ anderer im Team anheben – auch wenn das vielleicht das Letzte ist, was wir in diesem Moment von uns aus tun wollen –, wird das ihre Seelen erheben, und sie werden im Gegenzug unsere Seele erheben. Wenn wir Heilung suchen, können wir damit beginnen, dass wir andere heilen, auch wenn unsere eigene Bedürftigkeit größer sein mag. Als Reaktion werden andere inspiriert sein, uns zu heilen. Mit anderen Worten: Wir bekommen, was wir geben. Das ist eine sehr wirksame Art, anderen zu dienen und inspirierendes Verhalten zu erzeugen.

Wenn wir uns entscheiden zu dienen, dann inspirieren wir. Sie erinnern sich daran: Die Bedeutung von *inspirieren* ist *atmen*, und zwar den „Atem Gottes". Erst inspirieren wir einander, dann „konspirieren" wir (atmen zusammen). Dabei heilen unsere Wunden, und diese Heilung ist das Geschenk, das Teams den Mitgliedern zukommen lassen, die dienen. Wir sind nicht auf diesem Planeten, um einfach unserem Glück zu folgen – wir sind hier, um Glück zu erzeugen; wenn wir andere Menschen heilen, ihnen dienen und sie inspirieren, dann werden wir unser Glück finden.

Wenn solche Transformationen geschehen, werden alle inspiriert. Zu sehen, wie Teams wachsen, wie sie heilen und wie sie lernen, einander zu inspirieren, ist eine wunderbare Erfahrung; mit einem Team zu wachsen ist eine weitere Möglichkeit, wie wir von anderen inspiriert werden können. Menschen, die so inspiriert sind, erleben einen geheimnisvollen Drang, andere Menschen zu inspirieren. Sie sind voller Freude, und Menschen voller Freude können nicht anders, als ihre Freude mit anderen zu teilen.

Der Mut zu heilen

Stellen Sie sich vor, die Leistung eines Mitarbeiters lässt nach. Sie haben einige Gespräche mit ihm geführt und seine Fortbildung vorgeschlagen, aber es hat sich keine Verbesserung eingestellt. Sie sind am Verzweifeln. Keine Warnung und kein Lösungsvorschlag scheint zu besseren Ergebnissen zu führen. Angenommen, wir ändern jetzt die Taktik. Angenommen, wir fragen den Mitarbeiter:

„Was kann ich für Sie tun, und wie kann ich Sie inspirieren?“ Man beachte die Sprache: Wir stellen Fragen und schreiben keine Pläne oder Lösungen vor. Wir bieten an, zu dienen, ohne Werturteil, und wir machen deutlich, dass wir die Antwort wirklich ernst nehmen und ihr entsprechen wollen, wie immer sie ausfällt.

Vielleicht antwortet der Mitarbeiter: „Ich habe vor Kurzem wieder geheiratet, und meine jüngste Tochter macht meiner neuen Frau das Leben schwer. Ich bin traurig deswegen, und ich würde diese Beziehung von Herzen gern heilen. Das ist etwas, was mich wirklich inspirieren würde.“

Man beachte, dass die Bedingungen, die zu Inspiration führen, oft gar nichts mit der Arbeit zu tun haben. Ein scharfsinniger Higher Ground Leader weiß, dass schwache Leistung am Arbeitsplatz ihre Wurzeln mindestens so oft in persönlichem wie in beruflichem Stress hat.

Als Higher Ground Leader könnten wir diesem Mitarbeiter etwa so antworten: „Wir sind ein Unternehmen, das gute Verbindungen in unserer Stadt oder Gemeinde hat. Wir kennen Menschen, die professionell auf diesem Gebiet arbeiten, und wenn Sie damit einverstanden sind, werde ich Ihnen bei der Suche nach einem Fachmann helfen, der mit Ihnen daran arbeiten kann, diese Beziehung zu heilen. Wir werden Ihnen helfen, diese Dienstleistung zu bezahlen, und Ihnen bei den Arbeitszeiten so entgegenkommen, dass sie die nötige Zeit dafür finden.“

Angenommen, mit der Zeit verbessert sich jene *Beziehung* in seiner Familie, oder sie heilt sogar – ist es dann nicht sehr gut möglich, dass eine emotionale und spirituelle Last von diesem Mitarbeiter abfällt, was zu neuem Engagement für seine Arbeit und seine Kollegen führt und damit zu höherer Produktivität, stärkerer Loyalität und größerer Effizienz? Die Heilung jener Beziehung würde es diesem Mitarbeiter erlauben, die störende Ablenkung zu beseitigen und die schädliche negative Energie in eine stärkere innere Bindung an die Aufgabe des Unternehmens umzuwandeln. Nichts davon würde mit mehr Fortbildung oder Motivation, mit Drohungen oder Abmahnungen erreicht.

> ! Säe gute Dienste. Dann wachsen süße Erinnerungen.
>
> *Madame de Stael*

Führungskräfte alten Typs werden ein solches Vorgehen mit Unbehagen betrachten, weil es in ihren Ohren mehr nach Therapie als nach Führung klingt. Aber in höher entwickelten Organisationen sind wir in der Pflicht, uns so für Menschen einzusetzen, wie es für *sie* wichtig ist – und damit ihren Bedürfnissen als ganzen Menschen zu dienen, nicht nur ihren Bedürfnissen im Beruf. Ein Higher Ground Leader ist Therapeut, Mentor, Lehrer, Führer, Freund, Vorbild und Ratgeber in einer Person. Wir sind nicht dazu geschaffen, nur Leistung zu bringen, Funktionen auszuüben und dabei mit anderen Funktionsträgern zu interagieren – wir sind da, um die Maske abzunehmen, um wahre, reale Menschen zu sein, die mit anderen Menschen auf den Ebenen in Beziehung sind, die wirklich zählen.

Die meisten von uns haben auf diesem Gebiet keine formale Ausbildung und schrecken davor zurück, ins Persönliche zu gehen. Doch das ist die Ebene von Engagement, die inspiriert, und deshalb haben wir als Higher Ground Leader keine Wahl. Wir müssen lernen, uns auf die Bedürfnisse anderer zu konzentrieren, weil das im Interesse aller ist. Wir müssen uns auf das einlassen, was traditionell ein Tabubereich ist: das Privatleben von Kollegen und Freunden. In unseren Herzen wissen wir alle genau: Jemand, der zu Hause in einer dysfunktionalen Beziehung lebt, setzt diese tägliche Erfahrung in dysfunktionales Verhalten um und bringt es mit an den Arbeitsplatz. Das wird teuer – erstens spirituell, weil der menschliche Geist herabgesetzt wird, und zweitens für das Unternehmen, weil die Leistungsfähigkeit des Mitarbeiters sinkt. Wenn wir Fragen stellen, statt Rat und Lösungen anzubieten, werden wir erstaunt sein, wie viele Effizienz-Probleme in persönlichen, emotionalen Schwierigkeiten und in Beziehungsthemen wurzeln.

Joe Calvaruso beschreibt, wie unsere Philosophie sich auf unser ganzes Leben auswirkt, weil wir integrierte Menschen sind, nicht nur Angestellte, sondern auch Eltern, Kinder, Freunde und Partner:

> „Eine unserer leitenden Angestellten ging nach Hause und sagte zu ihrer Familie: ‚Ich möchte euch eine Technik beibringen, die wir bei der Arbeit benutzen. Wir nennen sie den Wahrheitskreis, und ich habe sie bei unserem Higher Ground Leadership Retreat kennengelernt.' Indem sie diese Methode aus der Arbeitswelt in der Familie

nutzte, bekam sie einige wichtige Informationen von ihrer ältesten Tochter, die gerade die nächsten Phase ihrer College-Ausbildung begonnen hatte. Sie hatte das Gefühl, sie müsse eine erfolgreiche Sportlerin werden, um die Liebe ihrer Mutter zu gewinnen. Die Mutter hatte so die Gelegenheit, ihr zu sagen: ‚Das stimmt nicht. Ich liebe Dich so, wie Du bist', und von da an veränderte sich ihre Beziehung dramatisch. Sie sind sich jetzt sehr nah. Das ist nur ein Beispiel von vielen. Ich höre von Menschen, die den Mut haben, in ihrer Kirchengemeinde ein Higher Ground Leader zu sein. Andere haben damit in Vereinen und Jugendgruppen viel erreicht."

Als Führungskraft müssen wir alles in unserer Macht Stehende tun, um Effizienz zu wecken und den menschlichen Geist zu inspirieren. Man muss keine Intelligenzbestie sein, um zu erkennen, dass eine Mitarbeiterin, die mit einer Sucht oder mit häuslicher Gewalt zu kämpfen hat, erstens großen seelischen und körperlichen Schmerz empfindet, den zu lindern auch unsere Verantwortung ist – und dass sie zweitens ihr volles Potenzial als Individuum oder als Mitglied eines Teams nicht erreichen kann, wenn diese Situation sich nicht ändert. Ein Higher Ground Leader schreckt nicht davor zurück, sich auf die komplizierten, aber wahren Probleme im Leben von Menschen einzulassen, gleich welche Hindernisse dort lauern mögen. Er weiß: Wenn er nur eine einzige Seele damit inspiriert, war es der Mühe wert – und auch der kleinste Erfolg wird im Gegenzug ihn selbst inspirieren.

! Denke daran, dass es weit besser ist, gut zu folgen als gleichgültig zu führen.

John G. Vance

Wir alle sind Führungskräfte

Das führt uns zu der Frage: „Wer ist die Führungskraft?" Die Antwort lautet: jeder. Denn an irgendeinem Punkt müssen wir alle Verantwortung für unser Team oder unsere Gruppe übernehmen. In einem wirklich großen Team machen alle Mitglieder genau das – und zwar ständig. In meinem früheren Buch *The Way of the Tiger* bringt Moose, der weise Tiger, seiner Urwald-Gemeinschaft Werte bei, und dabei definiert er diese gemeinsame Verantwortung auf anschauliche Weise. Mooses Gesetz der Führung lautet: *In einem Team von hundert Leuten gibt es hundert Führungskräfte*. (5) Führen ist keine Tätigkeit für „die da", und sie ist auch nicht auf eine Person „da oben" oder auf würdige Honoratioren beschränkt. Zu führen und zu inspirieren ist die Verantwortung jedes Menschen auf diesem Planeten, unabhängig von seinem Alter, seiner Funktion, seiner Rasse, seinem Wohlstand oder irgendeinem anderen Merkmal. Jeder führt irgendwann. Geschwister wechseln sich mit Führen ab. Eltern wechseln sich mit ihren Kindern im Führen und Folgen ab. Eheleute und Partner übernehmen zu unterschiedlichen Zeiten die Rollen des Führens und Sich-führen-Lassens. Das Gleiche tun Kunden und Lieferanten, Schüler und Lehrer, ältere und jüngere Teammitglieder, Ärzte und Krankenschwestern, Mitglieder einer Schauspieltruppe, einer Band oder einer Sportmannschaft – alle übernehmen die Verantwortung von Führen und Geführt-Werden, je nachdem, wie es gerade angemessen ist. Niemand ist ausgeschlossen von der Verantwortung, aber auch von der Chance zu führen.

Higher Ground Leadership ist eine Art des Führens, die vom Herzen und von der Seele kommt. Ihr Nutzen ist nicht auf Unternehmen begrenzt – sie ist gleichermaßen in Familien, Kirchen, Regierungen und Behörden, Städte und Gemeinden, im Gesundheitswesen, Strafvollzug oder Bildungswesen relevant, kurz: überall dort, wo Gruppen von Menschen sich zusammentun, um die Sache des menschlichen Geistes voranzubringen. Ein Higher Ground Leader sucht ständig nach Gelegenheiten zum Führen und Inspirieren – ganz gleich, in welcher Situation er sich befindet. Wir alle sind Führungskräfte, und wir sind dazu da, andere Menschen zu inspirieren. Und wir alle brauchen einander, um das gut zu tun.

Um mit Teilhard de Chardin zu sprechen: Wir sind spirituelle Wesen, die die Erfahrung des Menschseins genießen. Wir müssen uns immer fragen: Verhalte ich mich so, dass nicht nur die Persönlichkeit der Teammitglieder Anerkennung findet, sondern auch ihre Seelen? Mit anderen Worten: Bin ich ein Higher Ground Leader?

Die Kunst, ein Mitarbeiter zu sein

Wir hören eine Menge über Führungsstile und darüber, wie Führungskräfte führen sollten. Aber wir hören wenig darüber, wie Mitarbeiter sein und handeln sollten – wie Menschen, die sich führen lassen, am besten einander, ihrer Führungskraft und ihrer Gemeinschaft dienen können. In jeder Beziehung sind die Rollen des Führens und des Geführt-Werdens wie ein Hologramm: Sie sind Teil derselben Beziehung, die nur aus unterschiedlichen Perspektiven gesehen wird.

Der Erfolg von Führung hängt oft davon ab, wie Mitarbeiter sich führen lassen. Ein Higher Ground Leader lehrt seine Mitarbeiter, wie sie folgen sollen – und ein Teil der Kunst, sich führen zu lassen, besteht darin, zu wissen, wann und wie man führen sollte. Je mehr Menschen in einem Unternehmen die Dynamik von Führung und Gefolgschaft verstehen und ihr entsprechend handeln, umso tragfähiger können die Beziehungen im Team und zwischen Kollegen sein. Ein Higher Ground Leader unterstützt dieses Teilen von Macht, weil er die Notwendigkeit anerkennt, die materielle und spirituelle Kraft insgesamt zu maximieren – bei Führungskräften wie bei den Mitarbeitern.

Jene, die sich führen lassen, können wesentlich zum Prozess der Führung beitragen, indem sie:

- sich über ihre Bestimmung im Klaren sind.
- die gemeinsame Aufgabe teilen, sie vertreten und unterstützen.
- leidenschaftlich ihre Berufung leben.
- einander und den Führungskräften (und jedem anderen Menschen) die Wahrheit sagen und Zusagen einhalten.
- einander und die Führungskräfte inspirieren – immer.
- offen und bereit sind, zu lernen und sich zu verändern.
- sich weigern, wie *Affenfrösche* zu handeln.
- einander lehren und gemeinsam lernen.
- den Respekt der Kollegen durch persönliche Meisterschaft gewinnen und so die Meisterschaft des Teams fördern.
- immer nach „Helikopterpiloten"* Ausschau halten und sie dem Team zuführen.

** s. Kapitel 9, S. 180*

- flexibel bleiben und bereit sind, selbst die Führung zu übernehmen, wann immer das angemessen ist.
- zur Team-Energie beitragen und den spirituellen Reichtum des Teams – den Spirituellen Quotienten (SQ) – vermehren.
- den sechs CASTLE-Prinzipien folgen.

> Weine nicht, lass Dich nicht kränken. Verstehe.
>
> *Baruch Spinoza*

Eine der wichtigsten Rollen der Mitarbeiter besteht darin, dem Higher Ground Leader emotionalen und spirituellen Beistand zu leisten – dauernd, ganz besonders aber in Momenten von Stress, Krisen oder Einsamkeit –, und so den Inspirierer zu inspirieren. Führungskräfte neuen Typs haben Schwächen wie wir alle, denn auch sie sind Menschen. Martin Luther King zum Beispiel – eine herausragende Führungspersönlichkeit ohne Frage – hatte auch seine Schattenseite. Er war oft von Zweifeln darüber geplagt, was er als Nächstes in der Bürgerrechtsbewegung tun sollte. Viele Jahre lang ließ das FBI Kings Wohnung, sein Büro und seine Hotelzimmer abhören und wurde so Zeuge seiner zahlreichen sexuellen Beziehungen. King litt an Verzweiflung und Depressionen. Obwohl er die Loyalität von vielen genoss, war er auch ständiger Opposition von anderen Mitstreitern ausgesetzt. (6) Trotz alledem war er eine der größten Führungspersönlichkeiten des 20. Jahrhunderts, und das wäre er nicht gewesen ohne starke Unterstützung durch die, die ihn liebten und seine Anhänger waren, die mit Leidenschaft seine Aufgabe teilten und sich um ihn kümmerten und ihn aufmunterten, besonders in den finstersten Zeiten. Inspiration durch die Menschen, die sich führen lassen, trägt zu inspiriertem Führungsverhalten bei.

Ich habe für unsere Kunden ein Gelöbnis formuliert (siehe Seite 266). Es wird in vielen Organisationen benutzt und kann Teammitgliedern aufzeigen, wie sie einander unterstützen und ein hohes Niveau von spiritueller Energie aufrechterhalten können.

Ich bitte Sie, sich mir anzuschließen bei diesen Vorsätzen, mich auf mein Verhalten anzusprechen, wann immer ich nicht diesen Vorsätzen entsprechend handle, und für eine Form von Kommunikation offen zu sein, bei der wir alle dies miteinander tun.

Ein Gelöbnis, andere zu achten.

Ich gelobe,

- immer die Heiligkeit in anderen zu sehen.
- keine negativen oder beleidigenden Kommentare zu benutzen, wenn ich über jemanden spreche, auch auf Sarkasmus, spitze Bemerkungen, Kritik und Werturteile zu verzichten sowie auf Bemerkungen, die andere herabsetzen oder entwerten, statt sie zu achten und zu inspirieren.
- mich nicht auf Klatsch und Tratsch einzulassen.
- mich – bevor ich etwas sage – zu fragen: „Wird das, was ich sagen möchte, wirklich besser sein als zu schweigen?"
- nichts zu sagen, was nicht inspirierend ist.
- mich an die Worte des Heiligen Franziskus zu halten, der sagte: „Verkünde in allem, was Du tust, das Evangelium – und wenn nötig, verwende Worte."

Wir wollen ein Vorbild sein für das Verhalten, das wir lehren, und die Veränderung *sein*, die wir in der Welt anstreben. (7)

Von der Theorie zur Praxis: Ein Vorbild sein

Ernest Hemingway hat Mut einmal als „Gelassen bleiben unter Beschuss" definiert. Wenn Führungskräfte unter Druck sind oder in ungewohnte Situationen geraten, beobachten die Mitarbeiter ihre Reaktionen mit erhöhter Aufmerksamkeit und suchen nach Zeichen von Mut – von „Gelassenheit unter Beschuss". In diesen Situationen suchen sie bei Führungskräften nach klaren Zeichen ihrer inneren Qualitäten, danach, ob sie wirklich Führungskräfte neuen Typs sind. In diesen Momenten erfahren sie viel über die

Werte und den inneren Kompass ihrer Führungskraft und versuchen abzuschätzen, wie sie wohl eines Tages mit ihnen umgehen wird. Solche Situationen kommen jeden Tag in unterschiedlichster Intensität vor, und jede ist ein Test für Hemingways Gelassenheit.

Wenn man so viel reist wie ich, ist man zwangsläufig mit Verspätungen konfrontiert, und man erlebt, wie unterschiedlich Reisende darauf reagieren. Manche sind charmant und gelassen, während andere ihren Zorn an überforderten Mitarbeitern der Fluglinien auslassen.

Vor ein paar Jahren musste der Flughafen von Pittsburgh wegen eines Unwetters geschlossen werden. Nichts ging mehr, ich saß 14 Stunden lang fest. In kürzester Zeit verwandelte der Flughafen sich in eine hässliche Bühne für Geschäftsleute vom alten Kämpfertyp, die ihre ramponierten Nerven und ihre überholten Verhaltensmuster zur Schau stellten und ihre Aggressionen an anderen ausließen.

Wann immer ich in solche Situationen gerate, macht es mir Spaß zu beobachten, wie der *homo executivus* – der Geschäftsmann des 21. Jahrhunderts – auf Stress reagiert. An jenem Tag in Pittsburgh war ein typisches Exemplar des *homo executivus* dabei, seinem Zorn Luft zu machen und die Angestellten am Kundendienstschalter auf das Übelste zu traktieren. Nach einer Reihe von schrillen, zynischen und beleidigenden Bemerkungen machte der Mann eine Pause, war offenbar mit der Wirkung des bisher Gesagten nicht zufrieden und holte tief Luft, um eine neue Angriffswelle zu entfesseln. Langsam und ganz bewusst blies er sich zu seiner ganzen Wichtigkeit auf, dann platzte der Satz aus ihm heraus: „Wissen Sie denn nicht, wer ich bin?“ Der Kundendienstmitarbeiter reagierte wie ein Schwan – heiter an der Oberfläche, auch wenn er unten wie wild paddelt. Er griff zum Mikrophon und verkündete den Leuten in der Warteschlange betont gelassen: „Bitte entschuldigen Sie einen Moment, meine Damen und Herren. Hier ist ein Mann, der offenbar nicht weiß, wer er ist.“

Kürzlich ließ mich das Wetter am Flughafen von Toronto stranden. Mein Flug war abgesagt worden, meinen Mitreisenden und mir standen mehr als drei Stunden Wartezeit bevor. Das Flughafen-Terminal hatte sich bereits in ein Tollhaus verwandelt, und die Mitarbeiter der Fluglinie zeigten Verschleißerscheinungen. Eine freundliche Dame am Schalter buchte mich auf den nächsten Flug um und gab mir die Bordkarte. Ich dankte ihr und sagte dann: „Meine Güte, ist das ein Durcheinander! Sie haben wirklich einen schweren Tag. Gibt es etwas, das ich für Sie tun kann? Soll ich Ihnen eine Flasche Wasser oder einen Kaffee holen? Da ich jetzt diese unerwartete Extra-Freizeit habe, kann ich vielleicht Ihren Tag ein wenig aufhellen?“

Sie sah mich mit blankem Erstaunen einen Moment lang an. Dann sagte sie: „Nein, es ist schon in Ordnung. Aber danke, dass Sie gefragt haben. Mir geht es gut. Aber ich sage Ihnen, was ich für Sie tun kann. Ich werde Sie jetzt in die Erste Klasse setzen.“

Welches System funktioniert also besser? Meine Mutter pflegte zu sagen: Mit Honig fängt man mehr Fliegen als mit Essig. Was lässt Menschen glauben, sie könnten einen Flugplatz, auf dem nichts mehr geht, mit lautem Schimpfen in Gang bringen? Warum glauben wir, dass Einschüchterung und Drohung andere dazu bringen wird, etwas für uns zu tun? Es verlangt keine große intellektuelle Anstrengung, die Weisheit meiner Mutter zu verstehen – nicht nur am Flughafen, sondern überall im Leben. Wenn wir anderen mit Charme begegnen und sie inspirieren, tun sie beachtliche Dinge für uns und inspirieren uns; wenn wir sie einschüchtern, erzeugen wir Angst und Ablehnung.

In unseren Herzen wissen wir genau, dass wir mehr erreichen, wenn wir anderen dienen, als wenn wir sie herunterputzen. Machen Sie einmal folgendes Experiment: Das nächste Mal, wenn Sie in einer nervenden oder frustrierenden Lage sind, fragen Sie die Person, die ihr Problem vielleicht lösen könnte: „Kann ich irgendetwas tun, damit Ihr Tag etwas glatter geht? Was kann ich für Sie tun?“ Dann beobachten Sie, wie die Reserviertheit dahinschmilzt und die Hilfsbereitschaft wächst. Auch wenn ihr Problem nicht gelöst werden kann, wird die Begegnung für Sie inspirierender und weniger unangenehm sein. Dies ist der Zauber des Dienens. Wenn wir etwas für andere tun, inspirieren wir sie – das ist die Essenz des dienenden Führungsstils.

> ! Gewalt ist die erste Zuflucht der Inkompetenten.
>
> *Isaac Asimov*

Das äußere Umfeld für Inspiration: Ein Raum für Seele und Berufung

Schönheit ist für unser Wohlbefinden wichtig, weil sie die Seele nährt und daher inspiriert. Ohne Schönheit welkt unsere Seele, und doch versinken viele von uns täglich in Hässlichkeit. Auch wenn wir das Glück haben, unsere Berufung gefunden zu haben, können wir unsere Seelen nicht inspirieren, wenn wir diese Berufung in einer hässlichen Umgebung ausüben.

Eine neue Studie des *Steelcase Workplace Index* zeigt, wie wichtig das Arbeitsumfeld für die Zufriedenheit und die Produktivität von Arbeitern und Angestellten sein kann:

- Überwältigende 79 Prozent der Befragten glauben, dass körperlicher Komfort einen bedeutenden Einfluss auf die Arbeitszufriedenheit hat.
- Mehr als die Hälfte (53 Prozent) der Befragten denkt, dass ihr Unternehmen nur minimale Informationen darüber hat, wie zufrieden die Mitarbeiter mit der materiellen Arbeitsumgebung sind. (8)

Als Jamie Dimon Vorstandsvorsitzender der Bank One Corp. war, verkündete er stolz, er habe zwei Millionen Dollar Kosten pro Jahr gespart, indem er alle lebenden Pflanzen aus der Firmenzentrale in Chicago und den 1.800 Zweigstellen verbannte. Als er Mitarbeitern die Entscheidung erklärte, sagte Dimon: „Wir sind nicht dazu da, um es Menschen und Bäumen gemütlich zu machen.“ Bevor wir solche Entscheidungen treffen, sollten wir uns fragen:

- Dient diese Entscheidung den Menschen, die wir führen, und inspiriert sie sie?
- Wird sie das Engagement und damit die Produktivität dieser Menschen fördern?
- Oder wird sie am Ende mehr kosten, als sie einspart, weil sie Mitarbeiter demoralisiert und ihre Energie und Leistungsbereitschaft schwächt?

- Kann man das Ziel auch auf eine Weise erreichen, die Mitarbeiter miteinbezieht, sie inspiriert und ihren Bedürfnissen gerecht wird?

Wir sind von visueller Aggression umgeben, die der Seele weh tut. Die täglichen Angriffe auf unsere Sinne durch aggressive Werbung, Gewalt und Hässlichkeit dringen erst in unsere Persönlichkeit ein, wo sie das emotionale Selbst zur Verzweiflung bringen, und sickern dann in unsere Seele hinein, wo sie die gleiche Wirkung auf noch tieferer Ebene zeigen. Viele der ach so funktionalen und effizienten – aber hässlichen – Gebäude, in denen Menschen arbeiten, sind ein Beweis dafür. Aber wir können Effizienz und Wirtschaftlichkeit genauso gut mit dem Gegenteil erreichen: mit Dienen, Liebe und Schönheit. Im Grunde können wir uns fragen: Was können egoistische, kostenorientierte und hässliche Strategien überhaupt erreichen, das nicht viel besser mit Dienen, Liebe und Schönheit zu erreichen wäre? Der erste Weg kann uns vielleicht zu unseren kurzfristigen äußeren Zielen bringen, aber der zweite führt uns auf eine höhere Ebene: Er wird uns helfen, effizienter und produktiver zu werden und dabei zugleich unsere Seelen zu belohnen. Das ist der Unterschied zwischen Motivieren und Inspirieren.

Und die banale, die langweilige, die funktionale und konventionelle Form eines Gebäudes ist auch nicht unbedingt die billigste oder wirtschaftlichste. In vielen Fällen kann die Investition in eine schöne Umgebung ansehnliche Dividenden abwerfen – über die hinaus, die die Seele erntet. Die Ford Motor Corporation baut zurzeit das größte lebende Dach der Welt: Es wird auf vier Hektar Fläche mit Sedum-Pflanzen für 3,6 Millionen Dollar bedeckt. Es wird doppelt so viel kosten wie ein normales Dach, aber dafür auch doppelt so lange halten, und schon deshalb wird das Unternehmen auf seine Kosten kommen. Aber es gibt noch andere Vorteile. Das Dach wird Regenwasser aufnehmen und filtern, so die Menge des Abwassers verringert, das entsorgt oder aufbereitet werden muss; und es wird bei warmem wie bei kaltem Wetter als Isolierschicht wirken und Energiekosten senken: Allein durch diese Effekte rechnet das Unternehmen mit Einsparungen von 35 Millionen Dollar. (9)

Viele Unternehmen erkennen heute, dass unsere physische Arbeitsumgebung – das, was ich den Seelen-Raum nenne – mehr als nur funktional sein muss. Der Arbeitsort muss Spaß machen, spielerisch und unterhaltend gestaltet sein mit Oberflächen, Tönen, Farben und Gerüchen, die den Sinnen wohltun, die Emotionen beruhigen und die Seele ansprechen. Er muss auf eine sichere und angenehme Art in die Natur eingepasst sein. Er ist ein Teil der Botschaft, die unser Unternehmen ausstrahlt und mit der wir zeigen, wer wir sind – unserer „Stimme". Er muss ein Leben in Fülle erlauben und uns mit der Realität menschlicher Beziehungen und unserer Sehnsucht nach Gemeinschaft verbinden.

> **!** Das ist alles, was ein Mensch erhoffen kann – ein Vorbild zu sein in seinem Leben und, wenn er tot ist, eine Inspiration für die Geschichte.
>
> *William McKinley*

Wer das Hauptquartier von British Airways in der Nähe des Flughafens London Heathrow besucht, wird von einer Rezeption begrüßt, die aussieht wie ein Check-in-Schalter an einem Flughafen. Wenn er die Lobby verlässt, geht der Besucher zwischen zwei gigantischen Rädern eines Jumbojets hindurch. Ein breiter Flur, der wie eine Straße gestaltet ist – mit Kopfsteinpflaster und Bäumen auf dem Trottoir –, verbindet sechs kleine Bürogebäude. Das Zentrum des Komplexes ist einem englischen Dorfplatz nachgebildet. Angestellte, die aus der Tiefgarage kommen, überqueren diesen Platz wie in einem wirklichen Dorf, grüßen Nachbarn und plaudern mit ihnen auf dem Weg ins Büro. Mitarbeiter können bei einem lokalen Supermarkt Lebensmittel bestellen und zu ihrem Auto liefern lassen, bevor sie abends nach Hause fahren. So viel Aufmerksamkeit und Einfühlungsvermögen nährt die Seele.

Viele Unternehmen beginnen, die Weisheit einer Architektur zu erkennen, die Büros als Seelen-Räume betrachtet, an denen Menschen – nicht Funktionen – Freude haben sollen. Manche Unternehmen planen Cafés, Restaurants, Meditationsräume, Kapellen, Kinderhorte oder überdachte Gärten ein. W. L. Gore & Associates versuchen, für ihre Betriebe Standorte möglichst nah in der Natur zu finden. Ihre Abteilung für medizinische Produkte liegt südlich des Grand Canyon in Flagstaff (Arizona), und in Glasgow (Delaware) will das Unternehmen einen neuen Betrieb aufbauen, dessen Firmengelände von 40 Hektar Parkland und 80 Hektar geschützten Wald- und Feuchtgebieten umgeben ist.

Joe Calvaruso von Mount Carmel Health System sagt:

> „Wir haben einen Pausenraum im Krankenhaus, in dem ein Physiotherapeut Massagen anbietet oder Aromatherapie, in dem es entspannende Musik und Essen und Erfrischungen gibt. Mitarbeiter können dort in Stille entspannen und einen Atemzug Inspiration tanken. Eine unserer Angestellten hat eine befreundete Künstlerin eingeladen, die Wände der Operationssäle zu gestalten: Einige sehen aus wie Gebirge, eine zeigt einen Strand, eine andere eine Seenlandschaft. Die Patienten reagierten begeistert. Statt einer sterilen, funktionalen Umgebung sehen sie jetzt die Schönheit eines Wandgemäldes. Jemand anders, der gerade ein Higher Ground Leadership Retreat mitgemacht hatte, sorgte dafür, dass in der Lobby eines unserer Krankenhäuser ein Aquarium aufgestellt wurde. Auf Patienten und Besucher, die dort warten, hat das eine sehr beruhigende Wirkung."

Im Laufe der Jahre hat mein eigenes Unternehmen sich ähnlich entwickelt. Unsere Büros liegen in einem umgebauten Blockhaus, am Rande einer Felswand, die 130 Meter tief ins Tal abfällt und den Blick auf 280 Hektar Wildnis freigibt. Die Büros haben zwei mal drei Meter große Fenster, so dass Kollegen und Besucher die wunderbare Aussicht genießen können, die sich mit jeder Jahreszeit und jedem Wetter verändert. Das Panorama ist atemberaubend und die Stille außergewöhnlich. Besucher, die zum ersten Mal da sind, sind von der Ehrfurcht gebietenden Aussicht beeindruckt. Wer öfter kommt, hat schnell einen Lieblingsplatz, an dem er stehen bleibt und einen Moment lang den Blick und die reine Stille in sich aufnimmt, bevor er sich den Geschäften zuwendet. Skifahren kann man in fünf Minuten Entfernung, draußen lockt ein Swimmingpool, und Wanderwege durch die Wildnis bieten Raum für Bewegung, Besinnung und Gespräch. Kolibris und Singvögel fressen in der Nähe der Bürofenster, Rehe und Hirsche durchstreifen oft das Gelände und beobachten uns dabei, wie wir sie beobachten. In der Tradition der Indianer ist das Reh ein Symbol der Sanftheit. Uns erinnert es daran, dass wir eine sanfte Umgebung geschaffen haben, und an unsere Absicht, sanft miteinander umzugehen.

Wir halten regelmäßig „Weisheitszirkel“ im Hauptbüro ab, das in den kälteren Monaten von einem Ofen beheizt wird; in der wärmeren Jahreszeit versammeln wir uns am Ende der ausladenden Terrasse, die über die Felswand hinausragt. Jedes Teammitglied kann zu Beginn oder am Ende des Treffens ein inspirierendes Gedicht, ein Zitat oder einen anderen Text vorlesen. Miteinander Brot zu brechen, ist ein wichtiges Ritual für unser Team. Mitglieder bringen Zutaten für das Essen mit und bereiten es gemeinsam zu. Das Team kümmert sich gemeinsam um die Tomaten, die wir selbst ziehen und die wir bei den gemeinsamen Mahlzeiten verwenden. Wir haben eine Musikanlage mit Hunderten von CDs und eine Bibliothek mit Tausenden von Büchern. In den letzten fünf Jahren haben wir in unseren Büros fünf Babys gemeinsam aufgezogen. Wir haben um die Erlaubnis gebuhlt, sie herumtragen zu dürfen, während wir mit unseren schnurlosen Telefonen telefonierten. Und wir haben Spirit, den Wunderhund, der uns jeden Tag Spaß macht. Das alles mag altmodisch und romantisch klingen, aber modernste Technik verbindet uns mit unserem globalen Team von Lehrern und Beratern, mit Tausenden von Mitgliedern unserer Higher Ground Community und mit unseren Kunden und Geschäftspartnern. Unser Seelen-Raum ist ein Mittel, um mehr Gemeinschaftsgefühl in unserem Team aufzubauen.

Sie lesen das vielleicht und denken: „Der Kerl lebt nicht in dieser Welt. Er sollte einmal den schauderhaften Platz sehen, an dem ich arbeite!“ Aber Sie und ich sind in der gleichen Lage: Wir haben die Wahl. Ich wollte immer mit inspirierten Teams arbeiten, und mir war immer bewusst, dass das in einer uninspirierenden Umgebung nicht möglich ist. Konsequenterweise habe ich mich immer geweigert, Vermietern für effiziente, aber hässliche Gebäude Miete zu zahlen. Auch als wir die Zentrale von Manpower Limited aufbauten, weigerten wir uns, sie in der Großstadt anzusiedeln, und wählten stattdessen eine Kleinstadt, in die unsere Mitglieder bequem pendeln konnten. Wir studierten Landkarten und die Adressen aller Mitarbeiter und siedelten das Hauptquartier genau in dem Ort an, der die im Schnitt kürzeste Entfernung von Wohnung und Arbeitsplatz für alle bot. Wir waren eines der

! Kunst wäscht den Staub des Alltags von der Seele.

Pablo Picasso

ersten Unternehmen, das die Bürolandschaft von einem Architekten entwerfen ließ. Wir waren einer der ersten Kunden von Herman Miller, der alle Büros mit flexiblen, nach dem Baukastenprinzip persönlich kombinierbaren Möbeln ausstattete. Wir richteten Küchen und einen Meditationsraum ein, verzichteten auf eine Kleiderordnung, boten betriebliche Kranken-, Arbeitsunfähigkeits- und Rentenversicherungen an – kurz, wir gaben uns Mühe, für unser Team einen Seelen-Raum zu erzeugen. Wir wollten die Umgebung schaffen, in der alle Mitarbeiter inspiriert sein konnten, so dass sie ihrerseits ihre Führungskräfte inspirierten. Wir wollten Higher Ground Leadership leben. Wir alle haben die Wahl.

Unsere räumliche Arbeitsumgebung muss uns mit der Natur verbinden – wir können keine außergewöhnliche Leistung vollbringen, wenn wir von der Erde getrennt sind. Mit der Erde verbunden zu sein, ist nicht nur ein natürliches Bedürfnis, sondern auch lebenswichtig für unsere Seelen. Die Erde repräsentiert unsere eigentliche körperliche Essenz: Wir sind aus Erde gemacht, und letztlich kehren wir zur Erde zurück. Daher erleben wir alle, auch wenn uns das nicht immer bewusst ist, eine innere Verbindung mit der Landschaft und der Natur. Eine lautlose Stimme lockt uns zu den Felsen und Bächen, zu den Vögeln und Fischen, zu den Sternen und den Stürmen. Eine mystische Schönheit spricht zu unserer Seele und erinnert uns daran, wohin wir gehören und dass wir an der Lebenskraft des Universums teilhaben. Plastikpflanzen und falsche Bäume sind kein Ersatz für das Wahre. Wenn wir von Plastik und Schwindel umgeben sind, werden unsere Gedanken genauso.

Wenn Sie in einer öden Umgebung arbeiten, fragen Sie sich: Was hält Sie davon ab, sie zu verändern, zu verbessern, zu einem Seelen-Raum zu machen? Welche Gründe gibt es außer Tradition und Trägheit, die Sie daran hindern? Wenn Sie die Menschen lieben, mit denen Sie zusammenarbeiten, und wenn Sie sie inspirieren wollen – warum verwöhnen Sie sie dann nicht und geben ihnen das Gefühl, dass sie etwas Besonderes sind, indem Sie ihre Seelen mit Schönheit füttern?

Christopher Morley schrieb: „Wahrheit ist der starke Nährboden, auf dem Schönheit keimen kann.“ Vielleicht gilt auch das

Umgekehrte: Schönheit ist der Nährboden, auf dem die Wahrheit keimen kann. Wer kann einen Drang zu Gewalt oder Betrug nähren, wenn Schönheit und Liebe ihn wiegen? Führungskräfte neuen Typs bemühen sich darum, die Bedürfnisse aller Menschen zu befriedigen, die den Seelen-Raum mit ihnen teilen – ganz gleich, ob sie Angestellte oder Partner, Kunden oder Zulieferer sind. Führungskräfte neuen Typs wollen, dass all diese Menschen inspiriert sind und aus eigenem Antrieb die beste Arbeit abliefern, die sie hervorbringen können. Die physische Schönheit, mit der wir uns bei unserer Arbeit umgeben, ist für unsere Inspiration wesentlich. Schönheit ist Heiligkeit. Schönheit ist Grazie. Schönheit ist heilig. Wenn wir Menschen inspirieren wollen, dann müssen wir ihre Seelen dadurch nähren, dass wir ihre Umgebung inspirierend gestalten.

Kurven für die Seele

Machen Sie bitte das folgende Experiment. Suchen Sie das hässlichste Stück Einrichtung in Ihrem Büro oder Ihrer Wohnung und betrachten Sie es ausgiebig. Gehen Sie um den Gegenstand herum und lassen Sie seine ganze abstoßende Hässlichkeit auf sich wirken. Dann schreiben Sie auf, was Sie beobachtet oder empfunden haben und warum Sie diesen Gegenstand so abstoßend finden. Anschließend suchen Sie das für Sie schönste und eleganteste Stück Einrichtung und untersuchen auch das sorgfältig. Achten Sie darauf, was Sie daran anspricht und warum Sie es so besonders finden. Vergleichen Sie, was Ihnen jeweils aufgefallen ist.

Einer der erstaunlichsten Unterschiede zwischen den beiden Stücken, der Ihnen auf den ersten Blick vielleicht nicht bewusst ist, könnten die Umrisse sein. Die Wahrscheinlichkeit ist groß, dass das hässliche Stück eher eckig oder rechtwinklig und regelmäßig ist, während das schöne eher geschwungen, abgerundet und unregelmäßig sein wird.

Rechte Winkel gibt es in der Natur kaum. Auch Bäume wachsen nicht im rechten Winkel zur Erdoberfläche. Tiere, Reptilien, Fische, Blumen, Wolken, Flüsse, Pfade: Bei ihnen sind keine rechten Winkel zu sehen. Sogar die Erde ist rund. Der rechte Winkel entsteht aus einem Mangel an menschlicher Phantasie, kombiniert mit unserem Drang, kostengünstig und funktional zu sein – also nur den Bedürfnissen der Persönlichkeit zu folgen und die Seele dabei zu ignorieren. Wenn wir unsere Umgebung gestalten, bringt ein gelernter Impuls uns meist dazu, rechte Winkel zu verwenden. Aber wo ein Gegenstand oder eine Umgebung von der Schöpfung geformt wurde, treffen wir auf sinnliche Rundungen, die das Auge und die Phantasie begeistern und die Seele ansprechen. Kurz: Unsere Gene sind für Kurven programmiert, und deshalb sind rechte Winkel ihnen suspekt.

> ! Form kommt nach Funktion – das ist ein Missverständnis. Form und Funktion sollten eins sein, in spiritueller Einheit verbunden.
>
> *Frank Lloyd Wright*

Wenn wir „funktionale", aber hässliche Arbeitswelten herstellen, konterkarieren wir unseren natürlichen Wunsch und beleidigen die Seele. An linear gestalteten und daher hässlichen Orten können Menschen ihre Möglichkeiten nicht ausschöpfen. Simone Weil hat gesagt: „Schönheit ergreift das Fleisch, um von dort direkt zur Seele zu gelangen." Wir können nicht erwarten, dass Menschen an uninspirierenden Orten ungewöhnliche, kreative Arbeit leisten und ihr Potenzial ausschöpfen.

In meinen Vorträgen fordere ich die Zuhörer oft zu folgendem Gedankenspiel auf. Stellen Sie sich vor, dass sie gebeten werden, die kreativste Arbeit ihres Lebens zu machen – den einen großen Auftrag auszuführen, der ihr Erbe auf diesem Planeten sein soll. Welchen Ort würden Sie dafür wählen? Wo könnten Sie am besten Zugang zu Ihrem Genie bekommen, wo würden ihre kreativen Säfte am ehesten fließen? Gewöhnlich beschreiben die Zuhörer Orte wie Berge, den Wald, die Wüste, den Strand oder exotische Inseln. Manchmal nennen sie einen bestimmten Ort – den Yosemite Nationalpark, die Rocky Mountains, Hawaii oder den Grand Canyon. Niemals nennen sie ihr Büro.

Aber angenommen, wir würden einen Arbeitsplatz mit Kurven statt mit rechten Winkeln entwerfen, mit gerundeten Fenstern, gebogenen Wänden und unregelmäßig geformten Zimmern und Türen. Angenommen, wir würden Tische und Stühle mit fließenden, nonkonformistischen Formen hineinstellen. Es gäbe viele lebende Pflanzen, keine aus Plastik. Wir würden dafür sorgen, dass Töne erklängen und Wasser uns mit köstlichen Rundungen verwöhnte, dass Oberlichter den Himmel und die Sterne zu uns hereinholten und dass visuelle Symphonien die lineare Umgebung ersetzten. Dann bekämen wir Zugang zu unserer Phantasie, und lineares Denken träte zurück. Kreativität und Brillanz könnten unter unseren Mitarbeitern viel besser gedeihen. Denn eine kreativ gestaltete Umgebung verführt Menschen zu kreativer Arbeit. Eine inspirierende Arbeitsumwelt – das, was ich „Seelen-Raum" nenne – inspiriert zu brillanten Leistungen und brillantem Führungsstil. Es ist kein Zufall, dass Apple-Computer, wenn es um Design geht, den langweiligen, grauen, viereckigen Schachteln anderer Hersteller fast immer vorgezogen werden. Nennen Sie Ihren Lieblingsgegenstand, und er wird Kurven haben, keine geraden Linien – und vielleicht haben Sie bemerkt, dass das auch für Menschen gilt. „Im Leben wie in der Kunst bewegt Schönheit sich in Kurven", schrieb Edward Bulwer-Lytton.

Wenn wir die Linienführung im Design unserer Arbeitsräume und ihrer Ausstattung verändern, können wir die Leistung aller Mitarbeiter und damit die Ergebnisse des Unternehmens dramatisch verbessern. Mein Unternehmen hat Kunden geholfen, das Design ihrer Bürogebäude zu überdenken, Strukturen und Dekoration zu verändern. Damit wurden beachtliche Steigerungen von Leistungsfähigkeit und Inspiration bewirkt. Wollen Sie es selbst ausprobieren? Geben Sie zwei Teams mit gleichem Talent dieselbe Aufgabe, aber setzen Sie das eine in seine traditionellen Würfel-Büros und das andere in eine Kathedrale, einen Wald, einen Park oder in ein wunderbares Gebäude – und beobachten Sie die Ergebnisse.

„Das Ideal hat viele Namen. Schönheit ist einer von ihnen", hat Somerset Maugham bemerkt. Wer behauptet denn, die alte Art des Designs von Arbeitsplätzen sei effizient und kosteneffektiv? Nein – es kostet Geld, „effizient" zu sein. Aber Investitionen in die Schönheit unserer Umgebung steigern den Umsatz – das ist das Gegenteil des traditionellen, utilitaristischen Denkens. Warum? Weil Schönheit die Seele nährt, und wenn die Seele genährt wird, profitieren alle davon.

Der Weg der Inspiration

Es gibt ein Naturgesetz der Inspiration: „Um von anderen inspiriert zu werden, muss man zuerst selbst inspirieren." Wir verstehen diese Logik von Natur aus, aber oft vergessen wir, sie anzuwenden. Wenn wir andere inspirieren, werden sie uns inspirieren!

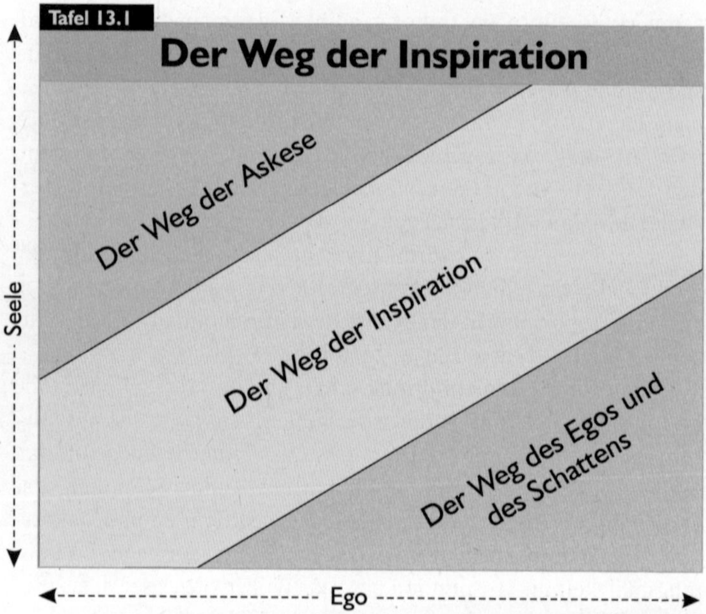

Die Aufgabe eines gesunden, von der Seele geleiteten Egos ist es, anderen zu dienen. Und wenn das Ego das wirksam tut, macht es noch etwas Größeres – es dient der Seele. Das ist der diagonale Weg in Grafik 13.1, den ich den „Weg der Inspiration" nenne; denn wenn wir so leben, sind wir für andere und für uns selbst immer eine Inspiration. Wenn aber unser Ego mehr uns selbst als anderen dienen will, rutschen wir in den unteren Teil der Grafik ab – in Egozentrik –, und da verbringen wir viel Zeit mit unserem Schatten. Da kann es sein, dass wir jene Überheblichkeit an den Tag legen, die aus einem selbstbezogenen, vom Schatten dominierten, ungesunden Ego stammen. Wenn wir andererseits unser Ego aufgeben oder unterdrücken und uns nicht ausreichend um unsere eigenen Bedürfnisse kümmern, sondern sie für andere opfern, werden wir asketisch (wir verleugnen uns selbst auf eine rigide Weise). Dann können wir für andere und uns selbst nur von geringem Nutzen sein. Das ist der Fall, den wir in Kapitel 8 schon diskutiert haben – der Fall, wenn Dienen bis zur Selbstaufopferung getrieben wird: Das ist der Weg der Askese.

Ein Higher Ground Leader inspiriert dadurch, dass er mit seinem Ego ins Reine kommt, mit allen seinen Licht- und Schattenseiten – dass er weniger attraktive Eigenschaften, die aus seinem Schatten auftauchen, benennt und Verantwortung für sie übernimmt und dieses Wissen nutzt, um sein Verhalten so zu verändern, dass er ein dienendes Leben führen kann. Alle großen Führungspersönlichkeiten der Geschichte waren dienende Führungskräfte, und mit dieser Art zu führen wurden sie eine Inspiration für andere wie für sich selbst, und das nicht nur zu ihrer Lebenszeit, sondern oft für viele folgende Generationen.

Wir können uns folgende Frage stellen: Wer führt uns, das Ego oder die Seele? Wenn das Ego im Vordergrund steht, wird man selbst zur obersten Priorität. Selbstbezogenheit aber kann zu Egoismus, Arroganz oder Aggressivität führen und zu dem Drang, andere zu dominieren und zu kontrollieren. Das ist das Verhalten, das andere uninspirierend finden. Wenn die Seele ein gleichwertiger oder sogar der eigentliche Führer in unserem Leben ist, verschiebt sich die Priorität dahin, dass wir anderen dienen und auf diese Weise inspirierende Menschen werden.

Larry Bird, ein bekannter Basketballspieler, hat gesagt: „Lerne zuerst die Grundlagen und werde ein Meister darin." Ja, das ist die Macht des Wissens und des Lernens, die unsere Persönlichkeit ohne Zweifel braucht. Aber wenn wir uns Techniken und Methoden einmal angeeignet haben, ist es Zeit, dass wir dieses Wissen loslassen, um die Betonung weniger auf das Ego und mehr auf die Seele zu legen. Die Ego-Lektionen werden nicht so bald vergessen sein, aber sie können jetzt in unserem Unbewussten ruhen und müssen nicht mehr im Vordergrund des Bewusstseins sein. Zu verstehen, wie komplex der Mensch ist, wie wir miteinander in Beziehung treten, wie wir wachsen und die Qualität unserer Beziehungen verbessern können – das ist ein lebenswichtiger Teil menschlicher Erfahrung. Aber wenn wir diese Grundlagen gemeistert haben, müssen wir das Gelernte hinter uns lassen, um darüber hinauszuwachsen. Das ist die Reise zu Höherer Ebene. Der Unterschied wird klar, wenn wir hören, wie Michael Jordan – vielleicht die größte Basketball-Legende überhaupt – sein Erfolgsrezept zusammenfasst. Es lautet: „Spiel einfach. Hab Spaß. Freu Dich am Spiel."

Den Geist leer machen

Wie sehr wir andere inspirieren, hängt unmittelbar davon ab, wie sehr wir sie bedingungslos lieben – bedingungslos ist das entscheidende Wort. Wenn wir anderen Menschen hässliche Eigenschaften oder liebloses Verhalten unterstellen; wenn wir ihnen Schuld oder Verantwortung für den Schmerz zuweisen, den sie in uns verursachen; wenn wir ihre Leistungen unzureichend finden oder ihnen Bosheit oder Unehrlichkeit unterstellen, oder wenn wir an ihrem Äußeren, ihrem Charakter, ihren Überzeugungen, Handlungen, Werten oder Eigenheiten herummäkeln – dann können wir nicht uneingeschränkt liebevoll zu ihnen sein und sie folglich auch nicht inspirieren, erst recht nicht so sehr, dass sie uns inspirieren. Solche kritischen und wertenden Verhaltensweisen sind Beispiele für Projektion, wie wir sie in Kapitel 1 beschrieben haben. Um die Energie und den Raum zu schaffen, in dem Liebe gedeihen kann – in dem wir also inspirieren und selbst inspiriert werden können –, müssen wir uns erst von unseren Vorurteilen über Menschen, von unseren Bewertungen, Unterstellungen und Projektionen befreien.

> ! Ich habe gelernt, dass der Neuling oft Dinge sieht, die dem Experten entgehen. Wir müssen nur die Angst davor ablegen, Fehler zu machen oder naiv zu erscheinen.
>
> *Abraham Maslow*

In der Meditation, besonders der Zen-Meditation, gibt es einen Begriff, der „Anfängergeist" bedeutet, *shoshin* auf Japanisch. Der Geist eines Anfängers ist leer. Miles Davis, der große Jazz-Musiker, sagte: „Ich höre immer darauf, was ich weglassen kann." Wir schleppen viele Meinungen, Vorurteile und anderes Gepäck mit uns herum, und die Herausforderung besteht darin, das alles abzulegen, den Geist leer zu machen und „Anfängergeist“ zu werden – zumindest für einen kurzen Moment; wir können uns darauf verlassen, dass unsere Vorurteile weiterhin vorhanden sind und dass wir sie später wieder aufnehmen können, falls wir dann noch das Gefühl haben sollten, dass wir sie wirklich brauchen. Wenn wir unseren Geist leer machen können, dann werden wir offen – und dann sind wir in der Lage, einander unbelastet zu lieben. Das japanische Wort *mushin* (von *mu*, das ‚nein‘ oder ‚nicht‘ bedeutet, und *shin* für ‚Herz‘, ‚Geist‘, ‚Gefühl‘ oder ‚Absicht‘) ist ein Begriff, den man mit „Nicht-Geist“ übersetzen könnte. Er beschreibt die vollständige Abwesenheit von intellektuellem Denken, einen Zustand, in dem das Ego vergessen ist und das Individuum frei wird, ohne Rücksicht auf dualistische Vorstellungen wie gut oder schlecht, Erfolg oder Versagen zu handeln. *Mushin* ist ein sanftes Herz und ein offener, wacher Geist.

Eines der Ziele von Meditation besteht darin, den Geist leer zu machen und ihn dann so lange wie möglich leer zu halten, so dass unsere Seelen in der Lage sind, die Essenz des Universums in sich aufzunehmen. Wenn man mit einem offenen Anfängergeist auf andere Menschen zugeht, mit einem Geist, der frei von Annahmen und Projektionen ist, lädt man die Seele zu einer Reaktion ein. Das ist die Vorbereitung des Geistes, die in Meditation gelingen kann. Meditation ist nur eine von vielen Methoden, um den Geist leer zu machen, aber eine sehr wirkungsvolle, wie ich in Kapitel 8 beschrieben habe. Meditation ist ein guter Ausgangspunkt, um andere dadurch zu inspirieren, dass man sie liebt – das ist der Kern jeder Kommunikation von Seele zu Seele. Und sie ist ein guter Ort, um uns neu zu besinnen, wenn eine Beziehung in der Sackgasse steckt. Meditation ist wie eine Buchstütze für Beziehungen.

Um andere so zu inspirieren, dass sie uns inspirieren, müssen wir über das permanente Analysieren hinausgehen – hin zum liebevollen Annehmen. Daisetz T. Suzuki schrieb: „Der Mensch ist ein denkendes Wesen, aber seine größten Werke vollendet er, wenn er nicht denkt oder kalkuliert. Kindlichkeit können wir zurückgewinnen, wenn wir uns viele Jahre lang in der Kunst der Selbstvergessenheit üben. Wenn das erreicht ist, denkt der Mensch, aber er denkt doch nicht. Er denkt wie die Schauer, die vom Himmel fallen, er denkt wie die Wellen des Ozeans.“

Inspiration, die so vollständig ist, dass die Inspirierten uns im Gegenzug permanent inspirieren wollen, können wir nur erreichen, wenn wir unsere von der Persönlichkeit ausgehenden Modelle, Techniken, Theorien, Prozesse, Tests, Annahmen und anderen Produkte der linken Gehirnhälfte loslassen und etwas im Grunde sehr Einfaches, in der Praxis aber nicht Leichtes tun: wenn wir einander lieben, ohne zu urteilen, wenn wir nach den Talenten der anderen suchen und sie unterstützen, wenn wir auf ihre Stärken bauen, statt ihre Schwächen hervorzuheben.

Hier sind neun hilfreiche Schritte, die Sie gehen können, um über das Verhalten hinauszukommen, das auf Persönlichkeit beruht, und von Seele zu Seele zu kommunizieren:

1. Meditieren Sie.
2. Benennen Sie jene Ihrer Verhaltensweisen, die andere nicht inspirieren und die Ihnen bewusst sind – die nicht in Ihrem Schatten, sondern im Licht sind.
3. Identifizieren Sie jene Verhaltensweisen, die andere nicht inspirieren und die ihnen nicht bewusst sind – die in Ihrem Schatten, in Ihrem verleugneten Selbst sind. Erkennen Sie sie durch Infragestellen, Therapie, Coaching, Seelenarbeit oder Selbsterforschung; benennen Sie sie und nehmen Sie sie an.
4. Bringen Sie diese Verhaltensweisen aus dem Schatten ins Licht, indem Sie ihren Ursprung verstehen, der meist in einer alten Verletzung der Seele liegt.
5. Vergeben Sie jenen, die die Verletzung verursacht haben, und bringen Sie diese Erfahrung zu einem guten Abschluss.
6. Korrigieren Sie Ihr Verhalten, vermeiden Sie Projektionen, und verzichten Sie darauf, andere zu bewerten.
7. Vervollkommnen Sie alle „Technologien der Persönlichkeit" und lassen Sie sie dann los.
8. Während Sie Ihre gesunde Persönlichkeit umarmen und vollständig annehmen, machen Sie den Geist leer (*mushin*) und kommunizieren von Seele zu Seele.
9. Meditieren Sie.

Zu diesem Prozess gehört, dass wir den Geist beruhigen und von Voreingenommenheit und gelernten „Techniken" befreien. Zu gegebener Zeit kann es hilfreich sein, Verhaltensweisen und

Persönlichkeiten mit dem Verstand zu analysieren; aber wenn wir das einmal beherrschen, ist es Zeit, dass wir darüber hinausgehen und unsere Beziehungsfähigkeit vertiefen, indem wir Kontakt mit Menschen von Seele zu Seele aufnehmen, weniger als von Persönlichkeit zu Persönlichkeit.

So werden wir zu einer Führungskraft neuen Typs, weil unser Verhalten andere Menschen dazu inspiriert, uns zu inspirieren.

> ! Wir können nichts verändern, wenn wir es nicht erst akzeptieren.
>
> *Carl Gustav Jung*

Die Enthüllung des verborgenen Menschen

Das Ego ist wie der Mond. Er kann zwar sehr hell sein und erscheint oft rund und voll, aber er braucht für sein Licht immer die Sonne. Wie das Ego hat er eine Schattenseite, die immer dunkel bleibt, solange sie nicht der Wärme und dem Licht der Sonne ausgesetzt wird. Die Seele ist wie die Sonne. Sie ist die Quelle ihrer eigenen Energie und ihres eigenen Lichts. Sie strahlt ihr Licht freigiebig und beständig aus. Sie verströmt sich und wärmt. Sie heilt und nährt. Sie gibt sogar dem Ego-Mond Licht, der sonst immerzu kalt und dunkel wäre. Wenn wir unser Ego der Wärme und dem Licht der Seele zuwenden und ihre heilende, liebende Kraft auffangen, wachsen wir und sind hell und warm – auch wenn ein Teil von uns im Schatten bleibt.

Das Aspen-Institut hat fast 2.000 fortgeschrittene Management-Studenten gefragt, welche Prioritäten ihrer Meinung nach ein Unternehmen setzen sollte. Als wesentliche Ziele nannten etwa 75 Prozent die Steigerung des Shareholder Value, 71 Prozent die Kundenzufriedenheit und 33 Prozent gaben der Produktion hochwertiger Güter und Dienstleistungen hohe Priorität. Nur fünf Prozent meinten, zu den Hauptzielen sollte der Schutz der Umwelt gehören. Zwei Jahre zuvor, zu Beginn ihres Studiums, hatten dieselben Studenten noch zu 68 Prozent für Shareholder Value, zu 75 Prozent für Kundenzufriedenheit und zu 43 Prozent für die Produktion hochwertiger Güter und Dienstleistungen votiert. (10)

In unserem Bemühen, uns an äußere Normen anzupassen und auf diese Weise Anerkennung zu finden, geben wir unsere Werte auf – und dieser Prozess beginnt, wie das Beispiel zeigt, schon früh im Leben, spätestens in der Schule oder im Studium. Im Berufsleben wird diese Tendenz beschleunigt, und das hat zur Folge, dass unsere Seelen im Schatten unserer Persönlichkeit bleiben: Wir halten einander für „Funktionen" (Angestellter, Lehrer, Vater oder Mutter, Pilot, Arzt, Briefträger) statt für das, was wir in Wirklichkeit sind: spirituelle Wesen, die eine gemeinsame irdische Erfahrung teilen. Wir tragen eine Ego-Maske, geben vor, starke und unverletzliche Helden zu sein – und setzen uns oft, vor allem bei der Arbeit, mit der irrigen Annahme unter Druck, dass es ungehörig sei, unsere wahren Gefühle zu zeigen oder gar unsere Entscheidungen von diesen Gefühlen beeinflussen zu lassen. Wir sind so konditioniert, dass wir fälschlicherweise glauben, wir wären schwach oder unprofessionell, wenn wir Emotionen zeigten oder authentisch und verletzlich aufträten.

Aber das ist nicht das wahre Leben – es ist eine Lüge. Wir werden zu Masken, die in steifer Konversation mit anderen Masken verharren. Wenn wir uns so verhalten, verbergen wir unser Menschsein. Und das ist für andere nicht inspirierend, die folglich auch nicht geneigt sein werden, uns zu inspirieren – denn sie fühlen, dass wir nicht wahrhaft sind.

! Die Welt ist rund, und was wie das Ende aussehen mag, ist vielleicht erst der Anfang.

Ivy Baker Priest

Wir brauchen ein „Coming-out". Wir müssen dazu stehen, dass wir Menschen sind, dass wir verletzlich und zerbrechlich sind, dass wir Schmerz kennen und Liebe, Vergebung, Mitgefühl brauchen, dass wir mehr vom Leben wollen als Profit, Gehalt und eine Beförderung. Kurz, wir müssen uns öffnen und uns dazu bekennen, dass wir wahre Menschen sind. Wir müssen eine Kommunikation miteinander pflegen, die authentisch, wahrhaftig und tief ist – statt so zu tun, als wären wir jene fiktiven Macho-Helden, die anzuhimmeln unsere Persönlichkeit gelernt hat. Über Dinge, die den höheren Zweck des Lebens betreffen, müssen wir genauso diskutieren wie über Zahlen, Leistungswerte, Alltagsaufgaben und das Betriebsergebnis. Wenn wir unsere Gespräche auf das Weltliche und Materielle beschränken, werden unsere Beziehungen brüchig und steril, und auf dieser Basis ist es schwer, sich inspiriert zu fühlen. Wir müssen uns einander als das zeigen, was wir wirklich sind – als spirituelle Wesen und als ganze Menschen, die Eltern, Ehepartner und Liebende, Lehrer und Lernende sind, die lachen und weinen, verletzt sind und heilen, die es im Innersten gut meinen und die auf der Erde sind, um einander zu dienen. Die neun Schritte zu einem leeren Geist, die ich oben beschrieben habe, sind ein Weg, auf dem wir lernen können, so sicher in uns selbst zu ruhen, dass wir mit anderen authentisch sein können.

Wenn wir unser „Coming-out" beginnen, indem wir unser wahres, emotionales und spirituelles Selbst zeigen, wird etwas Bemerkenswertes passieren. Zum ersten Mal wird unsere Maske fallen, und andere werden uns als die erkennen, die wir wirklich sind. Dann werden sie ihrerseits dazu ermutigt, uns ihr Menschsein zu enthüllen, und wir werden einander erst wirklich kennenlernen. Andere werden sich zu uns gesellen und so die Anfänge eines Heiligtums bilden – einer Gemeinschaft von Menschen mit gemeinsamen Werte. Mit der Zeit werden weitere Menschen den außergewöhnlichen Teamgeist und die menschliche Effizienz und Energie bemerken, die aus diesem Heiligtum strömt. Sie werden davon angezogen sein, und sie werden teilnehmen wollen. Andere werden ebenfalls authentisch werden und ihre eigenen Heiligtümer aufbauen wollen. Dieser spontane Ausbruch von Authentizität wirkt wie ein Immunsystem, das zu neuer Kraft erwacht. Heiligtümer werden in unterschiedlichsten Teilen des Unternehmens entstehen – sie werden unproduktive Beziehungen ersetzen und die Seelen heilen, die in Firmenmauern gefangen sind. Dieser Zauber produziert einen Mehrwert; denn Unternehmen, Familien und andere Gemeinschaften sind in ihrem Kern Gruppen von Seelen – und wenn diese Seelen heilen, eine nach der anderen, heilt schließlich auch ihre Gesamtheit. Das führt zu größerer Leistung und Effizienz des Unternehmens, der Familie oder Gemeinschaft. So werden wir inspiriert.

Dies ist der Weg des erleuchteten „Change-Managers", der Führungskraft neuen Typs.

Er weiß, dass er kaum Erfolg haben wird, wenn er Veränderung nur von anderen verlangt. Andere werden sich für unsere

Aufgabe engagieren, wenn wir selbst uns dazu innerlich verpflichten.

Bei meinen Studien über die größten Führungspersönlichkeiten der Geschichte ist mir aufgefallen, dass die, die wir heute am wärmsten verehren, die uns noch heute stark inspirieren, die heute jeder kennt und liebt – dass das auch diejenigen sind, die selbst die größte Fähigkeit zur Liebe besaßen. Führungskräfte neuen Typs inspirieren uns vor allem aus einem Grund: Sie lieben uns. Führungskräfte neuen Typs sind verliebt in die Menschheit – sie haben eine intensive Herzensbeziehung zum Leben an sich, und das nährt ihre Fähigkeit, andere zu inspirieren. Inspiration kann nur aus Liebe kommen – von nirgendwo sonst. Jeder Higher Ground Leader stellt eine Seelenverbindung zu seinen Mitarbeitern her – auf einer Ebene, die beide ergreift, Führungskräfte und Mitarbeiter.

Kahlil Gibran hätte es vielleicht so ausgedrückt: Ein Führungsstil neuen Typs ist sichtbar gemachte Liebe.

11

Zusammenfassung:

Die sieben Schlüsselfragen

Eine Führungskraft neuen Typs stellt die folgenden sieben Schlüsselfragen und widmet ihr Lebenswerk dem Ziel, die Antworten zu finden und ihnen im Alltag zu folgen.

1. Was ist meine Bestimmung? Warum bin ich auf der Welt? Wie könnte mein Leben die Welt verändern?
2. Was ist meine Aufgabe? Wie will ich sein, während ich hier auf Erden bin? Wofür werde ich stehen? Können meine Ziele Leidenschaft wecken?
3. Was ist meine Berufung? Was werde ich tun und wie werde ich meine Talente und meine Leidenschaft in dienender Weise nutzen?
4. Sind meine Bestimmung, Aufgabe und Berufung miteinander in Einklang? Ist meine Berufung im Einklang mit der Aufgabe des Unternehmens oder der Organisation? Gilt dasselbe für alle anderen Teammitglieder?
5. Was kann ich für Sie tun?
6. Wie kann ich Ihre Brillanz wecken und lenken und Ihnen helfen, zu wachsen und ein erfülltes Leben zu führen?
7. Inspiriere ich andere mit allem, was ich sage und tue? Erschaffe ich ein Umfeld, das mich inspiriert?

Andere zu inspirieren ist ein Akt des Dienens, der aus Liebe fließt. Führungskräfte alten Typs, die auf Motivation setzen, lieben ihre Mitmenschen sicherlich auch; aber die anderen sind nicht ihr primärer Fokus. Führungskräfte neuen Typs dagegen stellen eine liebevolle Verbindung mit anderen her. Den Unterschied sehen und fühlen wir alle sofort. Wir spüren die zehrende Energie eines *Motivators:* Seine manipulativen, selbstbezogenen Pläne sind meist genauso durchsichtig wie seine Bindung an Ego und Persönlichkeit, an das Oberflächliche und das Materielle. Führungskräfte neuen Typs lieben andere so echt, dass sie nicht anders können, als ihnen zu dienen – und Mitarbeiter sind von dieser Kongruenz sofort *inspiriert.* Das Ergebnis ist eine Verbindung zwischen den Seelen – zwischen Menschen, die *Seelenarbeit* leisten –, und ein Team wird zum Heiligtum. So entstehen magische Momente und magische Orte zum Leben und zum Arbeiten, weil die Führungskraft neuen Typs ganz als Mensch präsent ist. In solch heiteren Momenten werden wir inspiriert. Zur großen Freude der Menschen, mit denen wir leben und arbeiten, werden wir dazu inspiriert, unsere größten Talente zu nutzen und in den Dienst der Gemeinschaft zu stellen: Wir sind aufgerufen, die ganze Melodie, die wir in uns tragen, zum Klingen zu bringen.

Eine Führungskraft neuen Typs reift bis zu dieser Stelle. Sie verlässt sich weniger auf die Technologien des Egos und der Persönlichkeit und mehr auf die natürliche Kraft einer inneren Verbindung von Seele zu Seele. So beginnt der Übergang von einem Führungsstil alten Typs zu einem Stil neuen Typs. Auf diesem Weg wächst eine Führungspersönlichkeit heran, die für andere so inspirierend ist, dass sie von ihrer eigenen Fähigkeit zu inspirieren inspiriert wird. Dies ist der Zaubertrank im Leben einer Führungskraft neuen Typs.

ENDE

Lance Secretan

Bestimmung:

Dabei helfen, einen lebensfähigeren und
liebevolleren Planeten zu schaffen.

Persönliche Aufgabe:

Andere dazu inspirieren, die Heiligkeit
in allen Beziehungen zu achten.

Aufgabe als Unternehmer:

Durch Wiedererwecken von Geist und Werten
am Arbeitsplatz die Welt verändern.

Berufung:

Durch mein Schreiben, mein Lehren und meine Vorträge
führen und dienen.

Meditation einer Führungskraft neuen Typs

Viele Meetings und Konferenzen im Berufsleben beginnen auf dem falschen Fuß, und die Energie in der Gruppe ist angespannt. Sie können den Ton, die Richtung und das Ergebnis einer Besprechung positiv beeinflussen, wenn Sie sie mit einer Meditation beginnen. Sich zu sammeln und zu zentrieren, steigert die Leistungsfähigkeit – Ihre eigene und die Ihrer Teammitglieder. Sie können die folgende Meditation selbst sprechen oder von einem anderen Konferenzteilnehmer vortragen lassen.

Wenn wir als Kollegen versammelt sind, wollen wir im wahren Sinn zusammen sein – als eine Einheit.

(Schweigen. Reflektieren Sie einen Augenblick.)

Wir achten auf unseren Atem.

(Schweigen)

Wir zentrieren uns in unserem Körper und in unserem Geist.

(Schweigen)

Wir lassen unseren Körper und unseren Geist zur Ruhe kommen.

(Schweigen)

Wir gehen nach innen.

(Schweigen)

Wir lassen ein leichtes Lächeln auf unserem Gesicht erscheinen und in alle Winkel unseres Wesens fließen.

(Schweigen)

Wir wenden uns der Quelle zu – der Quelle des Lebens, der Quelle des Universums, der Quelle jedes Einzelnen von uns.

(Schweigen)

Wir erinnern uns daran, dass wir alle Brüder und Schwestern sind – Lebewesen, die von derselben Quelle des Lebens genährt werden.

(Schweigen)

Wir nehmen uns vor, dafür zu sorgen, dass wir – bei der Arbeit wie im Privatleben – andere Menschen nicht verletzen oder ihnen Leid zufügen.

(Schweigen)

Wir füllen aus jener Quelle unser Herz mit Liebe und Mitgefühl – füreinander und für alle Lebewesen.

(Schweigen)

Wir nehmen uns vor, auf eine Weise zu leben und zu arbeiten, die unserem Planeten nicht schadet – sondern ihn eher heilt.

(Schweigen)

Wir nehmen uns vor, auf eine Weise zu leben und zu arbeiten, die keinem anderen Lebewesen schadet – sondern diese bestätigt und unterstützt.

(Schweigen)

Wir wollen in Demut und in Respekt vor der Heiligkeit des Lebens um liebevolle Freundlichkeit bitten und sie praktizieren.

(Schweigen)

Wir wollen auf Höherer Ebene heiligen Raum miteinander teilen.

Über den Autor

LANCE SECRETAN ist einer der führenden Trainer und Theoretiker für alternative Führungs- und Management-Konzepte in Nordamerika. Als junger *Entrepreneur* hat er einst das Unternehmen Manpower Limited mit aufgebaut, bevor er sich als Autor und Management-Lehrer selbstständig gemacht hat. Heute leitet er das von ihm gegründete The Secretan Center Inc. in Alton (Kanada), das Unternehmen, Verbände und staatliche Institutionen bei Transformationsprozessen berät. Lance Secretan ist ein gefragter Redner und preisgekrönter Kolumnist und betreut Führungskräfte in aller Welt als Coach und Mentor. Er war unter anderem Botschafter beim United Nations Environment Programme und Chairman des Advisory Board der Olympischen Winterspiele 1998.

Wenn Sie Kontakt zum Autor aufnehmen oder sich über seine englischsprachigen Bücher, Videos und CDs informieren wollen, wenden Sie sich bitte an:

Dr. Lance H. K. Secretan
The Secretan Center Inc.
R. R. # 2 Alton
Ontario, L0N 1A0
Canada

Internet: www.secretan.com
E-Mail: info@secretan.com

Anmerkungen zur deutschen Übersetzung

Die Originalausgabe dieses Buches ist 2003 in Kanada erschienen. Sie benutzt eine Sprache, die in Teilen der Management-Szene in Nordamerika modern ist und die nicht völlig deckungsgleich ins Deutsche übertragen werden kann. Denn einige ihrer Begriffe sind in Deutschland unbekannt oder nicht gebräuchlich oder negativ besetzt – was in der Regel daran liegt, dass Sprachkultur und Unternehmenskulturen diesseits und jenseits des Atlantiks sich doch, trotz aller Globalisierung, in vielen Nuancen unterscheiden. Zum besseren Verständnis für deutsche Leser seien deshalb einige Erläuterungen zur Übersetzung wichtiger Begriffe angefügt.

Leader, leadership
= Führungskraft, Führungsstil

Dies ist ein Buch über Führung im breitest denkbaren Sinn. Lance Secretan will jeden ansprechen, der in irgendeinem Bereich des Lebens ein Team leiten oder Vorbild sein könnte – also Eltern in der Familie ebenso wie Lehrer in der Schule, Trainer im Sportverein, Aktivisten in gemeinnützigen Organisationen und natürlich Manager in Unternehmen. Deshalb spricht er immer pauschal von *leader* und *leadership*. Die Wörter „Führer" und „Führerschaft" sind im Deutschen jedoch nach der Erfahrung des Dritten Reiches negativ besetzt und in dieser umfassenden Bedeutung nicht mehr gebräuchlich. Deshalb haben Lektoren und Übersetzer folgende Entscheidung getroffen: Da das Buch sich im Schwerpunkt doch mit Führung in der Wirtschaft befasst, ist *leader* in der Regel mit „Führungskraft" und *leadership* meist mit „Führungsstil" übersetzt worden. Der deutsche Leser sollte dabei bedenken, dass alle Aussagen über Führungskräfte auch für Menschen mit Leitungs- oder Vorbildfunktion außerhalb der Wirtschaft gelten sollen.

Follower
= Mitarbeiter

Noch schärfer stellt dieses Problem sich bei dem Begriff *follower.* Lance Secretan bezeichnet jene Menschen, die von einem *leader* geführt oder inspiriert werden, nicht als Mitarbeiter oder gar als Untergebene, sondern durchgehend als *followers.* Er will damit ausdrücken, dass Führung im wahren Sinne nur geschieht, wenn die Geführten nicht aus Zwang mitmachen, sondern die Autorität des *leaders* aus freiem Willen anerkennen. Im Deutschen fehlen allgemein verständliche Begriffe, die diese Betonung ausdrücken; Begriffe wie „Anhänger", „Anhängerschaft", „Gefolgschaft" sind zumindest antiquiert. Da Secretan im Kern jedoch einfache, leicht verständliche Lebensweisheit verarbeitet, haben wir uns um einfache, verständliche Sprache bemüht. Deshalb sind wir der gleichen Linie gefolgt wie im Fall *leader* und haben *follower* in der Regel als „Mitarbeiter" übersetzt. Der Leser sollte dabei im Blick behalten, dass mit „Mitarbeitern" auch Gefolgsleute in nichtformellen Zusammenhängen – etwa in Familien, Freundeskreisen oder „basisdemokratischen" Initiativen – gemeint sein können.

Cause
= Aufgabe
Eine zentrale Rolle in diesem Band spielen drei Begriffe, die Secretan aus dem philosophisch-theologischen Sprachgebrauch übernimmt: *Destiny, Cause* und *Calling.* Destiny und Calling sind mit den Begriffen „Bestimmung" und „Berufung" deckungsgleich übertragen; für *Cause* fehlt jedoch ein identischer deutscher Begriff. Wir haben Cause mit „Aufgabe" übersetzt – womit ausschließlich eine große, prägende Aufgabe im Sinn einer „Lebensaufgabe" gemeint ist. Wenn Secretan von kleineren (Alltags-)Aufgaben spricht, ist das in der Regel mit „Auftrag" oder „Rolle" übersetzt.

Organization
= Unternehmen
Lance Secretan folgt einem Sprachgebrauch, der in Nordamerika häufig ist: Er bezeichnet ein (Wirtschafts-)Unternehmen in aller Regel nicht als *company,* sondern als *organization.* Zwei Gründe motivieren diesen Sprachgebrauch: Erstens will Secretan ausdrücken, dass er Unternehmen nicht nur als Stät-

ten eines (moralisch angreifbaren) Profitstrebens betrachtet, sondern als (zunächst neutrale) Gemeinschaften von Menschen, die auch sozialen Fortschritt bewirken können. Zweitens will er klarstellen, dass seine Aussagen über Führung nicht nur für Wirtschaftsunternehmen gelten, sondern ebenso für Vereine, Behörden, Verbände, Wohltätigkeitseinrichtungen und sogar Familien – also für jede Organisation oder Gruppe. Die Übersetzung versucht, der Absicht des Autors zu folgen: *organization* wird mit „Unternehmen" übersetzt, wo überwiegend Wirtschaftsbetriebe gemeint sind, und mit „Organisation", wo die umfassende Betrachtung überwiegt. Um die volle Breite des Originals zu ermessen, sollte der Leser die deutsche Fassung wie folgt lesen: Wo „Unternehmen" steht, sind meist „Unternehmen und andere Organisationen" gemeint; wo „Organisationen" steht, ist gemeint: „Organisationen (einschließlich kommerzieller Unternehmen)".

Old story leadership, new story leadership
= Führungsstil alten / neuen Typs

Wenn Secretan die „heute gängigen Management-Methoden und -Theorien" als *old story leadership* brandmarkt, die durch Konzepte neuen Typs zu ersetzen seien – dann kritisiert er weniger einen offen autoritären, patriarchalischen oder gar gewalttätigen Führungsstil: Diesen Stil meint er zwar auch, aber dass solches Führungsverhalten unproduktiv und überholt ist, setzt er eher als bekannt voraus. Mit *old story leadership* meint er vor allem jenen Hurra-Kapitalismus, der in Teilen der amerikanischen Wirtschaft als modern gilt und der Mitarbeiter mit internen Werbekampagnen, mit Volksfesten, *mission statements* und beständigen Appellen an den Teamgeist zu motivieren sucht. Da diese Führungskultur in Europa weniger verbreitet ist, sei der deutsche Leser darauf – zum besseren Verständnis – ausdrücklich hingewiesen.

Higher Ground Leadership, Higher Ground Leader

Higher Ground Leadership ist im Kern ein Markenname: Es ist der Name einer Management- und Trainingsmethode, die Lance Secretan an seinem Institut in Alton (Kanada) entwickelt hat. Der Name drückt aus, dass das Konzept helfen soll, Teams und Organisationen auf einem höheren Niveau von spirituellem Bewusstsein und ethischer Integrität zu führen; er ist als Registered Trademark geschützt. Ein *Higher Ground Leader* ist folglich eine Führungskraft, die ein Training in Higher Ground Leadership absolviert hat und das Konzept anwendet (oder sich darum bemüht). Sofern die Begriffe in diesem Sinne verwendet sind, dürfen sie nicht übersetzt werden – ebenso wenig, wie wir Coca-Cola zu „Koka-Limonade" oder General Motors zu „Allgemeine Motorenwerke" übertragen würden. Secretans Sprachgebrauch ist aber nicht völlig eindeutig: Hin und wieder verwendet er *Higher Ground Leader / Leadership* praktisch synonym mit *new story leader / leadership*. In diesen Fällen haben wir uns die Freiheit genommen, *Higher Ground Leader / Leadership* auch mit „Führungkraft / Führungsstil neuen Typs" zu übersetzen.

J. Kamphausen
Verlag & Distribution GmbH
Bielefeld, im Februar 2006

Fußnoten

Die Verse aus Khalil Gibran, The Prophet, *am Anfang dieses Bandes sind mit freundlicher Genehmigung der Khalil Gibran Estate, des Verlags Alfred A. Knopf und der Erbin Mary C. Gibran aus der Originalausgabe von 1923 entnommen und ins Deutsche übertragen worden.*

Einleitung

(1) *What the World thinks in 2002: How Global Publics View Their Lives, Their Countries, the World, America*, Pew Reserach Center for the People and the Press, 4. Dezember 2002
(2) Rushworth M. Kidder, *From a Dark Present, a Brighter Future*, Ethics Newsline, 23. Dezember 2002
(3) *Johnny Paycheck Weighs In*, Fortune, 7. Februar 2000
(4) *Working Today: Exploring Employees' Emotional Connection to Their Jobs*, Towers Perrin / Gang and Gang, Januar 2003
(5) *The Q-12 Survey*, The Gallup Organization, 2002

Kapitel 1

(1) *I Did What, Dick?*, MacLean's, 13. November 2000
(2) *Uncertain Times, Abundant Opportunities*, PricewaterhouseCoopers' Fifth Annual Global CEO Survey, conducted in conjunction with the World Economic Forum
(3) Rushworth M. Kidder, Institute for Global Ethics, *Newsline*, 12. August 2002
(4) Rainer Maria Rilke, *Briefe an einen jungen Dichter*, Brief vier, Worpswede bei Bremen, 16. Juli 1903
(5) Thomas S. Kuhn, *The Structure of Scientific Revolutions*, dritte Auflage, University of Chicago Press, Chicago 1996. Siehe auch: Lance H. K. Secretan, *Managerial Moxie: The 8 Proven Steps to Empowering Employees and Supercharging Your Company*, Prima Publishing, Toronto 1993, Seiten 5 f.
(6) Leslie A. Perlow, *When You Say Yes But Mean No: How Silencing Conflict Wrecks Relationships and Companies … and What You Can Do About It*, Crown Publishing, New York 2003. Irving Janis beschreibt dieses Muster in seinem Buch *Groupthink: Psychological Studies of Policy Decisions and Fiascoes*, zweite Auflage, Houghton Mifflin, Boston 1982 – einem Klassiker der Sozialpsychologie, der auf der These beruht, dass Menschen in der Gruppe anders (und im Ergebnis weniger effizient) denken, als sie es als Individuen zur selben Zeit bei demselben Thema getan hätten.

Kapitel 2

(1) Carol J. Loomis, *EDS Executives Don't Suffer*, Fortune, 14. April 2003, Seite 56
(2) Chris Argyris, *Empowerment: The Emperor's New Clothes*, Harvard Business Review, Mai/Juni 1998, Seiten 98 ff
(3) Stephanie Armour, *Tucson Citizen*, Gannett News Service, 31. Januar 2003
(4) U.S. Department of Labour, Bureau of Labor Statistics, *Bureau of Labor Statistics Data*, Januar 2003
(5) Lou Harris and Associates, *The Annual Work and Leisure Poll No. 49*, 25. September 2002
(6) Michael A. Verespej, *Uninspiring Leadership*, Industry Week, 1. Februar 1999, Seite 11
(7) Rita Koselka, *For Whom the Bell Tolls*, Forbes, 2. Dezember 1996, Seiten 127 f.
(8) *The Columbia Seven*, The Economist, 8. Februar 2003, Seite 76
(9) Frank White, *The Overview Effect: Space Exploration and Human Evolution*, Houghton Mifflin Company, Boston 1987, Seite 38
(10) Lance H. K. Secretan, *Reclaiming Higher Ground: Creating Organizations that Inspire the Soul*, The Secretan Center Inc., Alton 1996
(11) *Frank White, siehe Anmerkung 9*
(12) *Eigene Interviews mit John Dornan, SAS Institute Inc., 12. Februar 2003*

(13) Paul H. Ray and Sherry Ruth Anderson, *The Cultural Creatives: How 50 Million People Are Changing the World*, Harmony Books, New York 2000
(14) Lance H. K. Secretan, *Managerial Moxie: The 8 Proven Steps to Empowering Your Employees and Supercharging Your Company*, Prima Publishing, Toronto 1993

Kapitel 3

(1) Caroline Myss, *Sacred Contracts: Awakening Your Divine Potential*, Random House, New York 2001, Seite 33
(2) Ein Videofilm, in dem Joe Calvaruso über Higher Ground Leadership und über aktuelle Entwicklungen bei Mount Carmel Health System spricht, ist zugänglich über die Website *www.secretan.com/inspire*.
(3) Pressemitteilung vom 15. Oktober 2001, *Fossil Rim Wildlife Center, Glen Close (Texas)*

Kapitel 5

(1) *The Evolving Role of Executive Leadership*, Accenture, 1999
(2) Dawn Schauble, *Survey on Employment Benefit Presferences*, William M. Mercer, New York
(3) Im Rohentwurf der Unabhängigkeitserklärung von Thomas Jefferson heißt es: „Wir halten diese Wahrheiten für heilig und unleugbar, dass alle Menschen gleich und unabhängig geschaffen sind, dass sie von dieser gleichen Schöpfung her angeborene und unveräußerliche Rechte genießen, zu denen der Schutz des Lebens zählt und Freiheit und das Streben nach Glück ..." (aus: Walter Isaacson, *Benjamin Franklin: An American Life*, Simon & Schuster, New York 2003)
(4) Fünf Prozent der Männer in den USA (und fast 17 Prozent der männlichen Afroamerikaner) haben Erfahrungen mit dem Strafvollzug. Die Zahl der Insassen und ehemaligen Insassen hat sich zwischen 1974 und 2003 von 1,3 auf 2,7 Prozent der erwachsenen Bevölkerung verdoppelt. Statistisch gesehen werden 11,3 Prozent der Jungen, die 2001 geboren wurden, mindestens einmal im Leben im Gefängnis sitzen (unter Afroamerikanern sogar 33 Prozent). Zwei Drittel der entlassenen Strafgefangenen werden innerhalb von drei Jahren rückfällig (Quelle: *US Bureau of Justice Statistics*).
(5) John P. Kotter, *Matsushita Leadership*, Free Press, New York 1997
(6) Einen Videofilm, auf dem Joe Swedish über Higher Ground Leadership und über aktuelle Entwicklungen bei Centura Health spricht, finden Sie im Internet auf *www.secretan.com/inspire*.

Kapitel 7

(1) Nach Carlos Castaneda, *The Teachings of Don Juan: A Yaqui Way of Knowledge*, Washington Square Press, New York 1985. Zitiert mit freundlicher Genehmigung des Verlages.
(2) Aus Thich Nhat Hanh, *Touching Peace: Practicing the Art of Mindful Living*, Parallax Press, Berkeley (CA) 1992. Zitiert mit freundlicher Genehmigung des Verlages.
(3) Biografie von Scott Adams auf *www.unitedmedia.com*
(4) USA Today, Oktober 1998; siehe auch *www.wildsanctuary.com*.
(5) Zum Beispiel: C. Schwartz, J. B. Meisenhelder, Y. Ma und G. Reed, *Altruistic Social Interest Behaviors are Associated with Better Mental Health*, in: Psychosomatic Medicine, September/Oktober 2003, Seiten 778–785
(6) Leslie R. Crutchfield, *Teaching Jazz: Creating Community*, in: Marianne Larned (Hg.), *Stone Soup for the World*, Conari Press, Berkeley (CA) 1998, Seite 21

Kapitel 8

(1) Lance H. K. Secretan, *The Way of the Tiger: Gentle Wisdom for Turbulent Times*, The Secretan Center Inc., Alton 1990
(2) Gregg Michael Levoy, *Callings: Finding and Following an Authentic Life*, Three Rivers Press, 1997. Zitiert mit freundlicher Genehmigung des Verlages.

(3) Thomas Moore, *Care of the Soul: A Guide for Cultivating Depth and Sacredness in Everyday Life*, Harper Collins, New York 1993
(4) Steve Hamm, *Who says CEOs Can't Find Inner Peace?*, Business Week, 1. September 2003; Erick Schonfeld, *The Biggest Mouth in Silicon Valley*, Business 2.0, September 2003
(5) James Hillman, *The Soul's Code: In Search of Character and Calling*, Random House, New York 1996, Seite 8
(6) *The Placebo Effect: All in the Mind*, The Economist, 23. Februar 2002, Seite 83
(7) Theresa Perry, Claude Steele und Asa Hilliard, *Young, Gifted, and Black: Promoting High Achievement Among African American Students*, Beacon Press, Boston (MA)
(8) siehe oben, Fußnote 6
(9) Wenn Sie die Meditation hören und nicht nur lesen möchten, finden Sie eine Audio-Datei in englischer Sprache auf der Website des Secretan Centers: *www.secretan.com/inspire*.

Kapitel 9

(1) *Tobacco's Death Benefits*, USA Today, 23. Juli 2001
(2) *www.organicconsumers.org*. Siehe auch: Jeffrey Kluger, *The Suicide Seeds*, Time, 1. Februar 1999, Seite 43
(3) Lance H. K. Secretan, *Reclaiming Higher Ground: Creating Organizations That Inspire the Soul*, The Secretan Center Inc., Alton 1996
(4) *The Game of Risk: How the Best Golfer in the World Got Even Better*. Time, 14. August 2000, Seiten 38–45

Kapitel 10

(1) Ein persönliches Arbeitsheft zum Thema Bestimmung, Aufgabe und Berufung in englischer Sprache können Sie von der Website *www.secretan.com/inspire* herunterladen.

Kapitel 11

(1) Marian Wright Edelman ist eine amerikanische Rechtsanwältin und Sozialreformerin. Das Zitat wird gelegentlich auch der Box-Legende Mohammed Ali zugeschrieben.
(2) Robert K. Greenleaf, *The Servant as Leader*, Essay, 1990
(3) siehe Fortune, 17. Februar 1997, Seite 127
(4) Tim Stevens, *Chief Among U.S.*, Industry Week, 16. November 1998, Seite 33
(5) Thomas F. O'Boyle, *At Any Cost: Jack Welch, General Electric, and the Pursuit of Profit*, Vintage Books, New York 1999
(6) *Working Today: Exploring Employees' Emotional Connections to Their Jobs*, Towers Perrin / Gang and Gang, Januar 2003
(7) Joanne Gordon, *My Job, Myself, My Problem?*, Forbes, 24. Januar 2003

Kapitel 12

(1) Frederick Herzberg, *Work and the Nature of Man*, World Publishing Company, Cleveland (OH) 1966.
(2) Marc Gunther, *The Kid Stays in the Picture*, Fortune, 14. April 2003, Seite 134
(3) Thomas J. Peters and Robert H. Waterman, *In Search of Excellence: Lessons from America's Best-Run Companies*, Harper & Row, New York 1982
(4) nach Ursula K. Le Guin, *Lao-Tse, Tao Te Ching: A Book About the Way and the Power of the Way*, Shambhala, Boston 1997. Zitiert mit freundlicher Genehmigung des Verlages.
(5) Eine ausführliche Beschreibung der biochemischen Wirkungen von Liebe und Angst findet sich in Lance H. K. Secretan, *Reclaiming Higher Ground: Creating Organizations That Inspire the Soul*, The Secretan Center Inc., Alton 1996, Kapitel 5
(6) *Working Today: Exploring Employees' Emotional Connections to Their Jobs*, Towers Perrin / Gang and Gang, Januar 2003
(7) Nach V. de Sola Pinto und F. W. Roberts (HG.), *The Complete Poems of D. H. Lawrence*, 1964. Zitiert mit freundlicher Genehmigung des Verlages Viking Penguin und der Nachlassverwalter Angelo Ravagli und C. M. Weekely.

Kapitel 13

(1) Siehe auch Lance H. K. Secretan, *Reclaiming Higher Ground: Creating Organizations That Inspire the Soul*, The Secretan Center Inc., Alton 1996

(2) Jerry B. Harvey, *The Abilene Paradox and Other Meditations on Management*, Jossey-Baas, San Francisco 1996

(3) *How to Fire People: U R Sacked*, The Economist, 7. Juni 2003, Seite 54

(4) Caroline Myss (*Anatomy of the Spirit: The Seven Stages of Power and Healing*, Random House / Value Publishing, New York 1997) bezeichnet das sehr bildhaft als „Wundologie-Syndrom".

(5) Lance H. K. Secretan, *The Way of the Tiger: Gentle Wisdom for Turbulent Times*, The Secretan Center Inc., Toronto 1990

(6) Taylor Branch, *America in the King Years, 1963–1965*, Simon & Schuster, New York 1999

(7) Ich danke meinen Freunden von Mount Carmel Health System, die meinen ursprünglichen Text übernommen und verbessert haben.

(8) *Steelcase Workplace Index Survey*, Steelcase Inc., Grand Rapids, 11. Dezember 2002

(9) *Outfront*, Forbes, 3. Februar 2003, Seite 44

(10) *Where Will They Lead? MBA Student Attitudes About Business & Society*, Aspen Institute: Initiative for Social Innovation through Business (ISIB), März 2002

Unsere neue Reihe:

Neues Denken – Neues Handeln: Inspire!

Gregor Wilbers
Sinnfindung im Beruf
ISBN 978-3-89901-039-8
www.sinnfindung-im-beruf.de

Joachim Galuska, Hrsg.
Pioniere für einen neuen Geist in Beruf und Business
ISBN 978-3-933496-97-3
www.heiligenfeld.de

Barbara Fromm /
Michael Fromm
Führen aus der Mitte
ISBN 978-3-933496-98-0
www.frommundfromm.de

Paul J. Kohtes
Dein Job ist es, frei zu sein
ISBN 978-3-89901-043-5
www.identityfoundation.de

Fred Kofman
Meta-Management
ISBN 978-3-89901-056-5
www.axialent.com

Michael Tomaschek, Hrsg.
Sinn und Werte in der globalen Wirtschaft
ISBN 978-3-89901-060-2
www.laxenburgerforum.at

J. Kamphausen